《中国古脊椎动物志》编辑委员会主编

中国古脊椎动物志

第三卷
基干下孔类　哺乳类

主编 邱占祥 ｜ 副主编 李传夔

第四册（总第十七册）

啮型类 I：双门齿中目　单门齿中目 - 混齿目

李传夔　张兆群 编著

科学技术部基础性工作专项（2013FY113000）资助

科 学 出 版 社

北 京

内 容 简 介

本册志书是对 2017 年以前发现并发表的中国双门齿中目与单门齿中目中的混齿目化石的系统厘定与总结。书中包括了 3 目 5 科 39 属 106 种。各属种均有鉴别特征、产地与层位、编者在编写过程中发现的问题以及对该分类阶元认识的评述。科级以上分类都有研究历史、存在的问题等的综述。书中对啮型动物大目以及双门齿中目和单门齿中目中混齿目的研究历史与最新进展也有较全面的介绍。书中附有 162 幅化石照片或插图。

本书是国内外凡涉及地学、生物学、考古学的大专院校、科研机构、博物馆有关科研人员及业余古生物爱好者的基础参考书，也可为科普创作提供必要的基础参考资料。

图书在版编目（CIP）数据

中国古脊椎动物志. 第3卷. 基干下孔类、哺乳类. 第4册，啮型类. I, 双门齿中目、单门齿中目-混齿目：总第17册 / 李传夔，张兆群编著. —北京：科学出版社，2019.3

ISBN 978-7-03-060717-1

I.①中… II.①李…②张… III.①古动物－脊椎动物门－动物志－中国 ②古动物－哺乳动物纲－动物志－中国 IV.①Q915.86

中国版本图书馆CIP数据核字（2019）第040864号

责任编辑：胡晓春 孟美岑 / 责任校对：张小霞
责任印制：肖 兴 / 封面设计：黄华斌

科 学 出 版 社 出版

北京东黄城根北街16号
邮政编码：100717
http://www.sciencep.com

中国科学院印刷厂 印刷
科学出版社发行 各地新华书店经销

*

2019年3月第 一 版 开本：787×1092 1/16
2019年3月第一次印刷 印张：15
字数：310 000

定价：198.00元

（如有印装质量问题，我社负责调换）

Editorial Committee of Palaeovertebrata Sinica

PALAEOVERTEBRATA SINICA

Volume III

Basal Synapsids and Mammals

Editor-in-Chief: **Qiu Zhanxiang** | Associate Editor-in-Chief: **Li Chuankui**

Fascicle 4 (Serial no. 17)

Glires I: Duplicidentata, Simplicidentata-Mixodontia

By **Li Chuankui** and **Zhang Zhaoqun**

Supported by the Special Research Program of Basic Science and Technology
of the Ministry of Science and Technology (2013FY113000)

Science Press
Beijing

本册撰写人员分工

啮型动物导言	李传夔　E-mail: lichuankui@ivpp.ac.cn
双门齿中目及模鼠兔目	李传夔
	张兆群　E-mail: zhangzhaoqun@ivpp.ac.cn
兔形目	李传夔、张兆群
兔科	李传夔
鼠兔科	张兆群
单门齿中目及混齿目	李传夔

（以上编写人员所在单位均为中国科学院古脊椎动物与古人类研究所，
中国科学院脊椎动物演化与人类起源重点实验室）

Contributors to this Fascicle

A sketch of the Grandorder Glires	**Li Chuankui**　E-mail: lichuankui@ivpp.ac.cn
Mirorder Duplicidentata and Order Mimotonida	
	Li Chuankui
	Zhang Zhaoqun　E-mail: zhangzhaoqun@ivpp.ac.cn
Order Lagomorpha	**Li Chuankui, Zhang Zhaoqun**
**　Family Leporidae**	**Li Chuankui**
**　Family Ochotonidae**	**Zhang Zhaoqun**
Mirorder Simplicidentata and Mixodontia	
	Li Chuankui

(All the contributors are from the Institute of Vertebrate Paleontology and Paleoanthropology,
Chinese Academy of Sciences, Key Laboratory of Vertebrate Evolution
and Human Origins of Chinese Academy of Sciences)

总　序

　　中国第一本有关脊椎动物化石的手册性读物是 1954 年杨钟健、刘宪亭、周明镇和贾兰坡编写的《中国标准化石——脊椎动物》。因范围限定为标准化石，该书仅收录了 88 种化石，其中哺乳动物仅 37 种，不及德日进（P. Teilhard de Chardin）1942 年在《中国化石哺乳类》中所列举的在中国发现并已发表的哺乳类化石种数（约 550 种）的十分之一。所以这本只有 57 页的小册子还不能算作一本真正的脊椎动物化石手册。我国第一本真正的这样的手册是 1960 – 1961 年在杨钟健和周明镇领导下，由中国科学院古脊椎动物与古人类研究所的同仁们集体编撰出版的《中国脊椎动物化石手册》。该手册共记述脊椎动物化石 386 属 650 种，分为《哺乳动物部分》（1960 年出版）和《鱼类、两栖类和爬行类部分》（1961 年出版）两个分册。前者记述了 276 属 515 种化石，后者记述了 110 属 135 种。这是对自 1870 年英国博物学家欧文（R. Owen）首次科学研究产自中国的哺乳动物化石以来，到 1960 年前研究发表过的全部脊椎动物化石材料的总结。其中鱼类、两栖类和爬行类化石主要由中国学者研究发表，而哺乳动物则很大一部分由国外学者研究发表。"文化大革命"之后不久，1979 年由董枝明、齐陶和尤玉柱编汇的《中国脊椎动物化石手册》（增订版）出版，共收录化石 619 属 1268 种。这意味着在不到 20 年的时间里新发现的化石属、种数量差不多翻了一番（属为 1.6 倍，种为 1.95 倍）。

　　自 20 世纪 80 年代末开始，国家对科技事业的投入逐渐加大，我国的古脊椎动物学逐渐步入了快速发展的时期。新的脊椎动物化石及新属、种的数量，特别是在鱼类、两栖类和爬行动物方面，快速增加。1992 年孙艾玲等出版了《The Chinese Fossil Reptiles and Their Kins》，记述了两栖类、爬行类和鸟类化石 228 属 328 种。李锦玲、吴肖春和张福成于 2008 年又出版了该书的修订版（书名中的 Kins 已更正为 Kin），将属种数提高到 416 属 564 种。这比 1979 年手册中这一部分化石的数量（186 属 219 种）增加了大约 1 倍半（属近 2.24 倍，种近 2.58 倍）。在哺乳动物方面，20 世纪 90 年代初，中国科学院古脊椎动物与古人类研究所一些从事小哺乳动物化石研究的同仁们，曾经酝酿编写一部《中国小哺乳动物化石志》，并已草拟了提纲和具体分工，但由于种种原因，这一计划未能实现。

　　自 20 世纪 90 年代末以来，我国在古生代鱼类化石和中生代两栖类、翼龙、恐龙、鸟类，以及中、新生代哺乳类化石的发现和研究方面又有了新的重大突破，在恐龙蛋和爬行动物及鸟类足迹方面也有大量新发现。粗略估算，我国现有古脊椎动物化石种的总数已经超过 3000 个。我国是古脊椎动物化石赋存大国，有关收藏逐年增加，在研究方面正在努力进入世界强国行列的过程之中。此前所出版的各类手册性的著作已落后于我国古脊椎动物研究发展的现状，无法满足国内外有关学者了解我国这一学科领域进展的迫切需求。美国古生物学家 S. G. Lucas，积 5 次访问中国的经历，历时近 20 年，于 2001 年出版了一部 370 多页的《Chinese Fossil Vertebrates》。这部书虽然并非以罗列和记述属、种为主旨，而且其资料的收集限于 1996 年以前，却仍然是国外学者了解中国古脊椎动物学发展脉络的重要读物。这可以说是从国际古脊椎动物研究的角度对上述需求的一种反映。

2006 年，科技部基础研究司启动了国家科技基础性工作专项计划，重点对科学考察、科技文献典籍编研等方面的工作加大支持力度。是年 10 月科技部召开研讨中国各门类化石系统总结与志书编研的座谈会。这才使我国学者由自己撰写一部全新的、涵盖全面的古脊椎动物志书的愿望，有了得以实现的机遇。中国科学院南京地质古生物研究所和古脊椎动物与古人类研究所的领导十分珍视这次机遇，于 2006 年年底前，向科技部提交了由两所共同起草的"中国各门类化石系统总结与志书编研"的立项申请。2007 年 4 月 27 日，该项目正式获科技部批准。《中国古脊椎动物志》即是该项目的一个组成部分。

在本志筹备和编研的过程中，国内外前辈和同行们的工作一直是我们学习和借鉴的榜样。在我国，"三志"（《中国动物志》、《中国植物志》和《中国孢子植物志》）的编研，已经历时半个多世纪之久。其中《中国植物志》自 1959 年开始出版，至 2004 年已全部出齐。这部煌煌巨著分为 80 卷，126 册，记载了我国 301 科 3408 属 31142 种植物，共 5000 多万字。《中国动物志》自 1962 年启动后，已编撰出版了 126 卷、册，至今仍在继续出版。《中国孢子植物志》自 1987 年开始，至今已出版 80 多卷（不完全统计），现仍在继续出版。在国外，可以作为借鉴的古生物方面的志书类著作，有原苏联出版的《古生物志》（《Основы Палеонтологии》）。全书共 15 册，出版于 1959 – 1964 年，其中古脊椎动物为 3 册。法国的《Traité de Paléontologie》（实际是古动物志），全书共 7 卷 10 册，其中古脊椎动物（包括人类）为 4 卷 7 册，出版于 1952 – 1969 年，历时 18 年。此外，C. M. Janis 等编撰的《Evolution of Tertiary Mammals of North America》（两卷本）也是一部对北美新生代哺乳动物化石属级以上分类单元的系统总结。该书从 1978 年开始构思，直到 2008 年才编撰完成，历时 30 年。

参考我国"三志"和国外志书类著作编研的经验，我们在筹备初期即成立了志书编辑委员会，并同步进行了志书编研的总体构思。2007 年 10 月 10 日由 17 人组成的《中国古脊椎动物志》编辑委员会正式成立（2008 年胡耀明委员去世，2011 年 2 月 28 日增补邓涛、尤海鲁和张兆群为委员，2012 年 11 月 15 日又增加金帆和倪喜军两位委员，现共 21 人）。2007 年 11 月 30 日《中国古脊椎动物志》"编辑委员会组成与章程"、"管理条例"和"编写规则"三个试行草案正式发布，其中"编写规则"在志书撰写的过程中不断修改，直至 2010 年 1 月才有了一个比较正式的试行版本，2013 年 1 月又有了一个更为完善的修订本，至今仍在不断修改和完善中。

考虑到我国古脊椎动物学发展的现状，在汲取前人经验的基础上，编委会决定：①延续《中国脊椎动物化石手册》的传统，《中国古脊椎动物志》的记述内容也细化到种一级。这与国外类似的志书类都不同，后者通常都停留在属一级水平。②采取顶层设计，由编委会统一制定志书总体结构，将全志大体按照脊椎动物演化的顺序划分卷、册；直接聘请能够胜任志书要求的合适研究人员负责编撰工作，而没有采取自由申报、逐项核批的操作程序。③确保项目经费足额并及时到位，力争志书编研按预定计划有序进行，做到定期分批出版，努力把全志出版周期限定在 10 年左右。

编委会将《中国古脊椎动物志》的编写宗旨确定为："本志应是一套能够代表我国古脊椎动物学当前研究水平的中文基础性丛书。本志力求全面收集中国已发表的古脊椎动物化石资料，以骨骼形态性状为主要依据，吸收分子生物学研究的新成果，尝试运用分支系统学的理论和方法认识和阐述古脊椎动物演化历史、改造林奈分类体系，使之与演化历史更为吻合；着重对属、种进行较全面、准确的文字介绍，并尽可能附以清晰的模式标本图照，但不创建新的分类单元。本志主要读者对象是中国地学、生物学工作者及爱好者，高校师生，自然博物馆类机构的工作人员和科普工作者。"

编委会在将"代表我国古脊椎动物学当前研究水平"列入撰写本志的宗旨时，已经意识到实现这一目标的艰巨性。这一点也是所有参撰人员在此后的实践过程中越来越深刻地感受到的。正如在本志第一卷第一册"脊椎动物总论"中所论述的，自 20 世纪 50 年代以来，在古生物学和直接影响古生物学发展的相关领域中发生了可谓"翻天覆地"的变化。在 20 世纪七八十年代已形成了以 Mayr 和 Simpson 为代表的演化分类学派（evolutionary taxonomy）、以 Hennig 为代表的系统发育系统学派 [phylogenetic systematics，又称分支系统学派（cladistic systematics，或简化为 cladistics）] 及以 Sokal 和 Sneath 为代表的数值分类学派（numerical taxonomy）的"三国鼎立"的局面。自 20 世纪 90 年代以来，分支系统学派逐渐占据了明显的优势地位。进入 21 世纪以来，围绕着生物分类的原理、原则、程序及方法等的争论又日趋激烈，形成了新的"三国"。以演化分类学家 Mayr 和 Bock 为代表的"达尔文分类学派"（Darwinian classification），坚持依据相似性（similarity）和系谱（genealogy）两项准则作为分类基础，并保留林奈套叠等级体系，认为这正是达尔文早就提出的生物分类思想。在分支系统学派内部分成两派：以 de Quieroz 和 Gauthier 为代表的持更激进观点的分支系统学家组成了"系统发育分类命名法规学派"（简称 PhyloCode）。他们以单一的系谱（genealogy）作为生物分类的依据，并坚持废除林奈等级体系的观点。以 M. J. Benton 等为代表的持比较保守观点的分支系统学家则主张，在坚持分支系统学核心理论的基础上，采取某些折中措施以改进并保留林奈式分类和命名体系。目前争论仍在进行中。到目前为止还没有任何一个具体的脊椎动物的划分方案得到大多数生物和古生物学家的认可。我国的古生物学家大多还处在对这些新的论点、原理和方法以及争论论点实质的不断认识和消化的过程之中。这种现状首先影响到志书的总体架构：如何划分卷、册？各卷、册使用何种标题名称？系统记述部分中各高阶元及其名称如何取舍？基于林奈分类的《国际动物命名法规》是否要严格执行？……这些问题的存在甚至对编撰本志书的科学性和必要性都形成了质疑和挑战。

在《中国古脊椎动物志》立项和实施之初，我们确曾希望能够建立一个为本志书各卷、册所共同采用的脊椎动物分类方案。通过多次尝试，我们逐渐发现，由于脊椎动物内各大类群的研究历史和分类研究传统不尽相同，对当前不同分类体系及其使用的方法，在接受程度上差别较大，并很难在短期内弥合。因此，在目前要建立一个比较合理、能被广泛接受、涵盖整个脊椎动物的分类方案，便极为困难。虽然如此，通过多次反复研讨，参撰人员就如何看待分类和究竟应该采取何种分类方案等还是逐渐取得了如下一些共识：

1）分支系统学在重建生物演化过程中，以其对分支在演化过程中的重要作用的深刻认识和严谨的逻辑推导方法，而成为当前获得古生物学家广泛支持的一种学说。任何生物分类都应力求真实地反映生物演化的过程，在当前则应力求与分支系统学的中心法则（central tenet）以及与严格按照其原则和方法所获得的结论相符。

2）生物演化的历史（系统发育）和如何以分类来表达这一历史，属于两个不同范畴。分类除了要真实地反映演化历史外，还肩负协助人类认知和记忆的功能。两者不必、也不可能完全对等。在当前和未来很长一段时期内，以二维和文字形式表达演化过程的最好方式，仍应该是现行的基于林奈分类和命名法的套叠等级体系。从实用的观点看，把十几代科学工作者历经 250 余年按照演化理论不断改进的、由近 200 万个物种组成的庞大的阶元分类体系彻底抛弃而另建一新体系，是不可想象的，也是极难实现的。

3）分类倘若与分支系统学核心概念相悖，例如不以共祖后裔而单纯以形态特征为分类依据，由复系类群组成分类单元等，这样的分类应予改正。对于分支系统学中一些重要但并非核心的论点，诸如姐妹群需是同级阶元的要求，干群（"Stammgruppe"）的分类价值和地位的判别，以及不同大类群的阶元级别的划分和确立等，正像分支系统学派内部有些学者提出的，可以采取折中措施使分支系统学的基本理论与以林奈分类和命名法为基础建立的现行分类体系在最大程度上相互吻合。

4）对于因分支点增多而所需阶元数目剧增的矛盾，可采取以下折中措施解决。①对高度不对称的姐妹群不必赋予同级阶元。②对于重要的、在生物学领域中广为人知并广泛应用、而目前尚无更好解决办法的一些大的类群，可实行阶元转移和跃升，如鸟类产生于蜥臀目下的一个分支，可以跃升为纲级分类单元（详见第一卷第一册的"脊椎动物总论"）。③适量增加新的阶元级别，例如 1997 年 McKenna 和 Bell 已经提出推荐使用新的主阶元，如 Legion（阵）、Cohort（部）等，和新的次级阶元，如 Magno-（巨）、Grand-（大）、Miro-（中）和 Parvo-（小）等。④减少以分支点设阶的数量，如仅对关键节点设立阶元、次要节点以顺序先后（sequencing）表示等。⑤应用全群（total group）的概念，不对其中的并系的干群（stem group 或 "Stammgruppe"）设立单独的阶元等。

5）保留脊椎动物现行亚门一级分类地位不变，以避免造成对整个生物分类体系的冲击。科级及以下分类单元的分类地位基本上都已稳定，应尽可能予以保留，并严格按照最新的《国际动物命名法规》（1999 年第四版）的建议和要求处置。

根据上述共识，我们在第一卷第一册的"脊椎动物总论"中，提出了一个主要依据中国所有化石所建立的脊椎动物亚门的分类方案（PVS-2013）。我们并不奢求每位参与本志书撰写的人员一定接受它，而只是推荐一个可供选择的方案。

对生物分类学产生重要影响的另一因素则是分子生物学。依据分支系统学原理和方法，借助计算机高速数学运算，通过分析分子生物学资料（DNA、RNA、蛋白质等的序列数据）来探讨生物物种和类群的系统发育关系及支系分异的顺序和时间，是当前分子生物学领域的热点之一。一些分子生物学家对某些高阶分类单元（例如目级）的单系性和这些分类单元之间的系统关系进行探索，提出了一些令形态分类学家和古生物学家耳目一新的新见解。例如，现生哺乳动物 18 个目之间的系统和分类关系，一直是古生物学家感到十分棘手的问题，因为能够找到的目之间的共有衍征（synapomorphy）很少，而经常只有共有祖征（symplesiomorphy）。相反，分子生物学家们则可以在分子水平上找到新的证据，将它们进行重新分解和组合。例如，他们在一些属于不同目的"非洲类型"的哺乳动物（管齿目、长鼻目、蹄兔目和海牛目）和一些非洲土著的"食虫类"（无尾猬、金鼹等）中发现了一些共同的基因组变异，如乳腺癌抗原 1（BRCA1）中有 9 个碱基对的缺失，还在基因组的非编码区中发现了特有的"非洲短散布核元件（AfroSINES）"。他们把上述这些"非洲类型"的动物合在一起，组成一个比目更高的分类单元（Afrotheria，非洲兽类）。根据类似的分子生物学信息，他们把其他大陆的异节类、真魁兽啮型类和劳亚兽类看作是与非洲兽类同级的单元。分子生物学家们所提出的许多全新观点，虽然在细节上尚有很多值得进一步商榷之处，但对现行的分类体系无疑具有重要的参考价值，应在本志中得到应有的重视和反映。

采取哪种分类方案直接决定了本志书的总体结构和各卷、册的划分。经历了多次变化后，最后我们没有采用严格按照节点型定义的现生动物（冠群）五"纲"（鱼、两栖、爬行、鸟和哺乳动物）将志书划分为五卷的办法。其中的缘由，一是因为以化石为主的各"纲"在体量上相差过于悬殊。现生动物的五纲，在体量上比较均衡（参见第一卷第一册"脊椎动物总论"中有关部分），而在化石中情况就大不相同。两栖类和鸟类化石的体量都很小：两栖类化石目前只有不到 40 个种，而鸟类化石也只有大约五六十种（不包括现生种的化石）。这与化石鱼类，特别是哺乳类在体量上差别很悬殊。二是因为化石的爬行类和冠群的爬行动物纲有很大的差别。现有的化石记录已经清楚地显示，从早期的羊膜类动物中很早就分出两大主要支系：一支通过早期的下孔类演化为哺乳动物。下孔类，按照演化分类学家的观点，虽然是哺乳动物的早期祖先，但在形态特征上仍然和爬行类最为接近，因此应该归入爬行类。按照分支系统学家的观点，早期下孔类和哺乳动物共同组成一个全群（total group），两者无疑应该分在同一卷内。该全群的名称应该叫做下孔类，亦即：下孔类包含哺乳动物。另一支则是所有其他的爬行动物，包括从蜥臀类恐龙的虚骨龙类的一个分支演化出的鸟类，因此鸟类应该与爬行类放在同一卷内。上述情况使我们最后决定将两栖类、不包括下孔类的爬行类与鸟类合为一卷（第二卷），而早期下孔类和哺乳动物则共同组成第三卷。

在卷、册标题名称的选择上，我们碰到了同样的问题。分支系统学派，特别是系统发育分类命名法规学派，虽然强烈反对在分类体系中建立绝对阶元级别，但其基于严格单系分支概念的分类名称则是"全套叠式"的，亦即每个高阶分类单元必须包括其成员最近的共同祖先及由此祖先所产生的所有后代。例如传统意义中的鱼类既然包括肉鳍鱼类，那么也必须包括由其产生的所有的四足动物及其所有后代。这样，在需要表述某一"全套叠式"的名称的一部分成员时，就会遇到很大的困难，会出现诸如"非鸟恐龙"之类的称谓。相反，林奈分类体系中的高阶分类单元名称却是"分段套叠式"的，其五纲的概念是互不包容的。从分支系统学的观点看，其中的鱼纲、两栖纲和爬行纲都是不包括其所有后代的并系类群（paraphyletic groups），只有鸟纲和哺乳动物纲本身是真正的单系分支（clade）。林奈五纲的概念在生物学界已经根深蒂固，不会引起歧义，因此本志书在卷、册的标题名称上还是沿用了林奈的"分段套叠式"的概念。另外，由于化石类群和冠群在内涵和定义上有相当大的差别，我们没有直接采用纲、目等阶元名称，而是采用了含义宽泛的"类"。第三卷的名称使用了"基干下孔类　哺乳类"是因为"下孔类"这一分类概念在学界并非人人皆知，若在标题中舍弃人人皆知的哺乳类，而单独使用将哺乳类包括在内的下孔类这一全群的名称，则会使大多数读者感到茫然。

在编撰本志书的过程中我们所碰到的最后一类问题是全套志书的规范化和一致性的问题。这类问题十分烦琐，我们所花费时间也最多。

首先，全志在科级以下分类单元中与命名有关的所有词汇的概念及其用法，必须遵循《国际动物命名法规》。在本志书项目开始之前，1999年最新一版（第四版）的《International Code of Zoological Nomenclature》已经出版。2007年中译本《国际动物命名法规》（第四版）也已出版。由于种种原因，我国从事这方面工作的专业人员，在建立新科、属、种的时候，往往很少认真阅读和严格遵循《国际动物命名法规》，充其量也只是参考张永辂1983年出版的《古生物命名拉丁语》中关于命名法的介绍，而后者中的一些概念，与最新的《国际动物命名法规》并不完全符合。这使得我国的古脊椎动物在属、种级分类单元的命名、修订、重组，对模式的认定，模式标本的类型（正模、副模、选模、副选模、新模等）和含义，其选定的条件及表述等方面，都存在着不同程度的混乱。

这些都需要认真地予以厘定，以免在今后以讹传讹。

其次，在解剖学，特别是分类学外来术语的中译名的取舍上，也经常令我们感到十分棘手。"全国科学技术名词审定委员会公布名词"（网络 2.0 版）是我们主要的参考源。但是，我们也发现，其中有些术语的译法不够精准。事实上，在尊重传统用法和译法精准这两者之间有时很难做出令人满意的抉择。例如，对 phylogeny 的译法，在"全国科学技术名词审定委员会公布名词"中就有种系发生、系统发生、系统发育和系统演化四种译法，在其他场合也有译为亲缘关系的。按照词义的精准度考虑，钟补求于 1964 年在《新系统学》中译本的"校后记"中所建议的"种系发生"大概是最好的。但是我国从 1922 年杜就田所编撰的《动物学大词典》中就使用了"系统发育"的译法，以和个体发育（ontogeny）相对应。在我国从 1978 年开始的介绍和翻译分支系统学的热潮中，几乎所有的译介者都沿用了"系统发育"一词。经过多次反复斟酌，最后，我们也采用了这一译法。类似的情况还有很多，这里无法一一列举，这些抉择是否恰当只能留待读者去评判了。

再次，要使全套志书能够基本达到首尾一致也绝非易事。像这样一部预计有 3 卷 23 册的丛书，需要花费众多专家多年的辛勤劳动才能完成；而在确立各种体例和格式之类的琐事上，恐怕就要花费其中一半的时间和精力。诸如在每一册中从目录列举的级别、各章节排列的顺序，附录、索引和文献列举的方式及详简程度，到全书中经常使用的外国人名和地名、化石收藏机构等的缩写和译名等，都是非常耗时费力的工作。仅仅是对早期文献是否全部列入这一点，就经过了多次讨论，最后才确定，对于 19 世纪中叶以前的经典性著作，在后辈学者有过系统而全面的介绍的情况下（例如 Gregory 于 1910 年对诸如 Linnaeus、Blumenbach、Cuvier 等关于分类方案的引述），就只列后者的文献了。此外，在撰写过程中对一些细节的决定经常会出现反复，需经多次斟酌、讨论、修改，最后再确定；而每一次反复和重新确定，又会带来新的、额外的工作量，而且确定的时间越晚，增加的工作量也就越大。这其中的烦琐和日久积累的心烦意乱，实非局外人所能体会。所幸，参加这一工作的同行都能理解：科学的成败，往往在于细节。他们以本志书的最后完成为己任，孜孜矻矻，不厌其烦，而且大多能在规定的时限内完成预定的任务。

本志编撰的初衷，是充分发挥老科学家的主导作用。在开始阶段，编委会确实努力按照这一意图，尽量安排老科学家担负主要卷、册的编研。但是随着工作的推进，编委会越来越深切地感觉到，没有一批年富力强的中年科学家的参与，这一任务很难按照原先的设想圆满完成。老科学家在对具体化石的认知和某些领域的综合掌控上具有明显的经验优势，但在吸收新鲜事物和新手段的运用、特别是在追踪新兴学派的进展上，却难以与中年才俊相媲美。近年来，我国古脊椎动物学领域在国内外都涌现出一批极为杰出的人才，其中有些是在国外顶级科研和教学机构中培养和磨砺出来的科学家。他们的参与对本志书达到"当前研究水平"的目标起到了关键的作用。值得庆幸的是，我们所邀请的几位这样的中年才俊，都在他们本已十分繁忙的日程中，挤出相当多时间参与本志有关部分的撰写和/或评审工作。由于编撰工作中技术性任务量大、质量要求高，一部分年轻的学子也积极投入到这项工作中。最后这支编撰队伍实实在在地变成了一支老中青相结合的队伍了。

大凡立志要编撰一本专业性强的手册性读物，编撰者首要的追求，一定是原始资料的可靠和记录及诠释的准确性，以及由此而产生的权威性。这样才能经得起广大读者的推敲和时间的考验，才能让读者放心地使用。在追求商业利益之风日盛、在科普读物中往往充斥着种种真假难辨的猎奇之词的今天，这一点尤其显得重要，这也是本编辑委员会和每一位参撰人员所共同努力追求并为之奋斗的目标。虽然如此，由于我们本身的学识水平和认识所限，错误和疏漏之处一定不少，真诚地希望读者批评指正。

感谢 《中国古脊椎动物志》编研工作得以启动，首先要感谢科技部具体负责此项工作的基础研究司的领导，也要感谢国家自然科学基金委员会、中国科学院和相关政府部门长期以来对古脊椎动物学这一基础研究领域的大力支持。令我们特别难以忘怀的是几位参与我国基础性学科调研并提出宝贵建议的地学界同行，如黄鼎成和马福臣先生，是他们对临界或业已退休、但身体尚健的老科学工作者的报国之心的深刻理解和积极奔走，才促成本专项得以顺利立项，使一批新中国建立后成长起来的老古生物学家有机会把自己毕生积淀的专业知识的精华总结和奉献出来。另外，本志书编委会要感谢本专项的挂靠单位，中国科学院古脊椎动物与古人类研究所的领导和各处、室，特别是标本馆、图书室、负责照相和绘图的技术室，以及财务处的同仁们，对志书工作的大力支持。编委会要特别感谢负责处理日常事务的本专项办公室的同仁们。在志书编撰的过程中，在每一次研讨会、汇报会、乃至财务审计等活动中，他们忙碌的身影都给我们留下了难忘的印象。我们还非常幸运地得到了与科学出版社的胡晓春编辑共事的机会。她细致的工作作风和精湛的专业技能，使每一个接触到她的参撰人员都感佩不已。在本志书的编撰过程中，还有很多国内外的学者在稿件的学术评审过程中提出了很多中肯的批评和改进意见，使我们受益匪浅，也使志书的质量得到明显的提高。这些在相关册的致谢中都将做出详细说明，编委会在此也向他们一并表达我们衷心的感谢。

《中国古脊椎动物志》编辑委员会

2013 年 8 月

编委会说明：在 2015 年出版的各册的总序第 vi 页第二段第 3-4 行中"**其最早的祖先**"叙述错误，现已更正为"**其成员最近的共同祖先**"。书后所附"《中国古脊椎动物志》总目录"也根据最新变化做了修订。敬请注意。　　　　　　　　　　　　　　　　　　　　2017 年 6 月

特别说明：本书主要用于科学研究。书中可能存在未能联系到版权所有者的图片，请见书后与科学出版社联系处理相关事宜。

本 册 前 言

在前册（志书三卷三册，2015 年出版）的前言中提及，由于原定的第三册内容庞杂、且篇幅过大不易阅读，才将啮型动物移至四、五两册。但在编写的过程中，发现啮型动物（包括鼠类、兔类及其干群）共有约 310 属、740 余种，分属于 32 科，同样还是内容过多，两册难以容下。于是在 2016 年 10 月经《中国古脊椎动物志》编辑委员会第九次会议研究最终决定：把兔形目及啮型动物的干群（即双门齿中目的模鼠兔目、单门齿中目的混齿目）分离出来，单独成一册，为三卷四册，是为本册。余下的啮齿目归入一册，仍嫌过大，但又限于《中国古脊椎动物志》总目录安排已定，分册不易增加，于是编委会决定：将介绍啮齿目的第五册分为上、下两册，上册为除鼠超科外的啮齿类，下册单独介绍鼠超科。由于分册内容的变换，原第四册的编著人邱铸鼎先生主动退让，改由李传夔、张兆群两人负责本册编写。重组后的扩编工作是 2016 年开始的，事实上在 2010 年前编者已完成本册主要内容的初稿，这次除兔形目添加了概述内容和补增了个别新属种外，篇幅的扩大，主要是增加了啮型类干群的内容。

兔形目在哺乳动物中是一个较小的门类，我国仅有化石 2 科、27 属、87 种。中国兔类化石的记述始于 20 世纪 20 年代，如 1924 年 Schlosser 记述的 *Ochotona lagrelii*，1926 年 Teilhard de Chardin 记述的 *Desmatolagus pusillus* 和 1927 年杨钟健记述的 *Lepus wongi* 等。但大多数的属种发表于近三四十年间。早年的化石材料多收藏在国外，如瑞典、法国和美国，且出版物的图版多模糊不清，或仅有素描线条图。这给编志带来一定困难，尤其在无法获得清晰照片的情况下，只好复制原来的图版，这令志书减色，也给读者造成阅读不便，但事出无奈，敬请读者见谅。另外，在一些第四纪文献中，常出现只提及一个兔形类的学名，而无任何记述或图版的情况，志书的编者很难确认该类动物的可靠性，在这种情况下，编者只好简略提及，而无法做任何评论或辨识真伪。

啮型类干群（模鼠兔目和混齿目）的情况与兔形目不同。我国最早的相关化石记述是 Bohlin 于 1951 年描述的 *Mimolagus rodens*，以后从 70 年代至今都有新属种问世，尤以近二十年为最，且化石材料均保存在中国科学院古脊椎动物与古人类研究所。但有关基干啮型类的研究报告多以英文发表在国外不同的刊物上。为了读者参阅方便，编者尽可能多地把外刊中的摘要、图版、照片搜集到志书中，以节省大家搜罗文献的时间。另外，近年来国际上对啮型类门齿釉质微细结构的研究日趋深入，不少学者也试图从牙釉质微细结构的角度来阐述啮型类的系统发育关系。我们虽起步较晚，但化石材料全部在国人手中，这一优势无疑会激发出新的研究成果。幸喜中国科学院古脊椎动物与古人类研究所毛方园博士已着手从事早期啮型类门齿釉质微细结构的系统研究，其初步成果与相关术语的介绍已发表在《古脊椎动物学报》55 卷 4 期上。承蒙毛博士的应允，一些啮型类干群属种的门齿釉质微观结构也转收进本册志书内。这些微观结构虽还不能清楚地展示有关啮型类的系统发育意义，但仍不失为可靠的一手资料，也为志书增色，编者谨致谢意。

在本册志书编写过程中，得到编委会主任邱占祥院士的热忱帮助与指导。初稿完成后承蒙孟津、邱铸鼎两先生审阅，并提出许多宝贵的意见或建议，编者在此深表感谢。感谢 Mary R. Dawson 博士(美国)长年来在啮型类和兔形目研究中给予的有益讨论与指教，也感谢 Larry J. Flynn 博士（美国）惠予的清晰照片。2010 年在兔形目未扩编之前，初稿由李萍女士精心编汇，她花费了大量精力摸索出志书图版的合成办法，编者对她致以诚挚的谢意。在本册志书编写过程中，孟津先生慷慨惠赠他所发表的、有关啮型类干群及兔形类的图版原件，不仅让编者节省了大量的制图时间，也使读者可以获得精准的图片，特此致谢。本册的古近纪和新近纪层位对比表、地点分布图分别由王元青、白滨和李强诸位先生制作，对他们的贡献，编者表示感谢。本册部分照片是由高伟实验师重新拍摄的，一些电镜照片是在张文定高级实验师的指导下由司红伟女士完成的，编者对他们表示感谢。特别值得提出的是本册志书的辅助人员司红伟女士，扩编后几经易稿，皆由她不厌其烦地细心汇编、校对、编目和合成制作各个图版，没有她的协助，本册是不可能短期完成的，编者衷心感谢。图书馆的曹颖女士与周珊女士在文献资料的查阅与搜集上给予了大力的支持。此外，编者还要感谢志书项目的负责人邓涛研究员和张翼主任及张昭高级工程师，是他们的精心安排和勤奋工作，才使志书的编写工作能够在顺畅的环境下得以按时完成。

李传夔　张兆群

2018 年 1 月

本册涉及的机构名称及缩写

【缩写原则：1. 本志书所采用的机构名称及缩写仅为本志使用方便起见编制，并非规范名称，不具法规效力。2. 机构名称均为当前实际存在的单位名称，个别重要的历史沿革在括号内予以注解。3. 原单位已有正式使用的中、英文名称及/或缩写者（用 * 标示），本志书从之，不做改动。4. 中国机构无正式使用之英文名称及/或缩写者，原则上根据机构的英文名称或按本志所译英文名称字串的首字符（其中地名按音节首字符）顺序排列组成，个别缩写重复者以简便方式另择字符取代之。】

（一）中国机构

*CUGB — 中国地质大学（北京）China University of Geosciences (Beijing)

*GMC — 中国地质博物馆（北京）Geological Museum of China (Beijing)

IGG — 中国科学院地质与地球物理研究所（北京）Institute of Geology and Geophysics Chinese Academy of Sciences (Beijing)

*IVPP — 中国科学院古脊椎动物与古人类研究所(北京) Institute of Vertebrate Paleontology and Paleoanthropology, Chinese Academy of Sciences (Beijing)

*NWU — 西北大学（陕西 西安）Northwest University (Xi'an, Shaanxi Province)

THP — 北疆博物院（Musée HongHo PaiHo 黄河白河博物馆）（天津）

（二）外国机构

*AMNH — American Museum of Natural History (New York) 美国自然历史博物馆（纽约）

FAM — Frick Collection, American Museum of Natural History (New York) 弗里克收藏品，美国自然历史博物馆（纽约）

MEUU — Museum of Evolution (including former Paleontological Museum) of Uppsala University (Sweden) 乌普萨拉大学演化博物馆（瑞典）

*MNHN — Muséum National d'Histoire Naturelle (Paris) 法国自然历史博物馆（巴黎）

PIN — Paleontological Institute, Russian Academy of Sciences (Moscow) 俄罗斯科学院古生物研究所（莫斯科）

ZMRAS — Zoological Museum of Russian Academy of Sciences, Saint Petersburg 俄罗斯科学院动物博物馆（圣彼得堡）

Z-PAL — Zakład Paleobiologii, Polska Akademia Nauk (Warsaw) 波兰科学院古生物研究所（华沙）

目　录

啮型动物导言

啮型动物（Grandorder Glires Linnaeus, 1758）（拉丁文：Glires，γαλέν；词源来自欧洲的一种睡鼠 *Glis*）包括了由啮齿目（Rodentia）和混齿目（Mixodontia）组成的单门齿中目（Mirorder Simplicidentata）及由模鼠兔目（Mimotonida）和兔形目（Lagomorpha）组成的双门齿中目（Mirorder Duplicidentata）。

Glires 一词是林奈（Linnaeus, 1707–1778）1735 年在他的《自然系统》（Systema Naturae）[①] 第一版中首次提出的，包括豪猪、松鼠、河狸、鼠、兔和鼩鼱。1748 年在第六版中加进了有袋类；1758 年在第十版中，正式用 Glires 做分类阶元，并删除了鼩鼱和有袋类，而又加进了犀牛[②]；1766 年，在该书第十二版中，他将哺乳动物分为三大类八亚类，即：

Ⅰ．Unguigulata（有爪类）：

    1. Primates：包括人、狐猴、蝙蝠等；

    2. Bruta：包括象、鲮鲤等；

    3. Feræ：包括犬、猫、熊、海豹等；

    4. Bestiæ：包括猪、猬、鼹、鼩、袋鼠等；

    5. Glires：包括鼠、兔、河狸、豪猪、犀牛[②]等。

Ⅱ．Ungulata（有蹄类）：

    6. Pecora：包括驼、鹿、牛等；

    7. Belluæ：包括马、河马等。

Ⅲ．Mutica（削肢类？）：

    8. Cete：包括鲸、海豚等。

此后，Blumenbach（1779）、Bonaparte（1837）、Wagner（1855）等均沿用了林奈的 Glires 一词，作为鼠、兔等啮型动物的分类阶元。

居维叶（Cuvier, 1769–1832）是第一位专门做了哺乳动物分类的学者。在他 1798 年出版的《Tableau Élémentaire de l'Histoire Naturelle des Animaux》[①]一书中，用了 Rongeurs 来包括鼠、兔、河狸、豪猪及指猴（Aye-aye）等。1817 年，居维叶又把 Rongeurs 分为两类：Á clavicules（有锁骨类，包括所有啮齿类）和 Sans clavicules（无锁骨类，即兔和鼠兔）。

---

    ①   转引自 Gregory（1910）。

    ②   林奈把犀牛归入 Glires，可能是因为如印度犀的上下颌各有一对伸长的门齿，而犬齿缺失的特点与啮齿类相似的缘故（Gregory, 1910, p. 32）。

De Blainville（1816） 在 "Prodrome d'une nouvelle distribution systèmatique du règne animal"[①] 一文中把啮齿类分为爬的(Grimpeurs)、穴居的(Fouisseurs)和奔走的(Marcheurs) 三类。1834 年，他又提出 Rongeurs 的另一种分类，即有锁骨的：一为松鼠（爬的）、一为鼠类（穴居的）；半锁骨的：*Lepores*（兔，奔跑的）；无锁骨的：豚鼠（奔走的）。这种划分除兔类外，实际已具备啮齿目三个亚目的雏形意识。

Illiger 在 1811 年出版的《Prodromus Systematis Mammalium et Avium Additis Terminis Zoographicis Utriudque Classis》[①] 一书中创立了一个新目 Prensiculantia（前爪挠类），共分 8 科，包括了所有鼠、兔类动物。其中一科首次采用了 Duplicidentata（双门齿类）一词，来包括兔和鼠兔类等兔形目的动物。

1821 年 Bowdich 在《An analysis of the Natural Classifications of Mammalia for the Use of Students and Travellers》[①] 一书中提出 Rodentia 作为啮齿类分类阶元的统称。此后在 Owen（1868）、Huxley（1872）的分类中，都正式采用了 Order Rodentia 的分类阶元。

Waterhouse（1839）在 "Observations on the Rodentia…"[①] 一文中，依据头骨和下颌分啮齿类为三个部分（Section）：I. Murina；II. Hystricina；III. Leporina。十年后（1848）他把兔类与啮齿类分开，又把 Murina 分成 Sciuridae 和 Muridae。这样啮齿类也分成了松鼠、鼠和豚鼠三大类。

1855 年，Brandt 在《Untersuchungen über die craniologischen Entwicklungsstufen… und Classificationen der Nager der Jetzwelt, …》[①] 一书中，第一次明确提出将 Simplicidentate rodents 分为 Sciuromorphi、Myomorphi 和 Hystricomorphi 三亚目，并把兔类另创立了一新的分类单元：Lagomorphi。

1866 年，Lilljeborg 在他的专著《Systematisk öfversigt af de gnagande däggdjuren, Glires》[①] 中，首次创建 Glires Simplicidentati 一词，来包括单门齿的啮型动物。

1872 年，Gill 在 "Arrangement of the families of mammals with analytical table"[①] 一文中，把 Glires 作为目级阶元，下分两个亚目：Simplicidentata 和 Duplicidentata。

Flower 在 1883 年也采用了相同的分类办法。

1876 年，Alston 在 "On the classification of the order Glires"[①] 中的分类是：

    Order Glires

        Suborder Simplicidentati

            Section I Sciuromorpha

            Section II Myomorpha

            Section III Hystricomorpha

        Suborder Duplicidentati

---

① 转引自 Gregory（1910）。

Cope （1898）[①] 在其分类单元中，用了 Order Glires，下分四个亚目：Hystricomorpha、Sciuromorpha、Myomorpha 和 Lagomorpha。

1899 年，Tullberg 在《Uber das System der Nagethiere: Eine Phylogenetische Studie》[①] 中尽管也将 Order Glires 分为两个亚目——Simplicidentati 和 Duplicidentati，但他指出：兔类与啮齿类两者在解剖特征上的相似性是都有"啮"的门齿，然而这一特征并不显著，甚至 Daubentonia（指猴）的门齿比兔类更像啮齿类；而且在颊齿的形状和咀嚼方式方面，两者也迥然不同。但两者在胚胎方面的显著相似性，使 Tullberg 相信两者有着共同的祖先，是从具有"啮"的功能的祖先，分别独立发展而来的。

1904 年，Weber 在《Die Säugetiere》[①] 一书中，把 Lilljeborg 于 1866 年创建的 Glire Simplicidentati 一词中的 Simplicidentata 作为啮型类（Glires）中的单门齿类（即 Rodentia）的分类单元。

1910 年，Gregory 在"The orders of mammals"中除了全面回顾了 Glires 的研究史外，还就啮齿类和兔形类的形态相似特征也做了深入分析，他强调指出，尽管两类动物共有的相似性可能是真兽类的原始特征，但两类动物所共有的原始的和特化的特征的结合证实了它们间是有着紧密关系的，也使它们有别于其他所有的真兽类。

综上所述，经历了近两个世纪的研究，学者们全都认为鼠和兔，即 rodents 和 lagomorphs 应当是有着系统上的亲缘关系，在分类上不管叫 Glires，还是叫 Rougeurs，都应该归属同一阶元。但事情发展到 1912 年，由于 Gidley 的一篇论文，却发生了根本变化。

Gidley 在《Science》上发表了题为"The lagomorphs, an independent order"的短文，提出了 Lagomorpha 和 Rodentia 的十项主要区别（表1）。

表1　兔形目与啮齿目的特征对比

Lagomorpha	Rodentia
1. 四个上门齿	两个上门齿
2. 上 3 下 2 个具功能的前白齿	上下具功能的前白齿仅一个
3. 齿式为 2•0•3•3–2/1•0•2•3–2	齿式为 1•0•2–0•3–2/1•0•1–0•3–2
4. 上颊齿列间腭宽远大于下颊齿列间宽	上下颊齿列间宽相等
5. 上颊齿宽于下颊齿	上下颊齿近于等宽
6. 关节窝分为前脊后窝两部分，阻止咀嚼时下颌前后移动	关节窝宽，前后平滑，咀嚼时可前后移动
7. 下颊齿与下颌升支处于同一平面	下颊齿位于下颌升支之内侧
8. 盲肠具螺旋瓣褶	盲肠无螺旋瓣褶
9. 肘关节只能前后运动	肘关节可自由转动
10. 胫腓骨远端愈合，与跟骨相关节	胫腓骨不愈合，与跟骨不关节

---

① 转引自 Gregory （1910）。

尽管鼠、兔两类在脑和生殖器官等方面有相似之处，但 Gidley 认为这些都是些原始特征，只能说明它们都是原始的目，彼此间并没有任何系统关系。而宽的上颌、上颊齿间宽度大于下颊齿间宽度、咀嚼方式、桡骨近端位于尺骨之前（即桡骨近端偏外侧面，斜在尺骨之上）、腓骨与跟骨相关节等特征或可说明兔形类与高等有蹄类（偶蹄类）相似。因此 Gidley 断言兔类应单独成立一目：Lagomorpha。

之后，又有一些新证据支持 Gidley 的观点，如鼠、兔两者咬肌分层的不同、门齿釉质层结构的不同（Korvenkontio, 1934），甚至对胚胎结构和血清学的研究也支持兔类单成一目的看法。兔和鼠无系统关系、应各成一目的观点在 20 世纪 70 年代前几乎为大多数生物学家、古生物学家所接受，如 Romer（1945, 1968）、Colbert（1958, 1969, 1980）、Wood（1940, 1957）、Russell（1959）、Van Valen（1964）、Olson（1971）等均持这一观点。尤其 Wood（1957）在 "What, if anything, is a rabbit?" 中，又总结出了兔类有别于鼠类的其他特点如：①上颌骨侧面有孔；②下颌无前后运动；③下颌联合部愈合；④咬肌、颞肌弱；⑤门齿孔大；⑥眶上突发育；⑦无阴茎骨；⑧门齿短；⑨门齿釉质层单层等，更加加深了啮齿类与兔形类无系统关系的概念。致使 McKenna（1975）在 "Toward a phylogenetic classification of the Mammalia" 一文中，把象鼻鼩和兔形类同置 Anagalida 大目下，而把啮齿类则放在 Cohort Epitheria incertae sedis 位置待定的旁栏中。

唯有 Simpson（1945）在他的经典论文 "The principles of classification and a classification of mammals" 中分析了 Gidley 等的观点后，认为"以前应用于（鼠、兔）两者相关联的相似特征毕竟不是虚构的"(the resemblances formerly used to unite them were not, after all, imaginary)，进而他指出"无知胜于偏见"(it is permitted by our ignorance, rather than sustained by our knowledge)（Simpson, 1945, p. 196）。因此 Simpson 仍然采用了 Glires 大目，把鼠、兔归入同一分类阶元之中，即：

Cohort Glires Linnaeus, 1758

Order Lagomorpha Brandt, 1855

Order Rodentia Bowdich, 1821

在 Simpson 的影响下，法国 20 世纪 50 年代出版的《Traité de Zoologie》和《Traité de Paléontologie》两大部志书中，也仍然采用了 Glires 作为鼠、兔两类的高一级分类阶元。

1961 年，Simpson 又在《Principles of Animal Taxonomy》一书中（p. 209）指出："兔类和啮齿类有着不同起源、应当分为两目的结论由于找不到有着在目级以下的共同起源的化石证据而更为加深了，尽管这两目本身的起源尚不清楚。"

兔类和鼠类在形态差异上的系统含义（Glires 是单系抑或是复系）已经成为 20 世纪在哺乳动物高级阶元系统发生上最持久的争论问题之一（Wilson, 1989）。

事情争论到 20 世纪 70 年代，Simpson 所指出的"找不到目级以下的共同起源的化石证据"有了戏剧性的变化。中国科学院古脊椎动物与古人类研究所的华南红层队 1971

年在安徽潜山盆地早、中古新世地层中，于同一地点找到了与啮齿类形态相近的晓鼠（*Heomys*）和与兔类相近的模鼠兔（*Mimotona*）化石。这两种化石既分别具有啮齿类和兔形类的性状，又有着不同于后二者、但彼此却有相互交混的特征，以至研究者（李传夔，1977）把潜山发现的两类化石统归于一新建的 Eurymyloidea 超科中。为了显示模鼠兔与兔类可能的系统关系，作者又建立了一新科 Mimotonidae。这一重要发现和研究成果，在1981 年春美国匹兹堡卡内基自然博物馆举办的"啮齿类进化国际学术会议"上得到充分的肯定，其后联合发表了"The origin of rodents and lagomorphs"论文（Li et al., 1987），引起国际相关学者的广泛重视。该文作者对 Glires 的系统分类观点是：

Cohort Glires

    Superorder Duplicidentata

        Order Mimotonida nov.

        Order Lagomorpha

    Superorder Simplicidentata

        Order Mixodontia Sych, 1971

        Order Rodentia

这一分类系统在 1997 年 McKenna 和 Bell 出版的《Classification of Mammals above the Species Level》中被基本采用。只是由于检讨 Linnaeus（1758）提出 Glires 的概念是包括了犀牛（见前），而犀牛归入奇蹄类后，自然地会把剩下的啮齿类、兔形类视为姐妹群。对这后一概念 McKenna 和 Bell 尚存疑问或认为不够全面，才使用 Anagalida 取代了 Glires（McKenna et Bell, 1997, p. 105 及孟津口述）。而 McKenna 和 Bell 的分类系统是：

Grand Order Anagalida

    Family Zalambdalestidae

    Family Anagalidae

    Family Pseudictopidae

  Mirorder Macroscelididea

  Mirorder Duplicidentata

    Order Mimotonida

    Order Lagomorpha

  Mirorder Simplicidentata

    Order Mixodontia

    Order Rodentia

Rose（2006）在 McKenna 和 Bell（1997）的基础上，略作修改，把相关分类修改为：

Superorder Anagalida

    Zalambdalestidae

Anagalidae

Pseudictopidae

Grandorder Glires

Mirorder Simplicidentata

Order Mixodontia

Order Rodentia

Mirorder Duplicidentata

Order Mimotonida

Order Rodentia

1984 年夏，在法国巴黎举行了一次重要的有关啮齿类进化关系的国际学术会议（Evolutionary Relationships among Rodents—A Multidisciplinary Analysis）。从古生物学、形态学、胚胎学、分子生物学等多种学科的不同角度来探讨啮齿类的起源、系统关系问题。会上除我国学者把华南红层新发现的古生物材料做了进一步的分析阐述外（Li et Ting, 1985），支持啮齿类和兔形类有相近的系统关系或构成姐妹群、即 Glires 应是一个单系类群的主要观点有：

（1）Novacek（1985）在全面分析了众多的真兽类头骨特征后，指出有 27 种可能的近裔共性，而至少有 6 种特征是啮齿类和兔形类所共有的。他所作出的支序图（Fig. 5）清楚地显示出两类动物构成一姐妹群。

（2）Luckett 和 Hartenberger（1985）从牙齿胚胎发生证实啮齿类和兔形类的大门齿都是由第二乳门齿发育而来，这一重要的共近裔性状使它们有别于其他所有具大门齿的现生真兽类。而对胎膜的研究，也同样得出啮齿类和兔形类为姐妹群的结论。作者还指出了 20 世纪 30 年代 Mossman 等对鼠、兔胚胎研究受到当时研究条件的限制，从而得出不当的论断。

其他如 López Martínez（1985）在分析了啮齿类和兔形类共有的众多的进步性状后，她却相信这些性状并不是这两目所特有的，有的还出现在蹄兔目或偶蹄目中；Szalay（1985）从跟骨 - 距骨结构组合分析，认为啮齿目与 Leptictids 有祖 - 裔关系。他们的论点在会上都得到不同程度的反驳（Luckett et Hartenberger, 1985）。

针对 Graur 等（1991）用氨基酸序列分析结果，认为豚鼠（*Cavia*）等不是啮齿类，从而得出啮齿类不是一个单系类群的结论，Luckett 和 Hartenberger（1993）著文反驳。Luckett 和 Hartenberger 从头骨、牙齿、颅后骨骼、胎膜等的全面分析结果，认定啮齿类不仅是一单系类群，而且啮齿类与兔形类也是姐妹群的系统关系。

1994 年，Meng 等记述了发现于内蒙古晚古新世的磨楔齿鼠（*Tribosphenomys*），修订了过去对啮齿类祖先形态型的概念，研究结果同样支持啮齿类与兔形类是姐妹群的关系，确认了 Glires 为一单系类群的观点。2001 年，Meng 和 Wyss 著文对 *Tribosphenomys*

的系统位置进行了全面的综述和研究。他们采用了 82 个骨骼特征与 36 个终端分类单元做了 PAUP 分析，结果不仅确定了 *Tribosphenomys* 对 Rodentia (s.s.) 的外类群地位（并使用了他们 1996 年创建的 Rodentiaformes 来命名 *Tribosphenomys* 和它归属的 Alagomyidae），而且再次确认啮齿类与兔形类为 Glires 下的姐妹群。同时该文强调，"正如 Hennig（1966）清楚地阐明的那样，不论器官间具有多少差异并不能妨碍它们间亲近的系统关系"（Meng et Wyss, 2001）。

2003 年，Meng 等利用丰富的菱臼齿兽材料，选用了 227 个包括头骨、牙齿和颅后骨骼的性状与 50 个化石和现生的终端分类单元（包括了被认为是与 Glires 有亲缘关系的真兽类），用 MacClade 和 PAUP 做了系统分析，所得出的五个分支图解对 Glires 是一单系类群都完全确认，且以高的 Bremer 指数等予以支持。同样在 Glires 分支（支系）中，Duplicidentata、Simplicidentata、Eurymylidae、Lagomorpha 和 Rodentia 等的分类位置也完全得到确认。

2005 年 Asher 等在论述 *Gomphos* 时，在 Meng 等（2003）研究的基础上，使用了 68 个终端分类单元，选取了 228 个性状，采用了 NONA、PAUP 等支序分析方法，得出结论是 *Gomphos* 是一种"干型兔类"（stem lagomorph），而 Rodentia 和 Lagomorpha 组成的 Glires 则为一单系类群。

至此，由 Gidley 在 1912 年提出的"兔形类应是一个与啮齿类无关的独立的目"，换言之即 Glires 不是一个单系类群的争论，经过近一个世纪的讨论，基本上有了一个共同认识。Meng 和 Wyss（2005）给出的 Glires 定义是：由兔形目和啮齿目共同最近的祖先所衍生（stemming）出的支系（Glires is defined as the clade stemming from the most recent common ancestor of Lagomorpha and Rodentia）。从形态古生物学的角度，Glires 的特征是：①具一对终生生长的、由 DI2/di2 组成的上下大门齿，门齿横向挤扁，釉质层覆盖齿的颊侧；②至少 I1/i1、C/c、P1/p1 退失，形成一个长的齿隙；③上臼齿缺失前尖与后尖间的连脊（centrocrista），下臼齿无下原尖；④下颌水平支深、短，冠状突退化、角突常增大；⑤下颌关节突前后向，关节于头骨纵向的关节凹内；⑥眶后突大为退化；⑦前颧弓后端前移和随之的眼眶前移（⑤、⑥、⑦三项体现出啮的功能）；⑧门齿孔增大；⑨眶下孔（管）短；⑩头骨顶面上前颌骨与额骨接壤区很窄；⑪颧骨和泪骨不相接；⑫听泡仅由外鼓骨构成（依 Meng et Wyss, 2005，略修改）。

对 Glires 为一单系类群的概念，分子生物学的研究曾经提出了不同的观点。从 Graur 等（1991）依据氨基酸的分析认为豚鼠（*Cavia*）与灵长类的关系近于啮齿类开始，一系列不同的研究成果显示了不同的结论，本志书无法详述。早期的分子系统学研究，所选取的分类单元过少（比如 Graur 等的研究只有四个分类单元），其结论引起很多争议。后期的相关研究，从分类单元到 DAN 序列的多样性和数量上，都有了更为充分的选取，产生了与本志书密切相关的一个比较稳定的类群，由灵长类 - 皮翼类 - 树鼩 - 兔形类 - 啮齿类构成的支系，被称作"真魁兽啮型类"（Euarchontoglires）（Murphy et al., 2001）。Huchon 等（2002）又用三种核基因分析了 22 种啮齿类（每一科或超科均有代表）和两种兔形类样品，得出了①啮齿目为一单系类群；②啮齿类和兔形类构成一个支系，即 Glires；③ Glires+Euarchonta (Primates, Dermoptera and Scandentia) 构成一个支系，即 Euarchontoglires 的结论。这一概念在 Fabre 等（2015）论文中也得到复述和承认。

从古生物学角度分析，最早的 Glires 化石记录是发现在安徽潜山早古新世的望虎墩组上部下段的 *Mimotona lii* 和 *Heomys* sp.（李传夔，1977），最早的兔形类是发现在蒙古高原早始新世的 *Gomphos* 层的 *Arnebolagus leporinus* Lopatin et Averianov, 2008（= 内蒙古的 *Dawsonolagus antiques* Li et al., 2007，约 55 Ma），最早传统意义上的啮齿类是发现在北美晚古新世 Clarkforkian 期的 *Paramys adamus*（Dawson et Beard, 1996, Cf1, 约 56 Ma）。而 Glires 从有胎盘类中的分异时间，Archibald 等（2001）的分支图解认为 Zalambdalestidae 和 Glires 及 *Protungulatum* 等隶属同一支系，结合分子生物学的研究，他们提出目级以上的分异时间约在 64 Ma 与 104 Ma 之间（均值 84 Ma）。Meng 和 Wyss（2005）对这一分析提出质疑。但 Wible 等（2007）把 zalambdalestids 排除在现生有胎盘类之外，并认为有胎盘类的起源当在白垩纪 - 第三纪界线之时。Asher 等（2005）则明确提出鼠、兔两大类从有胎盘类中分异的时间当在白垩纪 - 第三纪界线时期。在 Glires 真正的外类群确定之前，它从有胎盘类中分异的确切时间始终是存在争议的。至于分子生物学对 Glires 的分异时间则有多种说法，最早的可以到 112 Ma（Kumar et Hedges, 1998）。

本志书所采用的分类是：

Grandorder Glires Linnaeus, 1758（啮型动物大目）

Mirorder Duplicidentata Illiger, 1811（双门齿中目）

Order Mimotonida Li, Wilson, Dawson et Krishtalka, 1987（模鼠兔目）

Order Lagomorpha Brandt, 1855（兔形目）

Mirorder Simplicidentata Weber, 1904（单门齿中目）

Order Mixodontia Sych, 1971（混齿目）

Order Rodentia Bowdich, 1821（啮齿目）

系 统 记 述

双门齿中目 Mirorder DUPLICIDENTATA Illiger, 1811

概述 Duplicidentata（duplic，希腊文之成双、两倍之意；dent，希腊文之牙），是 Illiger 在 1811 年出版的《Prodromus Systematis Mammalium et Avium Additis Terminis Zoographicis Utriudque Classis》一书中创建的一个新目 Prensiculantia（前爪挠类）中的 8 个科中的一个新科的名字，用来包括兔和鼠兔类动物。此后众多的哺乳动物分类学者都采用了 Duplicidentata 这一分类阶元来包括兔形类动物（Tullberg, 1899；Zittel, 1925；Dechaseaux, 1958；McKenna et Bell, 1997；Rose, 2006 等）。只不过在近半个世纪以来，由于在亚洲古近纪地层中发现了众多的早期双门齿类化石，Duplicidentata 的含义扩展为兔形目及其干群，其分类则为：

Mirorder Duplicidentata Illiger, 1811

  Order Mimotonida Li, Wilson, Dawson et Krishtalka, 1987，分布限于古近纪的亚洲

  Order Lagomorpha Brandt, 1855，最早的化石记录是亚洲早始新世，现代分布于除南极外的世界各大洲

模鼠兔目 Order MIMOTONIDA Li, Wilson, Dawson et Krishtalka, 1987

概述 *Mimotona* 一词由两字组成，mimo 来自希腊文，意为"模拟者"，tona 取 *Ochotona*（鼠兔）之字尾，其意为该动物疑似兔类。Mimotonida 是依据发现在潜山古新世的 *Mimotona* Li, 1977 而创建的一个目级分类单元（Li et al., 1987）。但早在 *Mimotona* 建立之前，Bohlin（1951）发表了甘肃玉门骟马城中始新世晚期（或晚始新世）地层中（Zhang et Wang, 2016）找到的一种啮型动物，因其上颌在大门齿之后还生长有一个小门齿，类似兔子，故取属名叫 *Mimolagus*（模兔）（希腊文 lagōs，兔子），但标本又显示不少啮齿类的特征，种名则取了 *rodens*（拉丁语：咬，即啮齿类）。Bohlin 最终还是把 *Mimolagus* 置于双门齿类（Duplicidentata）之下。

1975 年，Shevyreva 等记述了蒙古"格沙头 III 层"（Zhegallo et Shevyreva, 1976）

的一件标本，具有一个大门齿（di2, i3 未保存）和两个臼齿的右下颌骨。尽管作者将其与 Paramyidae 做了对比，但认为"无法归入啮齿类中任何一科"，取名 *Gomphos*（高莫兔）。其时代应是早始新世。2005 年，Asher 等研究了一件出自蒙古早始新世 Bumbanian 地层、保存相当完整的 *Gomphos* 骨架，包括头骨及相连的颅后骨骼（MAE-BU-14422），这是 Mimotonidans 中目前所知最为完好的材料。Asher 等引用了 68 个终端分类单元，选取了 228 个性状，采用了 NONA、PAUP 等支序分析方法，得出 *Gomphos* 是一种"干型兔类"（stem lagomorph）的结论。可惜只有简单记述，迄今未见详细研究报告。

1977 年，李传夔记述了发现在安徽潜山古新世的模鼠兔（*Mimotona*），认为该动物具有上下各两对门齿，近于兔类特征，并以此属种建立了一个新科 Mimotonidae，归诸于新建的 Eurymyloidea 超科之下。

1994 年，Averianov 记述了发现在吉尔吉斯斯坦早始新世的两类 mimotonids：*Anatolimylus* 和 *Aktashmys*。几乎同时 Shevyreva（1994, 1995）也分别描述了 mimotonids 的两新属 *Anatolimys* 和 *Romanolagus*。但 Averianov（1998b）、Averianov 和 Lopatin（2005）又分别论证 *Anatolimylus* 系 *Anatolimys* 的同物异名，而 *Aktashmys* 和 *Romanolagus* 则是兔类，归诸于他们新建的 Strenulagidae 之中。

Meng 和 Wyss（2005, p. 148）以 *Gomphos* 的材料为基础列举出多项 mimotonids 与 lagomorphs 的共近裔性状，如门齿具单层的施氏明暗带、门齿孔向后伸长、鼻骨宽、前颌骨具针状后突、硬腭短、额骨前突介于颌骨与前颌骨之间、左右视孔愈合、颧骨有后突、鳞骨关节窝前后向短、下颌关节突高于齿列、冠状突退化、跟骨上的距骨面与骨的长轴大体一致等。而 mimotonids 与 lagomorphs 的区别在于前者下颌上有 i3。Meng 等（2003, 2005b）同时指出模鼠兔目极有可能为一并系类群。

Mimotonida 的颊齿特征如单侧高冠、下臼齿三角座扁且明显高于跟座、前一臼齿的跟座与后一臼齿的三角座在嚼面上处于同一水平等特征，既与兔形类相同也和单门齿亚目的 Mixodontia 一致。而下臼齿（尤其 m3）跟座伸出第三叶较早期兔类（如 *Dawsonolagus*）更为完整、孤立，而与 Mixodontia 相同。

定义与分类　模鼠兔类是啮型动物中具有上下双门齿的兔形类基干类群。截至目前，共发现有 *Anatolimys*、*Gomphos*、*Mimolagus*、*Mimotona*、*Mina* 五个属及发现于蒙古古新世的一存疑属 *Amar* Dashzeveg et Russell, 1988。

在 2016 年以前，所有各属均归入 Mimotonidae Li, 1977 一科中。但 2016 年，Li C. K. 等在记述安徽潜山中古新世一新属种 *Mina hui* 时，启用了 Mimolagidae Szalay, 1985，并把除 *Mimotona* 以外的其余四属归入该科中。这样，Mimotonida 目中即包含了两科：Mimotonidae Li, 1977，仅有一单型属 *Mimotona* Li, 1977；Mimolagidae Szalay, 1985，包括 *Anatolimys* Shevyreva, 1994，*Gomphos* Shevyreva et al., 1975，*Mimolagus* Bohlin, 1951 和 *Mina* Li et al., 2016 四属。

模鼠兔科 Family Mimotonidae Li, 1977

Mimotonida：Li et al., 1987, p. 105

Mimotonidae：Li C. K. et al., 2016

模式属 模鼠兔属 *Mimotona* Li, 1977

定义与分类 上门齿（DI2）颊侧具有纵沟的模鼠兔类，被视为与兔形目在支序系统上最为接近的化石类群。科内仅有模式属一属。

鉴别特征 个体较 mimolagids 为小，齿式：2•0•3•3/2•0•2•3。上门齿（DI2）唇侧具有纵沟，横向较宽，门齿釉质层双层，内层具施氏明暗带（HSB）（毛方园等，2017），门齿后端可能仅限于前颌骨内；上前臼齿远未臼齿化，颊侧仅有一大的主尖，其外围被 2–3 个小尖所包围，与 *Dawsonolagus* 的前白齿十分类似（Li et al., 2007, fig. 4A）；上臼齿扁宽、高冠、近脊型齿，前尖、后尖呈扁丘型，原尖收缩，前脊、后脊分别伸达前尖和后尖的前、后侧，小尖极不发育。下门齿（di2）后伸至 m3 之后。下颊齿与同一层位、同一地点归入 Simplicidentata 的 *Heomys* 者相似，其细微差别可能是 *Mimotona* 的 p3、p4 发育较完善，白齿齿冠稍高，三角座与跟座的高差相对稍大，白齿的跟凹在下内尖前方多数有较大的开口等，但较显著的差别在其下次小尖远大于 *Heomys* 者。

中国已知属 仅模式属。

分布与时代 中国，古新世。

模鼠兔属 Genus *Mimotona* Li, 1977

模式种 安徽模鼠兔 *Mimotona wana* Li, 1977

鉴别特征 同科。

中国已知种 *Mimotona wana, M. robusta* 和 *M. lii*，共 3 种。

分布与时代 安徽，早—中古新世。

评注 Li C. K. 等（2016）认为 *Mimotona* 较其他 mimotonidans 的白齿趋于脊型齿，且 DI2 具有兔形类特有的纵向齿沟，这些共同的衍生特征或可说明 *Mimotona* 代表了兔形类祖先的"态模"（morphotype）。黄学诗（2003）另记述一件在安徽明光（嘉山）发现的 *Mimotona* sp.，但未做详细描述。

安徽模鼠兔 *Mimotona wana* Li, 1977

（图 1—图 5）

全模 采自安徽潜山的三件标本：IVPP V 4324，一件左上颌骨，具 P3–M3 及 P2 的齿根；IVPP V 4325.1，一件左下颌骨，具 di2–m3；IVPP V 4325.2，一件右下颌骨，具 di2–m2。

归入标本　头骨前部与下颌骨，具完整齿列（IVPP V 7500）。安徽潜山。

鉴别特征　同属。

产地与层位　安徽潜山黄铺（杨小屋、上下楼、张家屋等），下—中古新统望虎墩组上部—痘姆组。

评注　在距潜山杨小屋西南约 1 km、层位较低的 81010 地点采得一件 *Mimotona wana* 的右下颌骨，为一成年个体（IVPP V 17717），具有 p4–m2 及 p3 完整齿槽。在 p3 齿槽前方有一圆形的齿根，清晰可见，应该是 p2 的残留齿根。果如此，则个别的 *M. wana* 与 *M. robusta* 一样，也有具有三个前臼齿者。

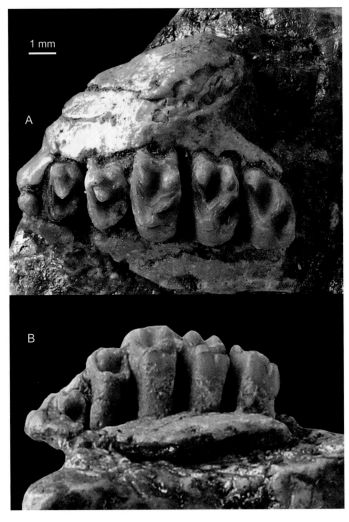

图 1　安徽模鼠兔 *Mimotona wana* 上颌骨

左上颌骨具 P3–M3 及 P2 齿根（IVPP V 4324，全模）：A. 冠面视，B. 颊侧视

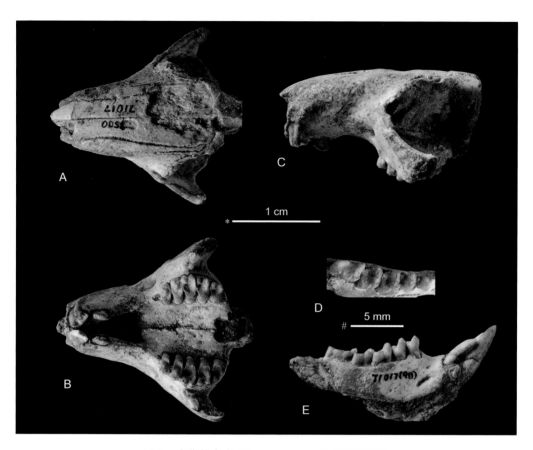

图 2 安徽模鼠兔 *Mimotona wana* 头骨及下颌骨

A–C. 头骨前部具完整齿列（DI2–M3）（IVPP V 7500），D, E. 右下颌骨，具 p3–m3（IVPP V 7500）；
A. 顶面视，B. 腭面视，C. 侧面视，D. 冠面视，E. 颊侧视；比例尺：* - A–C，# - D, E

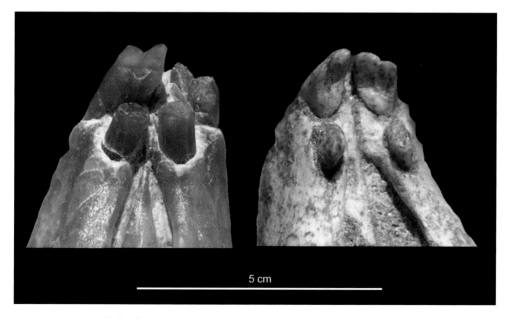

图 3 *Mimotona*（右）（IVPP V 7416）与 *Palaeolagus* 上门齿对比（左，AMNH 标本，无号）

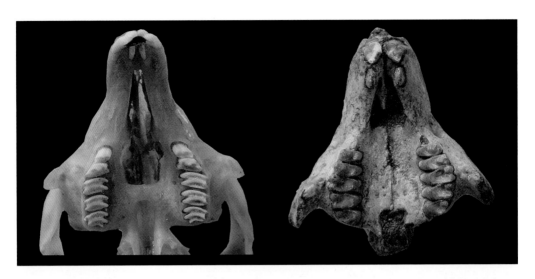

图 4　*Mimotona*（右）（IVPP V 7500）与现代 *Ochotona*（左）头骨前部之对比（未按比例）

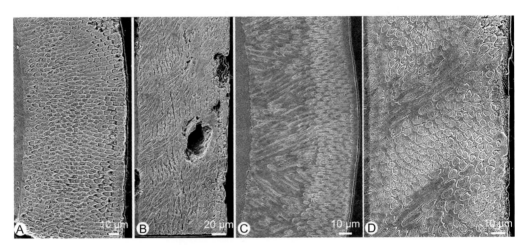

图 5　安徽模鼠兔 *Mimotona wana* 门齿釉质微观结构

A, B. 左上门齿（IVPP V 7518），C, D. 右下门齿（IVPP V 17715）：A, C. 横切面，B, D. 纵切面
釉质厚度约为 90–130 μm，釉质双层，具薄的无釉柱表层。外层为放射型釉质层，占整个釉质厚度的
40%。内层具施氏明暗带，施氏明暗带厚度为 3–10 个釉柱宽度，但通常为 4 个釉柱左右，明暗带向尖倾
斜近 50°。内层釉柱横截面为不规则圆形，外层为长圆形。釉柱间质较厚，釉柱间晶体与釉柱长轴呈
一定角度（引自毛方园等，2017）

粗壮模鼠兔 *Mimotona robusta* Li, 1977

（图 6）

正模　IVPP V 4329，一件右下颌骨，具 di2、i3、p4–m2 及 p3 齿槽（双根）。安徽
潜山痘姆（韩花屋），中古新统痘姆组下段。

鉴别特征　个体较属型种大、粗壮，齿式 2•0•2•3，具 4 个颏孔，前三孔呈三角形排列，
位于 di2 后下方，第四个位于 p4 跟座之下。

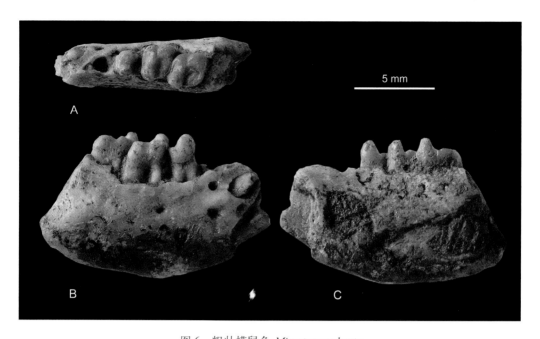

图 6　粗壮模鼠兔 *Mimotona robusta*

右下颌骨，具 di2、i3、p4–m2 及 p3 齿槽（双根）（IVPP V 4329，正模）：A. 冠面视，B. 颊侧视，C. 舌侧视

李氏模鼠兔 *Mimotona lii* Dashzeveg et Russell, 1988

（图 7）

正模　IVPP V 4327，一件右下颌骨，具 p3–m3。安徽潜山黄铺（张家屋），下古新统望虎墩组上部下段。

鉴别特征　个体稍小于属型种，p3 小，缺下后尖，p4 发育完好、跟座宽，臼齿齿冠较高，m3 由于下次小尖收缩而不伸长。

评注　1977 年，李传夔在记述 IVPP V 4327 标本时，分类单元使用了 *Mimotona* (sp. nov. unnamed)，并指出 IVPP V 4327 的颊齿结构与属型种相同。但有如下微细差别：①三角座较短，下前脊不发育；② m3 缺少下次小尖，显得牙齿后部收缩；③前一臼齿的跟座与后一臼齿的齿座有较明显的高差等。这些特点可能会构成一个新种的特征，但由于牙齿冠面的腐蚀，微细构造不很清楚，暂不予以命名。

Dashzeveg 和 Russell（1988）将 IVPP V 4327 标本建立了 *Mimotona lii* 新种，给出的与属型种不同的鉴别特征是：个体小，p3 缺下后尖，与 *M. wana* 和 *M. robusta* 的区别在于 p4 的跟座宽。

尽管 IVPP V 4327 标本与其他两种模鼠兔存在着一些细微差别，也可以视为新种，但一个关键的问题是仅有的这一件标本并没有保存下颌骨前部，从而无从判断 i3 有无。如有 i3 则归入 Mimotonidae 并建立一个新种也还合理；但如无 i3 则按照目前分类的原则，

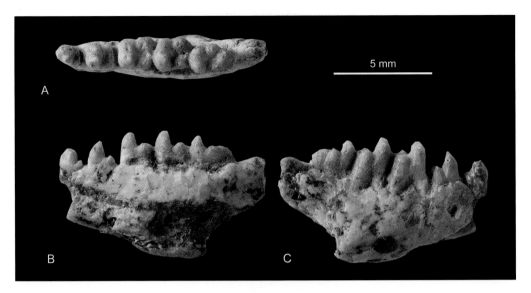

图 7　李氏模鼠兔 *Mimotona lii*

右下颌骨，具 p3–m3（IVPP V 4327，正模）：A. 冠面视，B. 舌侧视，C. 颊侧视

则应归入 Simplicidentata 中的 Eurymylidae。一如前述，*Mimotona* 和 *Heomys* 的下颊齿结构是十分相近的。

模兔科 Family Mimolagidae Szalay, 1985

模式属　模兔属 *Mimolagus* Bohlin, 1951

定义与分类　较 Mimotonidae 在支序系统上更远离兔形目的化石类群。科内属种间仅以 DI2 前缘无沟这一近祖性状作为主要的共有性状，因此，模兔科有可能不代表一自然类群，而代表了向兔形类进化的分支上分化出来的不同的旁支。

鉴别特征　具有两对上门齿的模鼠兔类(在保存有下颌的属种中，其下门齿亦为两对，且 di2 后伸至 m3 之后)，个体大于 *Mimotona*。门齿釉质层光滑、无纵沟，釉质层为两层，内层为散系。齿式：2•0•3•3/2•0•2•3。颊齿近方形，齿冠较低，圆丘状的齿尖、齿脊不发育，冠面结构经磨蚀后消失快。下臼齿（如有保存）的下三角座几与跟座等长。颧弓前根位置较 *Mimotona* 者靠前。后肢粗壮。

中国已知属　*Mimolagus, Gomphos, Mina*，共 3 属。

分布与时代　中国（甘肃、内蒙古、安徽）、蒙古，中古新世—始新世。

评注　Mimolagidae 是 Szalay（1985, p. 120）在对比 *Mimolagus* 与 *Palaeolagus* 跟骨时，提出的一个分类阶元，但他既未提出新阶元的分类特征，也没明确 Mimolagidae 的高阶元归属。1986 年，Erbajeva 也提出 Mimolagidae，一个相同的分类单元名称。至 2011 年 Erbajeva 等则把 Mimolagidae 和 Leporidae、Palaeolagidae、Prolagidae、Ochotonidae

一起明确归入 Lagomorpha。Li C. K. 等（2016）在记述安徽潜山古新世 mimotonidan 一新属 *Mina* 时，权且采用了 Mimolagidae 科名，以区别于与 Lagomorpha 更为接近的 Mimotonidae。

归入 Mimolagidae 的属种，除在我国发现的三属外，另有在吉尔吉斯斯坦早始新世发现的 *Anatolimys*（Shevyreva, 1994；Averianov, 1994, 1998b），材料为一不完整的下颌骨。另有在蒙古 Ncmcgt 盆地古新世发现的 *Amar aleator* Dashzeveg et Russell, 1988，尽管仅有两颗上臼齿（M1–2），但其形态与 mimolagids 者相似，有可能也应归入该科。

模兔属 Genus *Mimolagus* Bohlin, 1951

Mimolagus：Bleefeld et McKenna, 1985, p. 1

Mimolagus：Erbajeva, 1986, p. 27

模式种 啮齿模兔 *Mimolagus rodens* Bohlin, 1951

鉴别特征 mimolagids 中个体最大者。齿式：2•0•3•3/。门齿（DI2）前缘无深的纵沟，上臼齿方形，纹饰磨蚀后消失早。后脚骨粗壮。

中国已知种 *Mimolagus rodens* 和 *M. aurorae* 两种。

分布与时代 甘肃、内蒙古，中—晚始新世。

评注 关于 *Mimolagus* 的分类位置，Bohlin（1951）把 *Mimolagus* 置于 Duplicidentata 之下；李传夔（1977）、McKenna 和 Bell（1997）及 Fostowicz-Frelik 等（2015b）均把 *Mimolagus* 和 *Mimotona* 置于 Mimotonidae Li, 1977 之中；但 Bleefeld 和 McKenna（1985）、Erbajeva 等（2011）则把 *Mimolagus* 置于 Lagomorpha 目；Li C. K. 等（2016）为了将其与 Mimotonidae 这一与兔形目更为接近的祖裔类群分开，权且启用了 Mimolagidae Szalay, 1985，并把 *Mimolagus*、*Gomphos* 和 *Mina* 三属归入该科中。

啮齿模兔 *Mimolagus rodens* Bohlin, 1951
（图 8，图 9）

正模 IVPP RV 51001，属于同一个体的吻部（具 DI2，I3 齿槽），一段右上颌骨（具 P2 齿槽，P3–M2），颅后骨骼（一右股骨、一右胫骨近端、一左胫骨远端、一左腓骨远端，以及左跟骨、左距骨、左舟骨、左骰骨、左跖骨 II、III、IV、V 各一块）。化石发现于甘肃玉门清泉乡骟马城 [Bohlin 称为 "Shih-ehr-ma-ch'eng, Hui-hui-pu area"（惠回堡十二马城）]，中始新统（或上始新统）火烧沟组。

鉴别特征 个体最大，其种征与属征相关者相同。

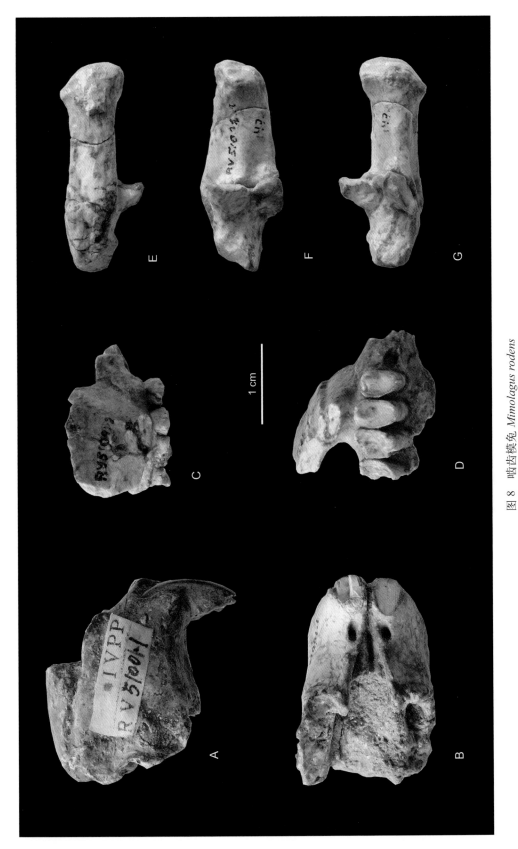

图 8　啮齿模兔 *Mimolagus rodens*

同一个体的头骨吻部 (A, B)，右上颌骨具 P3–M2 及 P2 齿槽 (C, D)，左跟骨 (E–G) （IVPP RV 51001，正模）：A. 吻部在未做门齿切片时的模型照片，右侧视；
B. 做过切片后的标本照片，腭面视；C, D. 右上颌骨侧面视 (C) 和冠面视 (D)；E–G. 左跟骨腹视 (E)，背视 (F)，外侧视 (G)

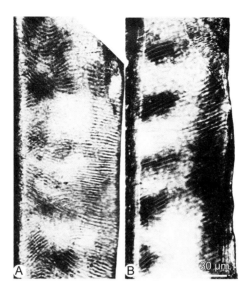

图 9 啮齿模兔 *Mimolagus rodens* 上门齿釉质微观结构

A. 横切面，B. 纵切面

釉质层厚度约为 140 μm，釉质双层，外层为放射型釉质层，约占整个釉质厚度的 1/3，釉柱向尖倾斜 30°。内层具施氏明暗带，施氏明暗带厚度为 3–10 个釉柱宽度，但通常为 5 个釉柱左右，明暗带向尖倾斜近 30°，明暗带间不具过渡带。釉柱横截面为不规则圆形，釉柱间质较厚（引自 Bohlin, 1951, pl. III, figs. 2, 4，毛方园译）

评注 Bohlin （1951） 在记述 *Mimolagus rodens* 和同一地点的 *Anagalopsis* 时，认为含化石的地层时代可能为第三纪早半期 （p. 7）。1963 年，McKenna 在重新研究 *Anagalopsis* 时，认为其时代为？渐新世。过去国内许多文献也都把骟马城化石地点时代归为渐新世 （周明镇等，1977；胡耀明，1993），Meng 等 （2004） 曾怀疑其时代早于渐新世。直至 2016 年 Zhang 和 Wang 在配合地质队做实地考察后，才确认骟马城化石地点的时代为中始新世晚期—晚始新世 （约 39–40 Ma），这也得到属内另一新近发现的 *M. aurorae* 相关时代 （中始新世早期） 的支持 （Fostowicz-Frelik et al., 2015b）。

拂晓模兔 *Mimolagus aurorae* Fostowicz-Frelik, Li, Mao, Meng et Wang, 2015

（图 10—图 12）

正模 IVPP V 20115，右 M3。

副模 IVPP V 20116，右 m2；IVPP V 20175，左 P3。

归入标本 IVPP V 20117，右 DI2；IVPP V 20123，右 DI2；IVPP V 20120，右 m2；IVPP V 20121，左 p4；IVPP V 20173，右 M1；IVPP V 20174，P3；IVPP V 20176，右 P3；IVPP V 20176.2，左距骨；IVPP V 20176.1, V 20179.1, V 20180，三个左跟骨；IVPP V 20179.2，右骰骨。

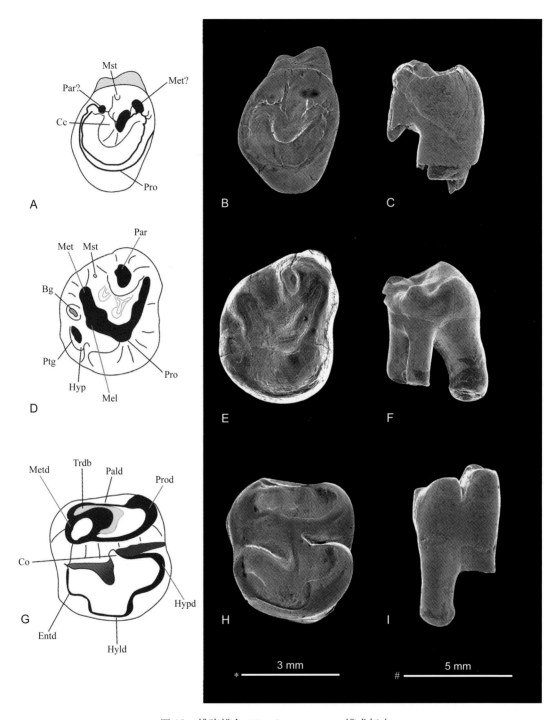

图 10　拂晓模兔 *Mimolagus aurorae* 模式标本

A–C. 右 M3（IVPP V 20115，正模），D–F. 左 P3（IVPP V 20175，副模），G–I. 右 m2（IVPP V 20116，副模）：
B, E, H. 冠面视，C. 远中侧视，F. 近中侧视，I. 颊侧视（A, D, G 为素描图）；比例尺：∗ - B, E, H，# - C, F,
I（引自 Fostowicz-Frelik et al., 2015b）

Bg. 颊侧沟，Cc. 颊侧中央尖，Co. 斜棱，Entd. 下内尖，Hyld. 下次小尖，Hyp. 次尖，Hypd. 下次尖，Mel. 后小尖，Met. 后尖，Metd. 下后尖，Mst. 中附尖，Pald. 下前脊，Par. 前尖，Pro. 原尖，Prod. 下原尖，Ptg. 后齿带，Trdb. 下三角座

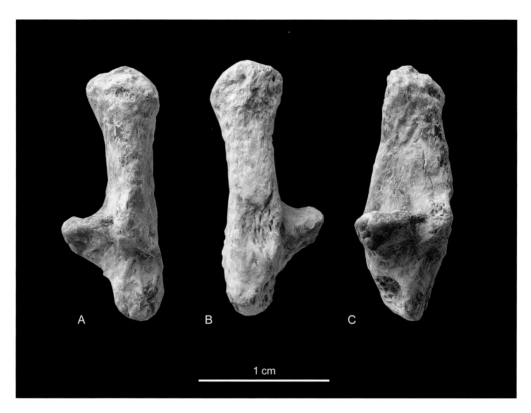

图 11　拂晓模兔 *Mimolagus aurorae* 跟骨

左跟骨（IVPP V 20176.1）：A. 外侧视，B. 腹视，C. 背视

（引自 Fostowicz-Frelik et al., 2015b）

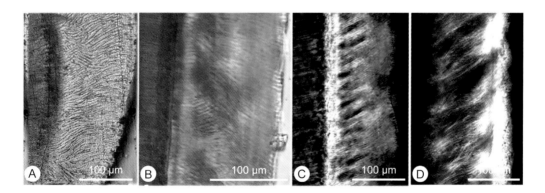

图 12　拂晓模兔 *Mimolagus aurorae* 门齿釉质微观结构

A, B. 下门齿（IVPP V 20123），C, D. 上门齿（IVPP V 20117）：A, C. 横切面，B, D. 纵切面
釉质层厚度约为 140 μm，釉质双层，具薄的无釉柱表层。外层为放射型釉质层，占整个釉质厚度的 35%–
45%，釉柱向尖倾斜 20°，垂直于齿釉质界面。内层具施氏明暗带，厚度为 3–5 个釉柱宽，明暗带间无明
显过渡带，明暗带向尖倾斜 30°–35°。内层釉柱圆形，中等厚度釉柱间质，间质晶体平行于釉柱长轴。外
层釉柱横截面为不规则圆形，并具侧向拉长，间质较厚（引自 Fostowicz-Frelik et al., 2015b, p. 4, fig. 3, 毛
方园译）

鉴别特征　个体大，但略小于 *Mimolagus rodens*；门齿前缘釉质层较后者更为光滑；跟骨和距骨更为粗壮。

产地与层位　内蒙古二连盆地伊尔丁曼哈陡坎，中始新统伊尔丁曼哈组下部。

评注　*Mimolagus* 的两个种，由于保存材料的解剖部位、磨蚀程度各不相同，无法直接对比，仅能就个体大小、肢骨粗壮程度及化石产出层位做一比较，从而确定 *M. aurorae* 种。

高莫兔属 Genus *Gomphos* Shevyreva, 1975

模式种　艾力克马高莫兔 *Gomphos elkema* Shevyreva, 1975

鉴别特征　个体中等偏大的模兔类。齿式：2•0•3•3/2•0•2•3。DI2 前缘无沟，吻部较宽短，颊齿近方形，齿冠较 *Mimolagus* 者高，齿的纹饰耐磨蚀。P4/p4 半臼齿化，臼齿上的前尖和后尖分开较远，后小尖大，上、下中附尖发育，下臼齿的下次小尖突出于齿的后缘。

中国已知种　*Gomphos elkema, G. shevyrevae, G. progressus*，共 3 种。

分布与时代　中国（内蒙古），始新世最早期；蒙古，始新世。

评注　Asher 等（2005）的文章中简要提到在蒙古发现的 *Gomphos elkema* 头骨、牙齿、颅后骨骼等，但没有详细描述。而 Mimolagidae 中其他几个属的材料保存多不完整，无法与 *Gomphos* 做属间对应比较，更无法确定一些特征是 *Gomphos* 特有的，抑或是几属共有的，因此只能将可对比的牙齿特征列出。

Gomphos 除在我国发现上述 3 种外，在蒙古 Tsagaan-Khutel 地点还有 Kraatz 等（2009）记述的另一个新种 *G. ellae*。

关于 *Gomphos* 的译名，Shevyreva 等（1975）在记述 *G. elkema* 时，材料仅两颗下臼齿，并未给出命名的缘由。按 gompho（希腊文）的词义有两种解释：①棍、索、闩之意，因此有人译为索兔；②臼齿之意。据 Shevyreva 所记述的材料推测，似后者更为合理，但译成中文确实困难，故将属名音译为高莫兔。

艾力克马高莫兔 *Gomphos elkema* Shevyreva, 1975

（图 13—图 19）

正模　PIN 3493-1，右下颌中段，具 m1–2。产自蒙古。

归入标本　IVPP V 13509.1，右下颌骨带 m1–3；IVPP V 13509.2，左下颌骨带 m1–3；IVPP V 13509.3，右下颌骨带 m2–3；IVPP V 13509.4，右上颌骨带 P4–M2；IVPP V 13509.5，左上颌骨带 P3–M1；IVPP V 13509.6，右 P4–M1；IVPP V 13509.7，

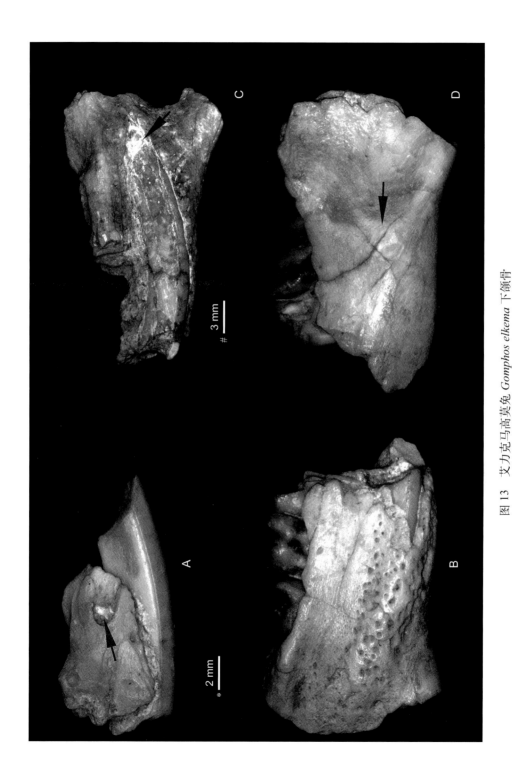

图 13 艾力克马高莫兔 *Gomphos elkema* 下颌骨

A. 一右下颌骨前端 [箭头指示第二下门齿 (i3) 的齿槽位置] (IVPP V 13509.8)，B. 部分左下颌骨，显示多孔结构 (IVPP V 13509.2)，C. 一段右下颌骨 [箭头指示下第一门齿 (di2) 后端伸过齿槽 m3] (IVPP V 13509.7)，D. 一段左下颌骨（箭头指向咬肌窝的前端点）(IVPP V 13509.2)；A, D. 颊侧视，B, C. 舌侧视，比例尺：* - A, B, D, # - C（引自 Meng et al., 2004）

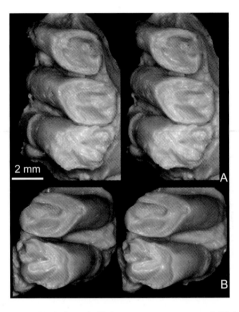

图 14　艾力克马高莫兔 *Gomphos elkema* 上颊齿
A. 左 P3–M1（IVPP V 13509.5），B. 右 P4–M1（IVPP V 13509.6）：冠面视
（立体照片）（引自 Meng et al., 2004）

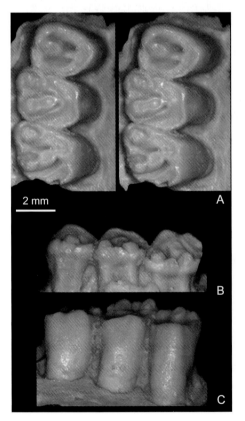

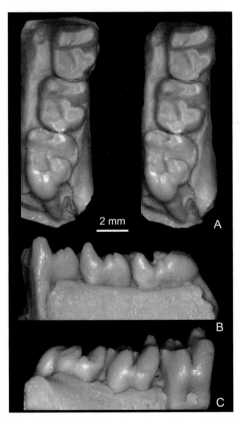

图 15　艾力克马高莫兔 *Gomphos elkema* 右上颊齿
右上颌骨，具 P4–M2（IVPP V 13509.4）：A. 冠面视（立体
照片），B 颊侧视，C. 舌侧视（引自 Meng et al., 2004）

图 16　艾力克马高莫兔 *Gomphos elkema* 右下颊齿
右下颌骨，具 m1–3（IVPP V 13509.1）：A. 冠面视（立体
照片），B. 舌侧视，C. 颊侧视（引自 Meng et al., 2004）

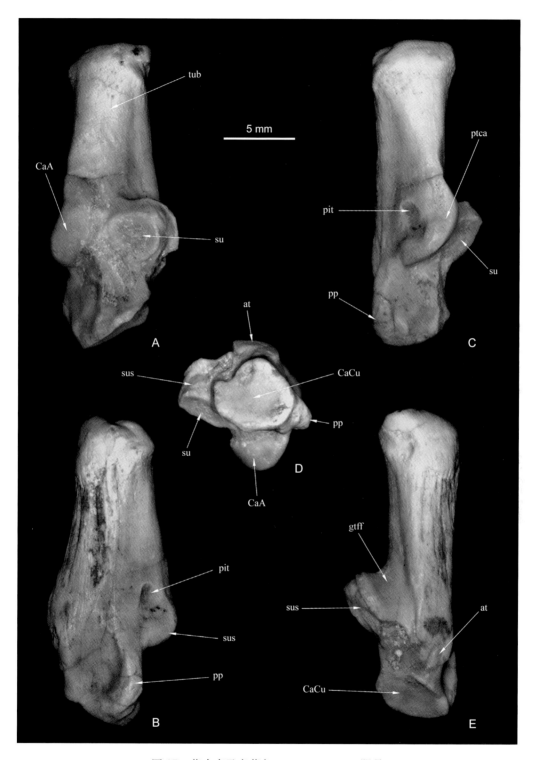

图 17　艾力克马高莫兔 *Gomphos elkema* 跟骨

右跟骨（IVPP V 13510.1）：A. 背视，B. 腹视，C. 侧视，D. 外侧视，E. 内侧视
at. 前蹠突，CaA. 跟 - 距骨面，CaCu. 跟 - 骰骨面，gtff. 腓骨屈肌韧带沟，pit. 窝，pp. 腓骨突，ptca. 距骨突，
su. 载距突面，sus. 载距突，tub. 跟骨柄（引自 Meng et al., 2004）

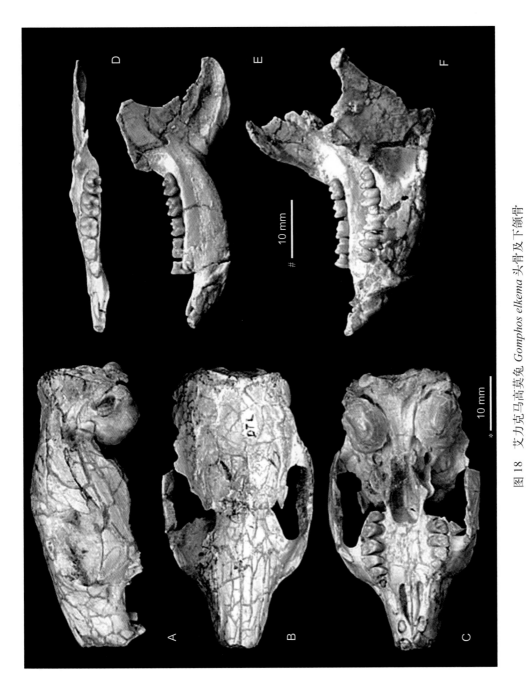

图 18 艾力克马高莫贫兔 *Gomphos elkema* 头骨及下颌骨

蒙古查干呼苏地点崩班层底部发现的完整标本（MAE-BU 14425）：A. 头骨侧面视，B. 头骨顶面视，C. 头骨腹面视，D. 下颌骨冠面视，E. 下颌骨舌面视，F. 左右下颌骨（MAE-BU 14426）侧面视；比例尺：* - A–C，# - D–F（引自 Asher et al., 2005）

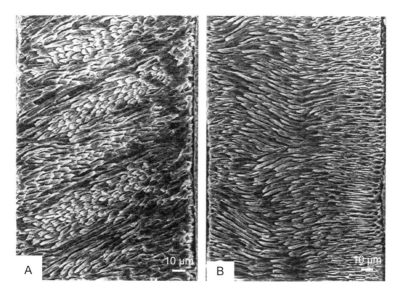

图 19　艾力克马高莫兔 *Gomphos elkema* 下门齿（PSS-MAE-911）釉质微观结构
A. 横切面，B. 纵切面

釉质厚度约为 140 μm，釉质双层，其薄的无釉柱表层。外层为放射型釉质层，占整个釉质厚度的 30%，釉柱向尖倾斜 30°。内层为复系釉质，施氏明暗带厚度为 3–6 个釉柱宽度，明暗带间存在过渡带，明暗带向尖倾斜 25°–30°。内层釉柱不规则圆形，中等厚度釉柱间质，间质平行于釉柱长轴。外层釉柱横截面为不规则圆形，并具侧向拉长，间质较厚（引自 Martin, 1999, p. 260 determined by M. C. McKenna，毛方园译）

右下颌骨带部分门齿；IVPP V 13509.8，下颌骨前段；IVPP V 13510.1，右跟骨；IVPP V 13510.2，左距骨；IVPP V 13510.3，右骰骨；IVPP V 13510.4，右舟骨。

鉴别特征　同属。

产地与层位　中国（内蒙古二连盆地、努和廷勃尔和、乌兰勃尔和），始新统脑木根组上部；蒙古，始新统格沙头组上部和 Naran-Bulak 组 Bumban 层。

评注　Shevyreva 等（1975）记述的正型标本仅有两颗下牙，是 1973 年苏联 - 蒙古考察团在 Ulan-Nur 盆地的格沙头 III 层发现的，它与 1991 年美国 - 蒙古考察团在 Nemagt 凹陷 Naran-Bulak 地点发现的 *Gomphos elkema*（Asher et al., 2005）及 2002 年孟津等在内蒙古二连盆地呼和勃尔和剖面脑木根组上段找到的 *Gomphos elkema*（Meng et al., 2004）三者之间是否存在种间差异有待确认。至少内蒙古材料的下臼齿在下内尖的前侧都有一个下内附尖发育，几乎使跟座盆近于封闭，显示着或有种间差别的存在，但目前限于材料只能暂把三个地点的化石统归入一种。

舍氏高莫兔 *Gomphos shevyrevae* Meng, Kraatz, Wang, Ni, Gebo et Beard, 2009

（图 20—图 22）

正模　IVPP V 14669，一右 M1。

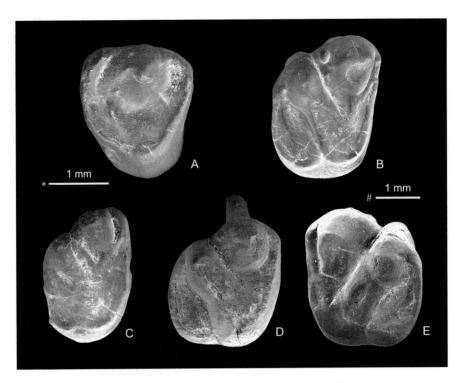

图 20　舍氏高莫兔 *Gomphos shevyrevae* 上颊齿

A. 右 P4（或 P3）（IVPP V 14671.1），B. 右 M1（IVPP V 14669，正模），C. 右 M1（IVPP V 14671.2），D. 右 M2（IVPP V 14671.3），E. 左 M2（IVPP V 14671.4）：冠面视；比例尺：* - A，# - B–E（引自 Meng et al., 2009）

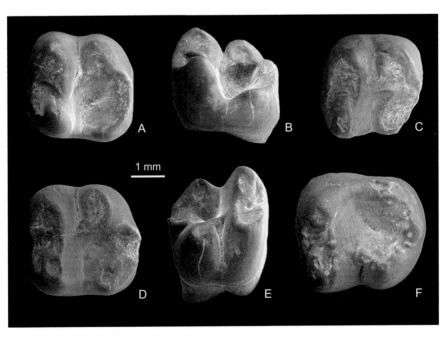

图 21　舍氏高莫兔 *Gomphos shevyrevae* 下颊齿

A, B. 右 m1（IVPP V 14670，副模），C. 右 m1（IVPP V 14672.1），D, E. 右 m2（IVPP V 14672.2），F. 左 m3（IVPP V 14672.3）：A, C, D, F. 冠面视；B. 舌侧视，E. 颊侧视（引自 Meng et al., 2009）

副模　IVPP V 14670，一右 m1。

归入标本　IVPP V 14671.1，右 P4 (or P3)；IVPP V 14671.2，右 M1；IVPP V 14671.3，右 M2；IVPP V 14671.4，左 M2；IVPP V 14672.1，右 m1；IVPP V 14672.2，右 m2；IVPP V 14672.3，左 m3；IVPP V 14673，左距骨；IVPP V 14674，左跟骨。

鉴别特征　区别于 *Gomphos elkema* 及 *G. ellae* 在于舍氏种的颊齿较粗壮、齿冠较高、齿尖凸，上臼齿具后扩、扁长的次尖架，上前臼齿无齿脊连接、颊侧仅有一凸出的主尖，下臼齿三角座与跟座近于等长，下中尖和下次小尖退化，缺下中附尖；跟骨上，舍氏种较 *G. elkema* 在远端多一与舟状骨的关节面。

产地与层位　内蒙古二连盆地呼和勃尔和陡坎，中始新统伊尔丁曼哈组底部。

评注　到目前为止，大型 DI2 无沟的模兔类，*Mimolagus* 和 *Gomphos* 的地史分布已很明确，仅限于早始新世（*G. elkema*）、中始新世早期（*G. shevyrevae, M. aurorae*）和中始新世晚期（*M. rodens*）。

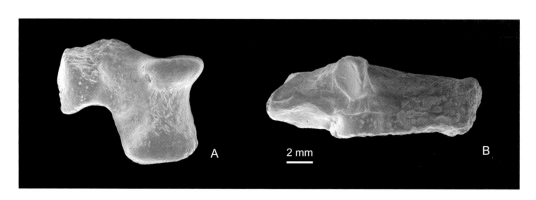

图 22　舍氏高模兔 *Gomphos shevyrevae* 距骨与跟骨
A. 左距骨（IVPP V 14673），B. 左跟骨（IVPP V 14674）：背面视（引自 Meng et al., 2009）

进步高莫兔 *Gomphos progressus* Li, Wang, Fostowicz-Frelik, 2016

（图 23）

正模　一左 m2（IVPP V 20259）。

副模　一右 M3（IVPP V 20824），一右 m3（IVPP V 20259.1）。

归入标本　DI2（IVPP V 20259.2），di2（IVPP V 20259.3）。

鉴别特征　下臼齿齿尖形成横脊，下中尖、下斜脊、下中附尖缺失，下次尖和下内尖不成孤立之尖而连成横脊。

产地与层位　内蒙古二连盆地乌兰胡秀，中始新统乌兰希热组第四层。

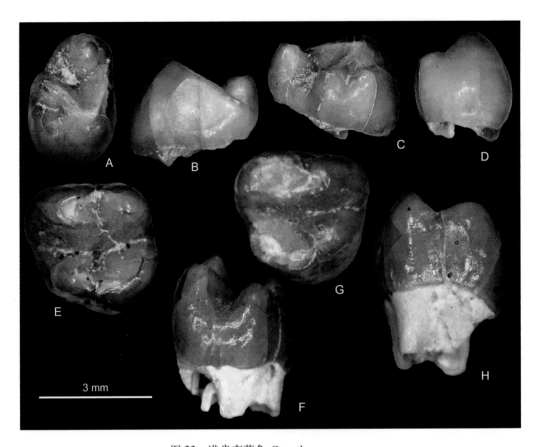

图 23　进步高莫兔 *Gomphos progressus*
A–D. 右 M3（IVPP V 20824，副模），E, F. 左 m2（IVPP V 20259，正模），G, H. 右 m3（IVPP V 20259.1，副模）：
A, E, G. 冠面视，B, H. 前侧视，C. 后侧视，D. 舌侧视，F. 唇侧视（引自 Li et al., 2016）

敏兽属 Genus *Mina* Li, Wang, Zhang, Mao et Meng, 2016

模式种　胡氏敏兽 *Mina hui* Li et al., 2016

鉴别特征　中等大小的模兔类，上齿列齿式 2•0•3•3；第一对门齿（DI2）横向窄，无齿根，釉质层双层，表面无纵向浅沟；上颊齿中 M1（? 和 P4）最大，其余颊齿前后向宽度依次锐减，使齿列外缘显著凸出，呈短弧形；颊齿舌侧半高冠，无次沟，次尖发育，低于原尖，颊侧有大的中附尖；颧弓前根后缘位于 M1 和 M2 之间，眶下孔的位置低。

中国已知种　仅模式种。

分布与时代　安徽，早古新世。

评注　*Mina* 时代早，在个体大小、门齿、颊齿和头骨结构上都与 *Gomphos*、*Mimolagus* 有所差别，把它与后两者一起归入 Mimolagidae 的缘由，仅是 *Mina* 的 DI2 釉质层前缘无沟（近祖性状），这正表明启用的 Mimolagidae 可能不是一自然类群。

胡氏敏兽 *Mina hui* Li, Wang, Zhang, Mao et Meng, 2016

（图 24—图 26）

正模 IVPP V 7509，可能为同一个体的右吻部，具 DI2 及 I3（IVPP V 7509.1）和左上颌骨，具 M1、M2 及 P2–4 的齿槽（IVPP V 7509.2）。发现于安徽潜山古井付家山嘴，下古新统望虎墩组上段上部。

鉴别特征 同属。

评注 *Mina hui* 与早期 Glires 的 *Mimotona* 和 *Heomys* 在相同层位的层中产出，表明在早古新世时（约 62 Ma）Glires 已开始分化。

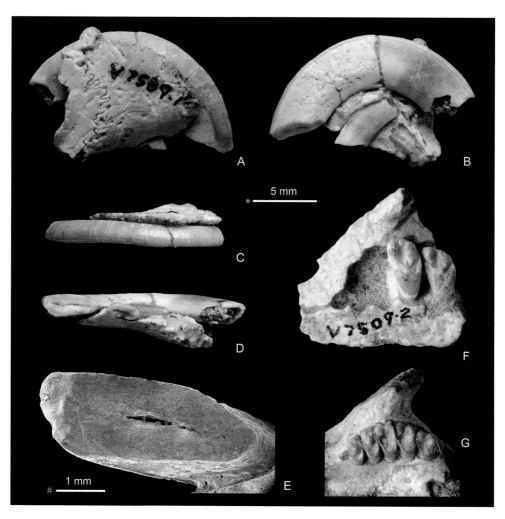

图 24　胡氏敏兽 *Mina hui* 前颌骨与上颌骨

A–F. 可能为同一个体的右吻部，具 DI2 及 I3（IVPP V 7509.1，正模）和左上颌骨，具 M1、M2 及 P2–4 的齿槽（IVPP V 7509.2，正模）：A. 吻部右侧视，B. 吻部舌侧视，C. 吻部顶视，D. 吻部腭面视，E. DI2 嚼面放大，示具有前后两个咬合面，F. 左上颌骨冠面视；G. *Mimotona wana*（IVPP V 7500），与 *Mina hui* 在颊齿外线轮廓、颧弓位置之对比；比例尺：* - A–D, F, G，# - E（引自 Li C. K. et al., 2016）

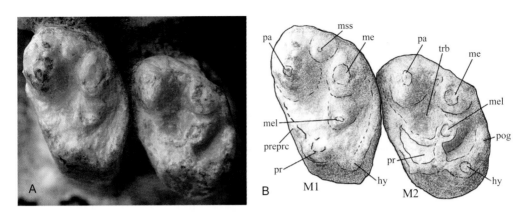

图 25 胡氏敏兽 *Mina hui* 上臼齿

左 M1–2（IVPP V 7509.2，正模）冠面视：A. 臼齿照片，B. 素描图
hy. 次尖，me. 后尖，mel. 后小尖，mss. 中附尖，pa. 前尖，pog. 后齿带，pr. 原尖，preprc. 原尖前棱，
trb. 三角凹（引自 Li C. K. et al., 2016）

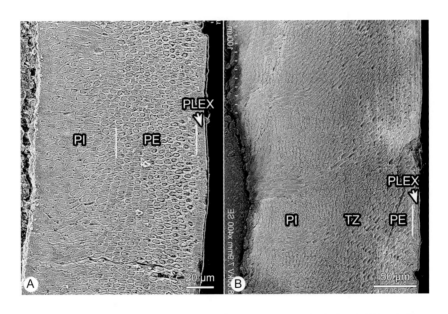

图 26 胡氏敏兽 *Mina hui* 右上门齿（IVPP V 7509.1，正模）釉质微观结构

A. 纵切面，B. 横切面

釉质厚度约为 200 μm，釉质双层，具无釉柱表层。外层为放射型釉质层，占整个釉质厚度的 45%，釉柱
向尖倾斜 40°。内层具施氏明暗带，厚度为 4–8 个釉柱宽度，不向尖倾斜。内层釉柱横截面为不规则圆形，
外层为长圆形。釉柱间质较厚，釉柱间质晶体与釉柱长轴具有较大的交角（引自 Mao et al., 2016）

缩写：PE. 外层，PI. 内层，PLEX. 釉柱表层，TZ. 过渡带

附 IVPP V 7422 古新世 Glires 的右跟骨

（图 27）

张兆群等（Zhang et al., 2016）记述了发现于安徽潜山黄鹤水库的一件右跟骨，层
位相当于中古新统上部痘姆组（Wang et al., 2016）。这件单独的标本，无法确认是属于

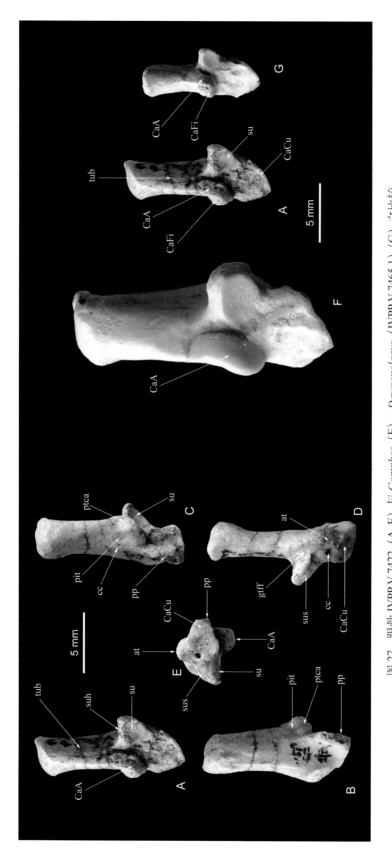

图 27 跟骨 IVPP V 7422（A–E）与 Gomphos（F），Dawsonolagus（IVPP V 7465.1）（G）之比较

at. 前蹠突，CaA. 跟 - 距骨面，CaCu. 跟 - 骰骨面，CaFi. 跟 - 腓骨面，cc. 跟骨孔（管），gtff. 腓骨屈肌韧带沟，pit. 窝，pp. 腓骨突，ptca. 距骨突，su. 载距突面，suh. 载距突上缘，sus. 载距突，tub. 跟骨柄（引自 Zhang et al., 2016）

潜山地区的 *Mina*、*Mimotona* 还是 *Heomys*，但它是迄今为止最古老的 Glires 的颅后骨骼，形态上类似于 lagomorphs：①载距突上缘（suh）与跟 - 距骨面（CaA）在同一水平面上；②具有跟骨孔（管），跟骨孔起始于跟骨突（ptca）的腹面，穿进骨体，从骨体近中端内侧或骰骨结合面上穿出，呈对角线走向；③跟骨与骰骨的结合面呈近中 - 远中向斜面。

跟骨孔（管）被视为兔形目特有的近裔性状（Bleefeld et McKenna, 1985；Bleefeld et Bock, 2002）。此后，如 Rose 等（2008）等诸多学者都沿用这一观点。但张兆群等"结合显微镜观察与 CT 扫描技术，发现兔形目种类，如 *Dawsonolagus*、*Ordolagus* 等存在较大的跟骨管，其进口与出口皆与骨体内部髓腔贯通；在双门齿啮型类如 *Mimolagus*、*Gomphos*，单门齿啮型类 *Rhombomylus* 上也存在清晰的跟骨管。因此，跟骨管的存在可能是啮型类（Glires）的共近裔性状，这也支持了兔形类与啮齿类具有更近的亲缘关系"（Zhang et al., 2016）。

兔形目 Order LAGOMORPHA Brandt, 1855

概述 兔形目（Lagomorpha）是 1855 年 J. F. Brandt 创立的一个分类阶元，包括兔和鼠兔。Lago 系出自希腊文 lagōs，兔子；morpha，出自希腊文 morphē，形状。世界现生的兔形目有 2 科、13 属、97 种（Wilson et Reader, 2005），我国有现生鼠兔（*Ochotona*）23 种，野兔（*Lepus*）10 种（潘清华等，2007）。兔形目化石最早出现于早始新世，截至 20 世纪末共发现兔形类化石约 56 属（McKenna et Bell, 1997）（或 78 属 236 种，López-Martínez, 2008），加上 13 个现生属，共有 70–80 属，分属于兔科（Leporidae）和鼠兔科（Ochotonidae）。现生兔形类分布于除澳大利亚（18 世纪人为引进）、新西兰、马达加斯加、南极以外的世界各大洲的极地冻原、针叶林、草地、疏林、沼泽和荒漠地带，我国的大耳鼠兔（*Ochotona macrotis*）可生活于海拔 6500 m 的高山地区（冯祚建等，1986）。

定义与分类 兔形目是双门齿中目中的衍生冠群。目内普遍采用的次级分类阶元仅有兔科和鼠兔科。但 Gureev（1964）分兔形目为 Eurymylidae、Palaeolagidae、Leporidae 和 Lagomyidaes 共 4 科 9 亚科。而 Erbajeva（1986）分为 Mimolagidae、Palaeolagidae、Leporidae、Prolagidae 和 Ochotonidae 5 科 9 亚科。Averianov（1999）根据 Leporidae 新近纪至现代的 28 个属的 30 个性状分析，在 Lagomorpha 目下建立了一个新亚目 Neolagomorpha 和其他 4 个属级以上的新阶元。这些分类多采用了祖征（plesiomorphy）作为分类原则，值得商榷，不易为古生物学者所普遍接受。

近十余年来，学者们对兔科的分类又提出若干新的见解。以 Wible（2007）为代表提出了 Lagomorpha 的新内涵，他把 *Palaeolagus* 等古老的兔形类视为基干兔形类（stem lagomorphs），而重新分别定义了 Lagomorpha、Leporidae 和 Ochotonidae（见图 28）。

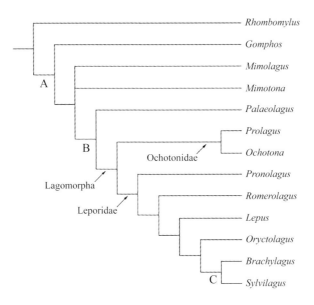

图 28　Wible（2007）兔形目支序图

A 点为 *Gomphos*、*Mimolagus*、*Mimotona* 在鼻骨、额骨颧突、颧弓后突、鳞骨后关节窝孔、副髁突、门齿孔、翼蝶骨管、咬肌线和下颌孔等方面的共享特征（但多数特征在 *Mimolagus* 和 *Mimotona* 上都缺失）；B 点为 *Palaeolagus* 和 Lagomorpha 在颧骨窗和颊齿凸出于眼窝方面的共享特征

Wible 所选的性状多为一些细微的头骨解剖特征，而在他归入的基干类群中，绝大多数的化石并未保留头骨，因之所选性状在基干兔形类中则无法体现，其支序分析的可靠性就有待商榷。目前，完全采用 Wible 分类的学者虽然不多，但也有持有类似观点的，如 López-Martínez（2008）、Kraatz 等（2010）、Flynn 等（2013）。

López-Martínez（2008）在 "The Lagomorph fossil record and the origin of the European rabbit" 一文中，在全面介绍兔形目在世界各大洲的时空分布的同时，也界定出目、科的干群和冠群（图 29—图 31）。可以看出她与 Wible 的界定又有不同。

在各家对兔形目"干群"和"冠群"概念模糊、意见分歧和不成熟的情况下，Dawson（2008）在全面系统地整理北美兔形目化石时，仍然采用了传统的分类方法，目内仅分 Leporidae 和 Ochtonidae 两科。

形态特征　现生兔形类为小到中等个体，体长约 125–750 mm，成年体重为 125–7000 g（Nowak，1999）。化石种类一般小于现生者。齿式：2•0•3•3–2/1•0•2•3–2。上、下第一对门齿（DI2/di2）伸长、无根，DI2 前缘有沟，与啮齿类者不同，DI2 仅限于前颌骨内，I3 为一短桩形小齿，位于 DI2 之后。颊齿单侧（舌面）高冠，早期原始种类具牙根，后期及现生种类齿冠增高、无齿根。上、下第三臼齿退化或消失。下臼齿上三角座高于跟座。上颊齿宽于下颊齿，左右两上颊齿列间的宽度大于下颊齿列者。门齿孔极大，腭桥短，上颌骨的侧面有网状小孔或圆孔，眶蝶骨大，左右视神经孔融合为一，听泡仅由外鼓骨构成。头骨上颞肌和咬肌不及啮齿类者发育，鳞骨关节窝很短，但仍可分出前低后高的

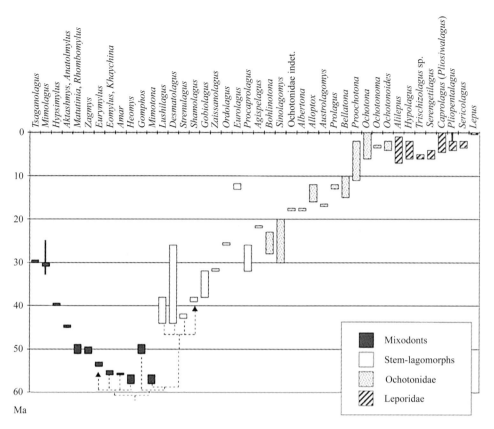

图 29　亚洲兔形目的时空分布及分类（引自 López-Martínez, 2008）

注：Li 等（2007）记述的 *Dawsonolagus* 为世界上最早的兔形类，其时代应为早始新世晚期，55 Ma 前后，与 *Gomphos* 同一时代。由于作者未见到该文，故未列入。又：López-Martínez 将 *Desmatolagus* 归诸于 Stem-lagomorphs，而不是 Ochotonidae

两关节面，维持着小距离的前后移动。短的关节窝和上颊齿间距大于下颊齿者等特征显示出兔形类的咀嚼运动主要以左右横向为主，前后运动远不及啮齿类的大。下颌骨的冠状突退化，角突发育。锁骨细小，胫骨 - 腓骨远端愈合，腓骨与跟骨相关节。跟骨外凸之上有一小孔，斜穿过骨体到达载距突之下，这一对角线式的管孔（跟骨斜孔）为兔形类所特有（Bleefeld et Bock, 2002），但 Zhang 等（2016）对安徽潜山古新世发现的 Glires 的跟骨研究证明，该斜孔并非是 Lagomorpha 的自近裔性状，而可能是 Glires 的祖征。兔形类为蹠行式，前脚五趾，后脚四趾，尾短或缺失。

　　分布与时代　亚洲最早的兔形类记录是早始新世早期（约 55 Ma），北美最早的兔形类记录是中始新世（约 43 Ma），欧洲的最早记录可能是中渐新世，但晚渐新世（约 25 Ma）才有可靠记录。亚、欧、北美三大洲自兔形类出现后，尽管 leporids 和 ochotonids 在各洲都有各自的断续历史（见下），但对兔形目而言，是连续分布直到今日。非洲兔形类的分布呈断续状态，最早出现在早中新世（约 19 Ma），间断 1200 万年后，至晚中新世（约 7 Ma）复又出现，直至今日。

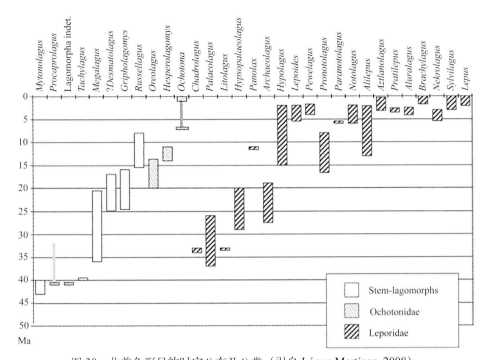

图 30　北美兔形目的时空分布及分类（引自 López-Martínez, 2008）

López-Martínez（2008）与 Wible（2005）对 Leporidae 冠群的概念有很大的分歧，她把 *Palaeolagus* 归入 Leporidae 的冠群，这与 Flynn 等（2013，见下）也有差异

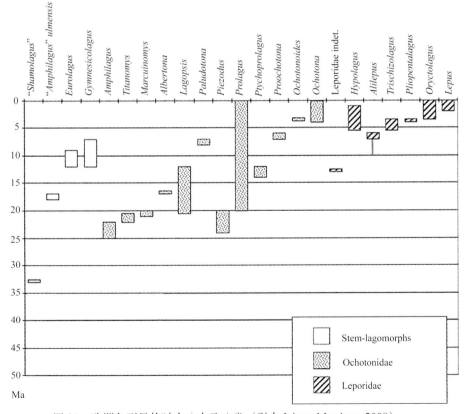

图 31　欧洲兔形目的时空分布及分类（引自 López-Martínez, 2008）

兔形类起源　　兔形类的起源曾引起科学家的各种推测和争论，如 Wood（1957）认为起源于踝节类，Russell（1959）推测起源于 zalambdodont，Van Valen（1964）认为起源于假古猬类，McKenna（1982）认为兔类起源与 Anagalids 有关。直到 20 世纪 70 年代在安徽潜山古新世地层中发现了模鼠兔类，才找到较为可靠的兔类起源的化石证据（李传夔，1977；Li et Ting, 1985, 1993）。Asher 等（2005）更进一步分析了蒙古早始新世的高莫兔（*Gomphos*）和模鼠兔（*Mimotona*）的特征，认为两者属于兔形类的干群（stem group）。Li C. K. 等（2016）则更明确地提出 Mimotonidae 的单型属 *Mimotona* 代表了兔形类祖先的"态模"（morphotype），换言之，模鼠兔很可能即原始的兔形类祖先的"形态型"，是与兔形目在支序系统上最为接近的化石类群。

兔形类门齿釉质层　　自 1934 年 Korvenkontio 提出啮齿类的门齿釉质层为两层，而兔形类仅为一层的论断后，这一观点一直保持了半个多世纪。直到 Koenigswald（1995）的研究报告发表，才改变了这一观念。Koenigswald 指出"*Lepus* 门齿单层的釉质层并不是整个兔形目的特征，相对于鼠兔类两层复系的釉质层来说，*Lepus* 的单层是一种近裔性状。门齿釉质层的数目、釉质层的类型并不能显示进化的水平"。1996 年，Koenigswald 进一步指出：鼠兔类上门齿具有 2–3 层釉质层，但缺少施氏明暗带（HSB），而下门齿有 2–3 层，至少有一层具有清楚的施氏明暗带。Martin（2004）在研究了吉尔吉斯斯坦早始新世的兔科化石 *Aktashmys* 的门齿结构后，确认 *Aktashmys* 有两层釉质层，外层为放射层，内层具施氏明暗带，从而认为兔科门齿釉质层是由双层进化为单层。他同时观察到被公认为鼠兔科的 *Desmatolagus* 是具有施氏明暗带的单层釉质层，由此又认为 *Desmatolagus* 应归入兔科。Martin（2004）从釉质层的研究得出的结论是 leporids-ochtonids 的分异时间远比以前想象的早。门齿釉质层是研究啮型类分类和进化的一个重要方面，但目前有关兔形类的研究成果不多，尚不能得出一个令人满意的答案，有待今后进一步的工作，特别有赖于我国早期兔形类和模鼠兔类的研究结果。

兔形类颊齿齿尖的命名及齿尖的同源问题　　1898 年，Major 发表"On fossil and recent Lagomorpha"一文时，没有采用三尖论的命名法，而是用了 1, 2, 3, …, 9 表示不同的齿尖 [如中央尖（central cusp）称"6"]，用 a, b, c, … 表示褶曲等构造，并把兔类齿尖与灵长类的进行对比。Osborn（1907）试图用三尖论来命名兔类齿尖，他认为 Major 所述 cusp 6 应是最原始的，故名之 protocone（因为当时还不知道 protocone 系统上是发生在 paracone 之后）。由于中央尖（central cusp）在兔形类的白齿齿尖定位上至关重要，故以后学者对该尖的认定分歧甚大。Éhik（1926）以 *Titanomys* 为原始型，认为前白齿的齿尖可以与白齿做同源比较，中央尖是原尖。其余各齿尖 Éhik 都给出了所在位置，只是他把前尖定在了舌侧，后尖移向前侧。Burke（1934）认定 central cusp 是前尖。而 Wood（1940, 1957）认为兔形类起源可能与踝节类，如 *Ectoconus* 有关，对比后者，则把中央尖认作后尖，同时，他认为兔形类前白齿的进化滞后于白齿。Bohlin（1942a）也认为中央尖是后尖，但同样指出前白齿与白齿的发育是不同的。Russell（1959）则为中央尖取名双尖（amphicone），而 Tobien（1974）又认为是前尖。McKenna（1982）认为兔形类可能起源于狸兽（anagalids），他把兔形类的齿尖与宣南兽（*Hsiuannania*）比较后，认为中央尖是原尖。López-Martínez（1974, 1985）利用 Crompton（1971）对磨楔式牙齿的磨蚀面分析办法，从兔形类的下颊齿入手，确定中央尖为兔尖（lagicone），大体相当后尖。童永生和雷奕振（1987）认为白齿上的中央尖是后尖，而前白齿的则为前尖或双尖。Insom 等（1991）从 *Ochotona rufescens* 的个体发育分析，同样认为中央尖为原尖。而 Averianov（1998a）认定中央尖（包括新月沟 crescent）既不是前尖，也不是后尖，而是兔形类一种特有的结构（一个自近裔性状）。Van Valen（1964）认为兔形类可能起源于 pseudictopids，故对比后者确认中央尖是原尖。而在 2002 年对比 *Mimotona* 后，Van Valen 又提出是后小尖。直到 Kraatz 等（2010）在确定了兔形类与 mimotonids 的系统关系后，以 *Gomphos* 为原型，采用了 Meng 和 Wyss（2001）对原始啮齿类齿尖的三尖论模式和 Crompton（1971）的磨蚀面分析方法，结合了 López-Martínez（1985）增添的磨面 7，才比较系统地把 *Gomphos* 与原始的兔类 *Desmatolagus* 及现生兔类的齿尖逐一对应地确定下来，即上白齿的四个主尖——原尖、前尖、后尖和次尖，分别位于牙齿四角，中央尖为后小尖，而新月谷的前部为三角座盆（trigon basin），后背为跟座盆（talon basin），新月谷向舌侧延伸、开口即构成开放的次沟（hypostria）。尽管如此，Kraatz 等（2010）并未能把前白齿和白齿的同源（homology）或同功（analogy）问题予以阐明，其标注 *Gomphos* 的前白齿颊侧的单尖为前尖，而舌侧的单尖则为原尖。综上所述，可以看出由于各个著者对兔形类的起源和系统关系的认识不同，对兔形类的齿尖命名自然会有差异。随着化石材料，尤其是原始类型的增加，系统发育关系进一步的明确，相信对兔形类的齿尖命名及同源问题会得到比较统一的认识。

截至目前兔形类颊齿结构命名上采用了两种不同的术语系统。简言之，早期兔类的白齿齿尖命名似更靠近磨楔式（tribosphenic）命名体系，而前白齿则采用"叶"方式记述；后期兔类（包括 Archaeolaginae 和 Leporinae）则着重于以 P2 和 p3 齿的褶沟作为主要的鉴别特征。兔科的颊齿的各种模式图见图 32—图 34。

兔形目的时空分布与迁徙 Lagomorpha 如果依"干群"和"现代兔类"两个模糊概念划分，其中的 Leporidae 干群，如 *Dawsonolagus*，最先出现于中亚早始新世 Bumban 期（55 Ma 或更早），以后在亚洲连续分布至渐新世末。到中新世晚期现代兔类才由北美迁徙到亚洲，一直生活至今。亚洲鼠兔科最早的化石 *Desmatolagus* cf. *D. vetustus* 出现于晚始新世（Meng et Hu, 2004），该科持续分布在亚洲新生代地层中。亚洲 Leporidae 的干群在 43 Ma 前后进入北美（*Mytonolagus* 等），并一直连续分布到今天。北美最早的鼠兔科化石则是晚渐新世的 *Oreolagus*，呈大体连续分布，直到现代北美仍有 *Ochotona* 生存（Dawson, 2008）。南美则仅在更新世才有 *Sylvilagus* 出现，生存到今日。干群兔

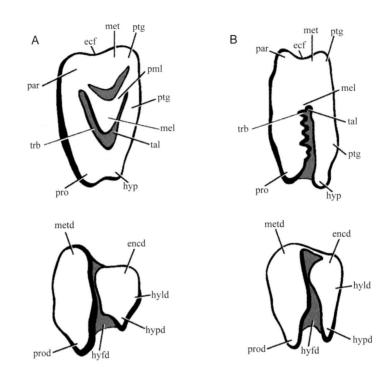

图 32　Kraatz 等 (2010) 的臼齿齿尖术语

A. *Desmatolagus* 上、下臼齿，B. *Lepus* 上、下臼齿

ecf. 外中凹，encd. 下内尖，hyfd. 下次凹，hyld. 下次小尖，hyp. 次尖，hypd. 下次尖，mel. 后小尖，met. 后尖，metd. 下后尖，par. 前尖，pml. 后小尖前棱，pro. 原尖，prod. 下原尖，ptg. 后齿带，tal. 跟凹，trb. 三角凹

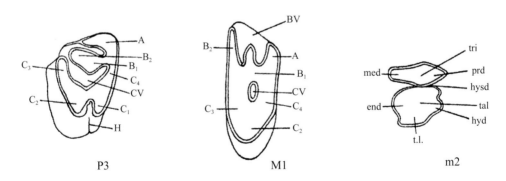

P3　　　　　　　　　　　M1　　　　　　　　　　　m2

图 33　李传夔 (1965) 在 Wood (1940) 基础上的臼齿齿尖术语

左、*Palaeolagus temnodon*，中和右、*Shamolagus medius*

A. 后附尖 (metastyle)，B_1. 后尖 (metacone)，B_2. 前尖 (paracone)，BV. 颊面谷 (buccal valley)，C_1. 次尖 (hypocone)，C_2. 原尖 (protocone)，C_3. 前脊 (anteroloph)，C_4. 后脊 (metaloph)，CV. 新月谷 (crescentic valley)，end. 下内尖 (entoconid)，H. 次沟 (hypostria)，hyd. 下次尖 (hypoconid)，hysd. 下次沟 (hypostriid)，med. 下后尖 (metaconid)，prd. 下原尖 (protocone)，tal. 跟座 (talonid)，t.l. 第三叶 (third lobe)，tri. 三角座 (齿座) (trigonid)

类进入欧洲约在 33 Ma ("*Shamolagus franconicus*" Heissig et Schmidt-Kittler, 1976, =*Megalagus* López-Martínez, 1985)，而现代兔类则是从晚中新世早期持续生活到今天。

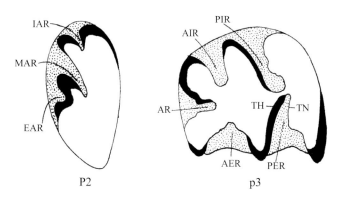

图 34　White（1991）的前白齿齿尖术语

IAR. 内前褶沟，MAR. 前主褶沟，EAR. 外前褶沟（Fostowicz-Frelik et al., 2010: IAR=paraflexia, EAR= mesoflexia）

AR. 前褶沟，AIR. 前内褶沟，AER. 前外褶沟，PER. 后外褶沟，PIR. 后内褶沟，TH. PER 上的厚釉质层，TN. PER 上的薄釉质层

欧洲在中新世早期即有众多（9 属）的鼠兔类出现，并连续分布至更新世。非洲大陆约在早中新世时（19 Ma 前后）有两种鼠兔科化石记录：*Kenyalagomys* 和 *Austrolagomys*。之后仅在北非新近纪断续有鼠兔类出现。

　　近些年，在印度 Vastan 褐煤矿的早始新世地层中（约 53–55 Ma）发现了属于兔类的跟骨、距骨化石。Rose 等（2008, 2009）依据跗骨化石的形态功能分析，提出兔科和鼠兔科的分异可能在早始新世业已发生。Vastan 动物群的成员绝大多数与欧洲种类有关，但兔形类如此早期由欧洲传入的可能性不大。Vastan 标本如确为兔形类，也可以解释为由更早的中亚兔类或 mimotonids 演化、迁徙而来。

　　"兔事件"（"Leporid Datum"）　　"兔事件"是由 Flynn 等（2013）提出的，讲述了现代兔类（冠群）的发生、传播过程。Flynn 等的文章要点是：①尽管被归入 Leporidae 的众多早期属种在欧亚大陆广泛分布，但现代兔类的祖先却在中新世时的大部分时间内在旧大陆缺失，直到中新世晚期。在中新世早、中期，兔科的冠群 [约相当于 Wible（2007）的 Leporidae——编者注] 在北美大陆分异、进化，并在约 8 Ma 前后的晚中新世进入东北亚。之后，约 7.4 Ma 到达南亚（Barry et al., 2002），7 Ma 前后进入非洲。②兔科的突然出现是晚中新世的一个事件（event），从生物年代学的概念，它包括了欧洲和西亚在晚 MN 11 或稍晚的各地点所含的时代，在中国也不会早于欧洲 1 Ma，约在灞河期与保德期之交。③依据众多的化石地点和丰富的化石材料，可以说晚中新世的兔科在欧亚大陆的入侵是相当成功的，尽管有的年代数据不够精准，但兔类事件无论如何不会早于 8 Ma。④在早于入侵事件发生前，在欧亚大陆有个别发现在中中新世的兔科化石记录，这可能是苟延残喘地滞留的 Stem lagomorph 或在 8 Ma 前从北美大陆窜来的一支不成功的兔类。⑤兔类事件是一个重要的旧大陆古生态事件，也对分子生物学在现代兔类起源研究上起到了补充、相互印证作用。论文中还对兔类事件时的具体迁徙路线做了四种构想。

兔形目分类位置未定 Order Lagomorpha incertae sedis

以下两属在分类系统的归类上一直存在争议。学者们多把它们置于兔形目，是因为这些化石归不进其他门类，而在形态上又有点近似于兔类。但即便归入兔形目，在目内也找不到它的合理位置。姑且以兔形目分类位置未定处理，以待今后更多材料的发现和证实。

双峰兔属 Genus *Dituberolagus* Tong, 1997

模式种 雅致双峰兔 *Dituberolagus venustus* Tong, 1997

鉴别特征 一种小型的原始兔类。中间下颊齿的三角座由锥形的下原尖和下后尖组成，两尖间沟深，并沿齿的前壁向下延伸。m2 的跟座比三角座更为长宽，p3 后叶成齿带状，齿冠较高。

中国已知种 仅模式种。

分布与时代 河南，中始新世中期。

评注 童永生（1997）在建立这一新属时，就指出"这是一种很特殊的原始兔形动物"，并在归入的兔科之前加"？"，表示其分类位置的不确定性。Averianov（1998b）认为是"一种神秘的动物"，并与哈萨克斯坦斋桑盆地中始新世归入 Mixotontia 的 *Bulatia aksyirica* Gabunia et Shevyreva, 1994 的单个牙齿相比较。而后者则被 Averianov 归入 Mammalia incertae ordinis。编者重新观察了 *Dituberolagus venustus* 的 9 颗单个下颊齿，发现齿尖的磨蚀面向后而不像兔形类那样横向、三角座上极深的纵沟和三角座缺失下前脊等特点，把该类动物归入兔科正像建属作者所表示的是有疑问的。

雅致双峰兔 *Dituberolagus venustus* Tong, 1997

（图 35）

正模 IVPP V 10237，一件右 m2。河南淅川石皮沟，中始新统核桃园组（伊尔丁曼哈期）。

归入标本 IVPP V 10237.1（1 m2），V 10237.2–3（2 m1），V 10237.4–5（2 p4），V 10238.1–3（3 p3）。均与正模采自同一地点。

鉴别特征 同属。

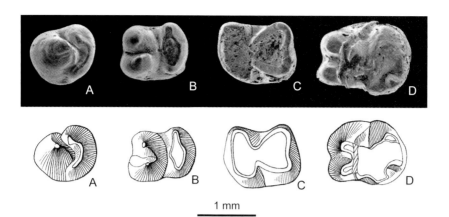

图 35 雅致双峰兔 *Dituberolagus venustus*（上、照相图，下、素描图）
A. 右 p3（IVPP V 10238.3），B. 右 p4（IVPP V 10237.5），C. 右 m1（IVPP V 10237.2），D. 右 m2（IVPP V 10237，正模）：冠面视（引自童永生，1997）

查干兔属 Genus *Tsaganolagus* Li, 1978

模式种 王氏查干兔 *Tsaganolagus wangi* Li, 1978

鉴别特征 齿冠极高、无齿根，P3、P4 臼齿化。上颊齿无次沟，靠颊侧的一半釉质层完全退化消失，冠面上的纹饰可能仅出现在极幼年的个体上。下颊齿三角座与跟座中间愈合，跟座较三角座略低，釉质层在三角座前缘中间和跟座的内侧完全退化。

中国已知种 仅模式种。

分布与时代 陕西，中中新世（？）。

评注 李传夔（1978，147 页）在记述 *Tsaganolagus* 时提及"从上颊齿数目、颊齿横宽形状、下颊齿构造和颧弓结构看，把查干兔归入兔形类是比较恰当的。但它齿冠极高，釉质层在多处消失，下颊齿三角座与跟座中间愈合等特点又与已知兔类不同，其系统位置和起源都有待更多的材料验证"。Li 和 Ting（1993）一度认为查干兔可能是近于 mimotonids 的双门齿类。后来，Li C. K. 等（2016）还是确认 *Tsaganolagus* 为一兔形类。这一认识上的反复，主要归结于材料的不完整性和产出地层模糊不清。

1）地层层位：IVPP V 3158 化石为中国科学院古脊椎动物与古人类研究所当时的太原工作站王择义所采，王老先生是考古专家，对精确的地层层位的辨识自然有一定困难。李传夔（1978，143 页）在王择义口述下的记述是"在蓝田油坊镇支家沟产自冷水沟组白色砂岩以上的杂色砂砾岩层中，时代中中新世"。但据 1997–2001 年中 - 芬蓝田考察队观察和《陕西蓝田地区新生界》（张玉萍等，1978）记载，在支家沟一带始新世晚期的富含白砂岩的白鹿原组最为发育，而杂色砂砾岩出露不多，且从在 V 3158 牙齿根部保存的点滴白色细沙看，化石或有可能出自白鹿原组，如此则时代为晚始新世。

2）形态特征：①缺失门齿：无法准确判断是否应归入双门齿中目或兔形目；②颧

弓前根结构类似于 *Mimolagus* 及始新世的兔类，而不同于 *Mimotona*；③上颊齿轮廓相似于 *Mimolagus*，但齿冠极高，无根，釉质层在冠面颊侧完全消失，皆与 mimotonids 及第三纪早期的 leporids 不同；④下颊齿轮廓类似于 leporids 及 *Mimolagus*，但冠高、无根、三角座与跟座在中间相连和下颊齿的三角座前缘及跟座内侧呈长条状的消失，又与前二者不同。

综上所述，*Tsaganolagus* 无论在时代、层位，还是其分类位置上，归入双门齿中目或兔形目都是有争议的。

王氏查干兔 *Tsaganolagus wangi* Li, 1978
（图 36）

Tsaganolagus wangi：Li et Ting, 1993, p. 156

Tsaganolagus wangi：Li C. K. et al., 2016, p. 130

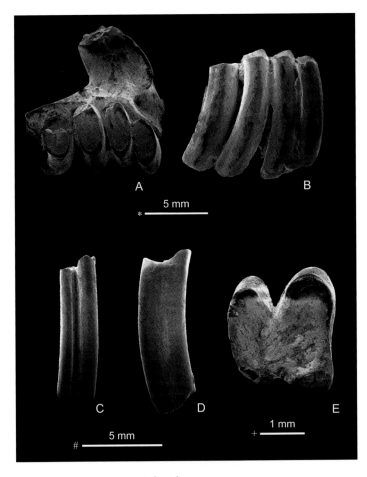

图 36　王氏查干兔 *Tsaganolagus wangi*

A, B. 右上颌骨，具 P3–M2（IVPP V 3158，正模），C–E. 左中间下颊齿（IVPP V 3158，正模）：A, E. 冠面视，B, C. 舌侧视，D. 前面视；比例尺：* - A, B，# - C, D，+ - E

正模 IVPP V 3158，属于同一个体的右上颌骨，具 P3–M2，及下颊齿 2 个。陕西蓝田支家沟，中中新统冷水沟组（?）。

鉴别特征 同属。

评注 见属。

兔形目科未定 Lagomorpha incertae familiae

道森兔属 Genus *Dawsonolagus* Li, Meng et Wang, 2007

模式种 远古道森兔 *Dawsonolagus antiquus* Li, Meng et Wang, 2007

鉴别特征 齿式：2?•0•3•3/1•0•2•3。头骨关节窝宽而长、颞区大、上颌骨及颊齿根部在眶区的底面不突出、眼眶大、腭桥长、齿隙短，下颌冠状突发育。颊齿虽是单侧高冠，但较已知兔类的齿冠均低，上颊齿外缘呈直线，颊齿不紧密排列，端齿（P2 除外）相对不甚退化，M1 与 M2 等大、方形，在磨蚀程度中等的下臼齿上仍为三叶。跟骨有跟骨孔。

中国已知种 仅模式种。

分布与时代 内蒙古，早始新世晚期岭茶期—阿山头期。

评注 *Dawsonolagus* 的牙齿尽管保留了许多原始特点，如低冠、M1 与 M2 等大、方形、端齿不甚退化、下臼齿三叶等，但其牙齿形态基本上是属于兔科的特征。不能直接归入兔科的原因在于它的头骨性状。*Dawsonolagus* 保存的头骨材料是其他始新世兔类如 *Lushilagus*、*Strenulagus*、*Shamolagus*、*Gobiolagus*、*Aktashmys* 和 *Mytonolagus* 所没有的。而与保存完美的渐新世 *Palaeolagus* 头骨相比，*Dawsonolagus* 无疑保留了一些重要的原始特征，如宽长的鳞骨关节窝、长的腭桥、平坦的上颌骨眶区基底、大的颞区和发育的下颌冠状突等，这些特征都与 *Palaeolagus* 及后期的兔类有显著的差别，它反映出啃和咀嚼方式的不同，这有点相近于啮齿类的特征。在缺少化石证据的情况下，我们无法判断始新世的兔类是否具有和 *Dawsonolagus* 相同的特征。若是，则始新世的兔类的分类阶元似应重新考虑；如否，则 *Dawsonolagus* 当是兔科之外的另一支系。

此外，2008 年 Lopatin 和 Averianov 记述了采自蒙古 Nemegt 盆地 Tsagan-Khushu 地点 Bumban 层的一件 P3，取名为天兔星兔 *Arnebolagus leporinus*（新属、新种），并标定是最早的兔形类化石。*Arnebolagus* 的这件 P3 无论在大小、形态上都与 *Dawsonolagus antiquus* 的 P3（Li et al., 2007, fig. 4B）极为相似，只是磨蚀程度要轻。依据命名法规 *Arnebolagus* 理应归入 *Dawsonolagus* 属，因为 Lopatin 和 Averianov（2008）没有看到 Li 等（2007）的文章，才导致命名的舛误。至于 *Arnebolagus* 所在的 Bumban 层，在时代上应是稍早于 *Dawsonolagus* 产出的阿山头组底部 10 层（Wang et al., 2010）。但在阿山头组之下相当 Bumban 层的脑木根组中也发现可能是 *Dawsonolagus* 的数件标本，尚待研究。但不论蒙

古国或我国内蒙古的 Bumban 层，其时代均在 55 Ma 上下，所产是兔类最早的化石记录。

远古道森兔 *Dawsonolagus antiquus* Li, Meng et Wang, 2007
（图 37—图 40）

Arnebolagus leporinus：Lopatin et Averianov, 2008, p. 131

正模 IVPP V 7462，吻部和基颅缺失的部分头骨，具左、右 P3–M2。内蒙古努和廷勃尔和，下始新统上部阿山头组底部。

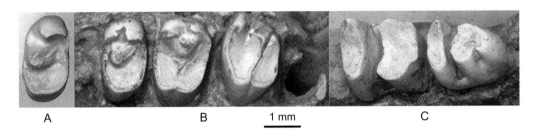

图 37 远古道森兔 *Dawsonolagus antiquus* 牙齿
A. 左 P3（IVPP V 7499.2），B. 左 P4–M2（IVPP V 7462，正模），C. 左 m2–3（IVPP V 7463）：冠面视（引自 Li et al., 2007）

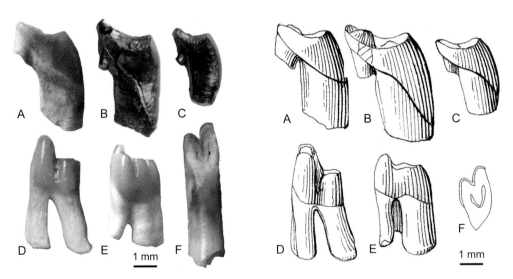

图 38 远古道森兔 *Dawsonolagus antiquus* 与两种始新世早期兔化石的臼齿对比（显示不同程度的单侧高冠及齿根的愈合状况）（左、照相图，右、素描图）

A. *Dawsonolagus antiquus*（Li et al., 2007），左 M1（IVPP V 7499.1，翻转）：后侧视；B. *Strenulagus shipigouensis*（童永生、雷奕振，1987），右 M1（IVPP V 10225.34）：后侧视；C. *Lushilagus danjiangensis*（童永生、雷奕振，1987），右 M1（IVPP V 10230.6）：后侧视；D. *Dawsonolagus antiquus*（Li et al., 2007），左 m2（IVPP V 7499.4）：颊侧视；E. *Dawsonolagus antiquus*（Li et al., 2007），左 m3（IVPP V 7499.5）：颊侧视；F. *Dawsonolagus antiquus*（Li et al., 2007），右 DI2 门齿前段及切面图素描（IVPP V 7499.6）（引自 Li et al., 2007）

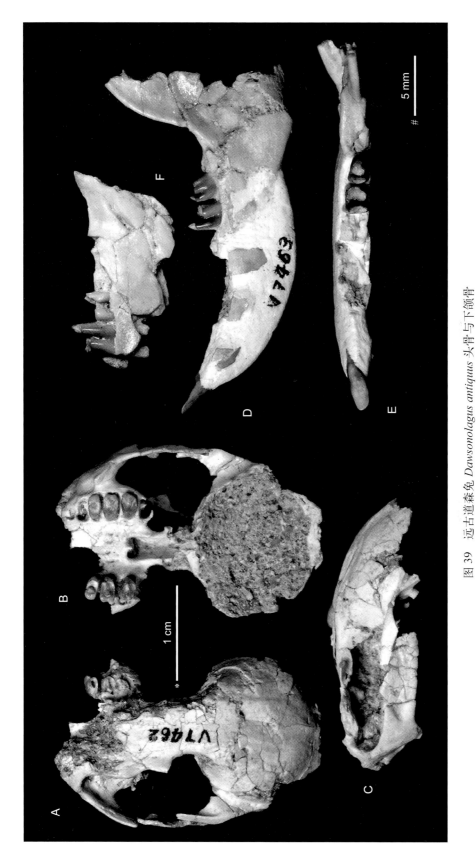

图 39 远古道森兔 *Dawsonolagus antiquus* 头骨与下颌骨

A–C. 头骨 (IVPP V 7462, 正模), D、E. 左下颌骨, 具 i2, m2–3 (IVPP V 7463), F. 右下颌骨, 具破 m1, m2 (IVPP V 7464); A. 顶面视, B. 腭面视, C. 右侧视, D、F. 颊侧视, E. 冠面视; 比例尺: * - A–C, # - D–F (引自 Li et al., 2007)

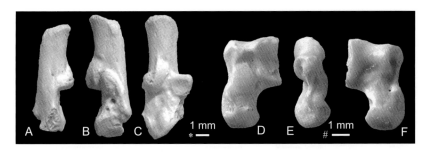

图 40 远古道森兔 *Dawsonolagus antiquus* 跟骨与距骨

A–C. 右跟骨（IVPP V 2465.1），D–F. 右距骨（IVPP V 7465.3）：A. 外侧面视，B, E. 内侧面视，C, F. 背面视，
D. 腹面视；比例尺：* - A–C，# - D–F（引自 Li et al., 2007）

归入标本 IVPP V 7463，左下颌骨带 i2，m2–3；IVPP V 7464，右下颌骨前部带 m2，部分 m1 和 p3–4 的齿槽；IVPP V 7465.1，右跟骨；IVPP V 7465.2，2 件左跟骨；IVPP V 7465.3，右距骨；IVPP V 7498，左颧骨带 M1；IVPP V 7499.1，左 M1；IVPP V 7499.2，左 P3；IVPP V 7499.3，右 P4；IVPP V 7499.4，左 M2；IVPP V 7499.5，2 件左 m3；IVPP V 7499.6，右 DI2；IVPP V 7499.7，左 I2。

鉴别特征 同属。

二连兔属 Genus *Erenlagus* Fostowicz-Frelik et Li, 2014

模式种 安氏二连兔 *Erenlagus anielae* Fostowicz-Frelik et Li, 2014

鉴别特征 小型兔类，单侧高冠齿；区别于 *Aktashmys* 在于上颊齿横向长，次沟较短，p4 缺下前脊、跟座退化、下白齿齿根愈合；区别于 *Dawsonolagus* 在于齿冠较高、下颊齿齿根愈合、三角座与跟座间有齿桥相连、颊齿冠面纹饰消失较快；区别于 *Gobiolagus* 在于 p4 三角座不成梨形、跟座退化；区别于 *Shamolagus* 在于单侧齿冠较高、下颊齿齿根愈合；区别于 *Lushilagus* 在于齿冠较高、齿根愈合；区别于 *Strenulagus* 在于个体较小、齿冠较高，p3 较窄、下后尖较发育，M3 较退化。

中国已知种 仅模式种。

分布与时代 内蒙古，中始新世。

评注 二连兔材料仅是单个牙齿，依其特征与始新世各兔类对比，虽各有区别，但其本身关键性的特征还有待完整材料的发现和证实。

安氏二连兔 *Erenlagus anielae* Fostowicz-Frelik et Li, 2014

（图 41）

正模 一右 m1（IVPP V 20185）。

副模 一左 p3（IVPP V 20186）。

归入标本 24 件残破的上下颌骨和单个牙齿（IVPP V 20187–20190）。

鉴别特征 同属。

产地与层位 内蒙古二连盆地呼和勃尔和，中始新统伊尔丁曼哈组下部。

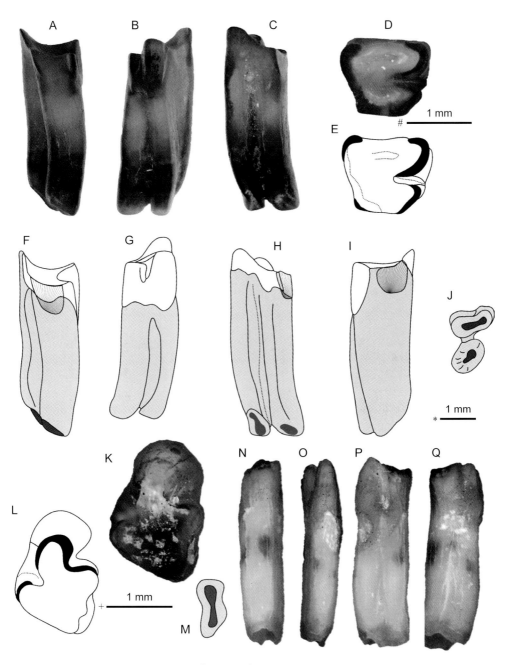

图 41 安氏二连兔 *Erenlagus anielae*

A–J. 右 m1（IVPP V 20185，正模），K–Q. 左 p3（IVPP V 20186，副模）：A, F, N. 远中视，B, G, P. 颊侧视，C, H, Q. 唇侧视，D, E, K, L. 冠面视，I, O. 前侧视，J, M. 齿根；比例尺：∗ - A–C, F–J, M–Q，# - D, E，+ - K, L
（引自 Fostowicz-Frelik et Li, 2014）

兔科 Family Leporidae Gray, 1821

定义与分类 兔科次一级的分类意见各异。Dice（1929）主要依 p3 的形态不同，把兔科分为 Palaeolaginae、Archaeolaginae 和 Leporinae 三亚科，并认为各亚科之间是独立的发育系统。Walker（1931）又增添了以 *Protolagus* 为依据的 Protolaginae 亚科和 Megalaginae 亚科。Wood（1940）认为 Palaeolaginae 的 p3 在老年个体中也具有和 Archaeolaginae 的 p3 同样的形态，故后者是不成立的；而 *Protolagus* 则是 *Palaeolagus* 的幼年个体。Burke（1941）又把北美和亚洲始新世的 *Mytonolagus*、*Shamolagus* 和 *Gobiolagus* 列一新亚科 Mytonolagine，把多数专家认为是鼠兔科的 *Desmatolagus* 也列为兔科的另一新亚科 Desmatolaginae。后来的兔类研究专家如 Dawson（1958, 2008）、White（1987）等大都保留了 Palaeolaginae、Archaeolaginae 和 Leporinae，而摒弃了其他亚科（图 42）。

另外，Gureev（1953）在其未出版的列宁格勒大学博士论文中，依据 *Agispelagus* Argyropulo, 1939 建立了一新亚科 Agispelaginae，而 1964 年他又把自己 1960 年根据 *Desmatolagus vetustus* Burke, 1941 创建的新属 *Procaprolagus* 也归并入 Agispelaginae 中。*Agispelagus* 后被归入 *Desmatolagus*（McKenna et Bell, 1997），而 *Procaprolagus* 属的成立与否及其归入哪个科尚有争议，因之 Agispelaginae 亚科也无人采用了。2005 年，

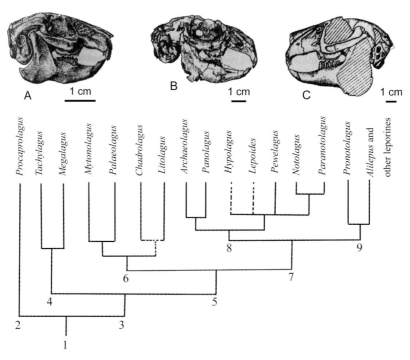

图 42　Dawson（2008, p. 297, fig. 17-2）北美 Leporidae 的支序图
A. *Palaeolagus* 头骨（Palaeolaginae）；B. *Hypolagus* 头骨（Archaeolaginae）；C. *Alilepus* 头骨（Leporinae）
图中数字（1–9）为各节点的形态特征，省略

Averianov 和 Lopatin 在研究吉尔吉斯斯坦早始新世晚期的 *Aktashmys* Averianov, 1994 时提出一新科 Strenulagidae，它包括了 *Aktashmys* 和中国的 *Lushilagus*, *Strenulagus*, *Shamolagus*, *Gobiolagus* 五属。正如 Li 等（2007）所指出的：Strenulagidae 所共有的多是些原始性状，它更像进化级（grade）上的共同特征，而不具备支系（clade）上的分类意义。鉴于 Leporidae 早期的属种材料多是不完整的齿列或单个牙齿，在亚科分类时，研究者多根据牙齿，尤其是 p3 的特点来做划分，又因牙齿磨蚀程度不同而导致形态变化，难免会有不同的分类观点。因之 Simpson（1945）只采用了 Palaeolaginae 和 Leporinae 两亚科，McKenna 和 Bell（1997）只用了 Leporidae，而不分亚科。本志书采用 McKenna 和 Bell 的意见，不再采用亚科分类。兔类头骨解剖术语见图 43。

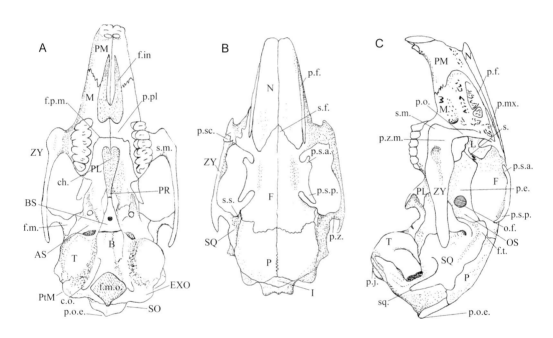

图 43　家兔 *Oryctolagus cuniculus* 头骨解剖术语

A. 左侧视，B. 顶面视，C. 腹面视

AS. 翼蝶骨，B. 基枕骨，BS. 基蝶骨，ch. 翼内窝，c.o. 枕髁，EXO. 外枕骨，F. 额骨，f.in. 门齿孔，f.m. 下颌窝，f.m.o. 枕骨大孔，f.p.m. 腭孔，f.t. 颞窝，I. 间顶骨，L. 泪骨，M. 上颌骨，N. 鼻骨，o.f. 视神经孔，OS. 眶蝶骨，P. 顶骨，p.e. 筛突，p.f. 前颌骨鼻突，p.j. 颈突，PL. 腭骨，PM. 前颌骨，p.mx. 额骨上颌突，p.o. 眶突，p.o.e. 枕外结节，p.pl. 上颌腭突，PR. 前蝶骨，p.s.a. 眶上突前支，p.s.p. 眶上突后支，p.sc. 泪骨皮下突，PtM. 岩乳骨，p.z. 鳞状骨颧突，p.z.m. 上颌骨颧突，s. 蝶眶突，s.f. 额棘，s.m. 咬肌突，SO. 上枕骨，SQ. 鳞骨，sq. 鳞骨鳞突，s.s. 颞窝上突起，T. 听泡，ZY. 颧弓 [张兆群（2010b）根据 Craigie（1948）之 Bensley's Practical anatomy of the rabbit 插图添改]

鉴别特征　个体较大的兔形类，齿式 2•0•3•3/1•0•2•3。吻部的上颌骨侧面有网状结构，鼻骨侧翼后伸、骨的后缘呈 W 形，颧弓垂直板状，眶上突发育，腭面上的腭骨退缩，上腭无前臼齿孔，下颌冠状突退化、后颏孔多缺失。上颊齿柱状、伸入并突出于眶区底部，前臼齿臼齿化，下颊齿的三角座高于跟座且两者在舌侧由釉质桥相连，m3 双叶。传统上

认为兔科的上下门齿釉质层为具施氏明暗带的单层。

中国已知属 *Lushilagus, Strenulagus, Shamolagus, Gobiolagus, Hypsimylus, Ordolagus, Hypolagus, Alilepus, Sericolagus, Pliopentalagus, Trischizolagus, Nekrolagus, Nesolagus, Lepus*，共 14 属。

分布与时代 全球分布如前述。中国境内现生属种分布遍及全国；地史上从早始新世起，除早—中中新世缺失外，直至现代都有兔科生存。

评注 兔科从早始新世出现后，即显示出显著的分异性，在早、中始新世的中亚至少有 *Strenulagus*、*Lushilagus*、*Shamolagus*、*Gobiolagus* 和 *Aktashmys*（吉尔吉斯斯坦）5 属 12 种的记录（如加上 *Dawsonolagus* 则为 6 属），但至晚始新世则仅有 *Gobiolagus* 和 *Hypsimylus* 2 属 7 种，至渐新世就只有 *Ordolagus* 1 属 1 种，而至中新世早—中期整个兔科化石在欧亚大陆则完全缺失，直到中新世晚期才复又出现（即"兔事件"）。

卢氏兔属 Genus *Lushilagus* Li, 1965

模式种 洛河卢氏兔 *Lushilagus lohoensis* Li, 1965

鉴别特征 小型原始兔类，P3–4 双根、三叶，内叶大、中叶横直、外叶小且位于齿的后外方、前脊短或缺失，P4 大小近于 M1。臼齿三根、横向较扁宽、无次沟、冠面纹饰消失早。端齿（P2 和 M3）不很退化。与 *Strenulagus* 的区别在后者 P4 的外叶前伸、有的标本封闭外谷，臼齿冠面纹饰消失较晚、齿的内缘较圆钝、更趋方形。

中国已知种 *Lushilagus lohoensis* 和 *L. ?danjiangensis* 两种。

分布与时代 河南、江苏，中始新世中期。

评注 *Lushilagus* 的模式种 *L. lohoensis* 仅发现两件上颌骨。1987 年童永生和雷奕振记述了丹江卢氏兔？（*L. ?danjiangensis*），材料多是单个牙齿，作者本人对材料的归属有疑问。如归属无误，则根据丹江种的下牙，卢氏兔属还可以增添如下下牙特征："p3 前叶圆锥状，后叶三角形，其舌缘有 1–2 个'转角'；p4 跟座小，侧向收缩，m1–2 颊侧谷向下延入齿根，m3 具第三叶"（童永生、雷奕振，1987，56 页）。

洛河卢氏兔 *Lushilagus lohoensis* Li, 1965

（图 44）

Lushilagus lohoensis：童永生、雷奕振，1987，54 页

Lushilagus lohoensis：齐陶等，1991，59 页

正模 IVPP V 3008，一左上颌骨，具 P3–M2 及 P3、M3 的部分齿槽。河南卢氏孟

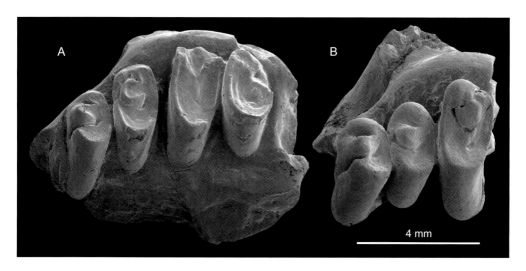

图 44 洛河卢氏兔 *Lushilagus lohoensis*
A. 左 P3–M2 (IVPP V 3008, 正模), B. 左 P3–M1 (IVPP V 3009): 冠面视

家坡 (IVPP 野外地点号 57202), 中始新统核桃园组。

副模 IVPP V 3009, 一左上颌骨, 具 P3–M1。产地与层位同正模。

鉴别特征 同属。

产地与层位 河南卢氏王家坡 (即孟家坡), 中始新统卢氏组; 河南淅川石皮沟, 中始新统核桃园组; 江苏溧阳上黄裂隙堆积, 中始新统 (伊尔丁曼哈期)。

丹江卢氏兔? *Lushilagus ?danjiangensis* Tong et Lei, 1987

(图 45)

正模 IVPP V 8277, 一左 P3。河南淅川核桃园, 中始新统核桃园组 (伊尔丁曼哈期)。

归入标本 14 颗单个颊齿 (IVPP V 8277.1–14), 3 颗 P3 (IVPP V 10230.1–3), 2 颗 P4 (IVPP V 10230.4–5), 4 颗 M1(?) (IVPP V 10230.6–9), 6 颗 M2(?) (IVPP V 10230.10–15), 12 颗 M3 (IVPP V 10230.16–27), 6 颗 p3 (IVPP V 10231.1–6), 4 颗 p4 (IVPP V 10232.1–4), 5 颗 m1 (IVPP V 10232.5–9), 5 颗 m2 (IVPP V 10232.10–14), 8 颗 m3 (IVPP V 10232.15–22)。

鉴别特征 P3 内叶发育, 颊侧尖削, 外叶退化; P4 原尖前棱弱, 不包围中叶, 无前附尖; M1 后尖呈长椭圆形, 长轴指向原尖, 磨蚀后无釉质圈; M2 舌侧沟显著, 颊面谷不封闭; M3 不退化; p3 前叶圆锥形, 后叶三角形, 其舌缘有 1–2 个 "转角"; p4 跟座小, 侧向收缩; m1–2 颊侧谷向下延入齿根; m3 具第三叶。

评注 童永生 (1997) 在研究淅川新采集的标本时, 认为原先描述的 m2(?) (IVPP

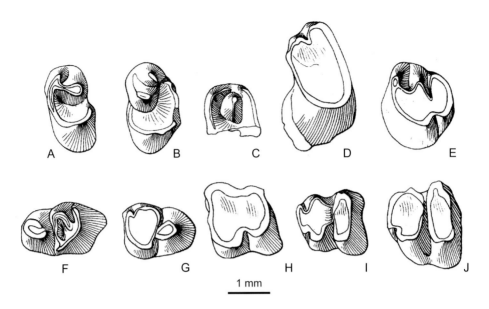

图 45　丹江卢氏兔? *Lushilagus* ?*danjiangensis*

A. 左 P3 (IVPP V 10230.2), B. 左 P4 (IVPP V 10230.5), C, D. 左 M1(?) (IVPP V 10230.8, 7), E. 左 M2 (IVPP
V 10230.10), F, G. 右 p3 (IVPP V 10231.1, 3), H. 左 p4 (IVPP V 10232.3), I. 右 m1 (IVPP V 10232.5),
J. 右 m2 (IVPP V 10232.10)：冠面视（引自童永生，1997）

V 8277.13)（童永生、雷奕振，1987）有可能是 p4，原认为是丹江种的 P4 (IVPP V
8277.3) 尺寸过大，归入丹江种似乎不合适。

壮兔属 Genus *Strenulagus* Tong et Lei, 1987

模式种　石皮沟壮兔 *Strenulagus shipigouensis* Tong et Lei, 1987

鉴别特征　颊齿单面高冠、上颊齿横向较始新世兔科者稍短（趋于方形），齿冠亦稍
低。下颊齿外壁陡直，p3 前叶成圆锥状、后叶宽大，p4 跟座较小，颊侧明显收缩，
m1-2 跟座大、未磨蚀前为三叶，m3 不大退化，具第三叶。P3-4 双根，P3 前外尖 (alc)
多发育，P4 小于 M1，外叶（后附尖）增大、常与前附尖相连，M1 后尖孤立、被釉质中
央谷所围绕，M2-3 由 V 形三角座和横向延伸的次尖构成，两者间不见 *Lushilagus* 具有
的釉质环，M3 不大退化、次尖短小。

中国已知种　*Strenulagus shipigouensis* 和 *S. solaris* 两种。

分布与时代　河南，中始新世。

评注　*Strenulagus* 和 *Lushilagus* 在始新世兔科中都是比较原始的属种，但依
Strenulagus 颊齿稍趋方形、齿冠略低、冠面纹饰消失稍晚等性状看，似乎壮兔要比卢氏
兔稍显原始。

Fostowicz-Frelik 等（2015a）对 *Strenulagus* 的属征做了修订，或可作为对童永生、雷

奕振（1987）给出的属征的补充或修正。其修订特征是：小型的兔形类、具显著的单侧高冠；与 *Dawsonolagus* 和 *Lushilagus* 不同处在于其齿冠较高，m1 和 m2 的前后齿根被齿质连接成桥；其跟骨较 *Dawsonolagus* 者为细、后跟 - 距骨面短、跟 - 腓骨面宽；与 *Gobiolagus* 的区别在于 p3 三角座仅有一个大尖、跟座呈环状围绕大尖、颊齿不很弯曲、下臼齿齿根极度分开，p4 跟座不太退化、三角座卵圆形而非梨形，p4 和臼齿的舌侧齿桥形成较晚；与 *Shamolagus* 的区别在于 p3 三角座具齿尖，p4 的跟座退化，下前臼齿齿根愈合，下臼齿的齿根连接成齿质桥及 m3 相对退化。

石皮沟壮兔 *Strenulagus shipigouensis* Tong et Lei, 1987

（图 46）

正模　YIGM V006，一件下颌骨残段，具 p4–m2。河南淅川核桃园北石皮沟，中始新统核桃园组（伊尔丁曼哈期）。

归入标本　左上颌骨带 P3–M2（IVPP V 10225），右上颌骨带 P4–M3（IVPP V 10225.1），64 颗上颊齿（IVPP V 10225.2–65），左下颌骨带 m1–3（IVPP V10226），42 颗下颊齿（IVPP V 10226.1–9, V 10227.1–2）。

鉴别特征　同属。

评注　见属。

图 46　石皮沟壮兔 *Strenulagus shipigouensis*
A. 左上颌骨具 P3–M2（IVPP V 10225），B. 左下颌骨残段具 m1–3（IVPP V 10226），C. 左 p3（IVPP V 10227.1）：冠面视

太阳壮兔 *Strenulagus solaris* Lopatin et Averianov, 2006

（图 47）

正模　PIN 3403/304，左上颌骨具 P3–M3。蒙古柯钦 - 乌拉 3，中始新统柯钦组。

归入标本　IVPP V 20218–20221，V 20223，V 20225，V 20227–20230，共 5 件 DI2、

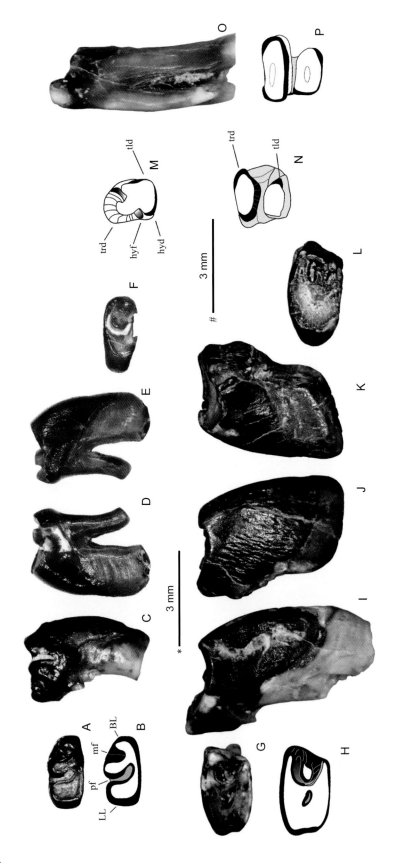

图 47　太阳壮兔 *Strenulagus solaris*

A–C. 左 P3 (IVPP V 20221.3)，D–F. 左 P4 (IVPP V 20192.1)，G–I. 左 M1 (IVPP V 20219.5)，J–L. ? 左 M1 (IVPP V 20219.4)，M. 左 p3 (IVPP V 20230)，N. 右 p4 (IVPP V 20221.4)，O, P. 右 m1 (IVPP V 20219.6)：A, B, F–H, L–N, P. 冠面视 (B, H, M, N, P 为素描图)，C, E, I, J. 前侧视，D, K. 后侧视，O. 舌侧视；比例尺：* – A–L，# – M–P（引自 Fostowicz-Frelik et al., 2015）

BL. 颊侧叶 (buccal lobe), hyd. 下次尖 (hypoconid), hyf. 下次褶沟 (hypoflexid), LL. 舌侧叶 (lingual lobe), mf. 上中褶沟 (mesoflexia), pf. 前中褶沟 (paraflexia), tld. 下跟座 (talonid)，trd. 下三角座 (trigonid)

3 件 P3、1 件 P4、2 件 M1、1 件 M2、1 件 p3、3 件 p4、2 件 m1、1 件 m2 及 2 件跟骨；IVPP V 20191–20192、V 20234–20237、V 20239–20241，共 2 件 DI2、12 件单个上颊齿及上颌残段、19 件单个下颊齿或下颌残段及跟骨。

鉴别特征 *Strenulagus solaris* 区别于属型种在于齿冠较低，上颊齿较弯曲，上前白齿横向较窄、舌侧较平直、不像后者趋于圆弧形。

产地与层位 内蒙古二连盆地呼和勃尔和及伊尔丁曼哈陡坎，中始新统伊尔丁曼哈组。

沙漠兔属 Genus *Shamolagus* Burke, 1941

模式种 谷氏沙漠兔 *Shamolagus grangeri* Burke, 1941

鉴别特征 齿冠高于 *Lushilagus* 而低于 *Gobiolagus*；幼年个体的 p3 仍保持三叶状，下颊齿颊侧呈曲线状向顶部收缩，而不像 *Gobiolagus* 的外壁陡直，m2 显著大于 m1，m3 不及 *Gobiolagus* 的退化，具第三叶；P4 略小于 M1，中叶新月谷的后翼向齿的后外角延伸，上颊齿磨蚀后有小的釉质环保留。

中国已知种 *Shamolagus grangeri* 和 *S. medius* 两种。

分布与时代 内蒙古，中始新世。

评注 在演化水平上，*Shamolagus* 是介于 *Lushilagus* 和 *Gobiolagus* 之间的一个分类单元，依其 P4 略小于 M1、上颊齿舌侧较尖缩、臼齿磨蚀后保留釉质环、下颊齿外壁呈曲线而非陡直等特征似乎更接近 *Lushilagus* 而有别于 *Strenulagus*。

谷氏沙漠兔 *Shamolagus grangeri* Burke, 1941

(图 48)

Shamolagus grangeri：Meng et al., 2005a, p. 4

正模 AMNH 26289，一件左下颌骨，具 p4–m3。内蒙古二连盆地沙拉木伦地区北高地烟筒垛（Chimney Butte），中始新统（伊尔丁曼哈期）。

鉴别特征 与 *Shamolagus medius* 比较，谷氏种的 p3 可能稍大（仅从齿槽观察），p4 的外谷较窄，跟座较大，m1 三角座、跟座的颊侧尖角都较钝圆。

评注 截至目前谷氏种仅有模式标本一件。1941 年，Burke 在建立沙漠兔新属时，把属型种多与北美的 *Mytonolagus* 比较，而与新属另一种（中间沙漠兔 *Shamolagus medius*）的比较，则由于两个种的材料都是一件不完整的下颌，所能提出的种间差别也只能是上述特征中提及的几点。事实上，与其说两个种在形态上的差别，倒不如说在层位上的差别更有意义些。

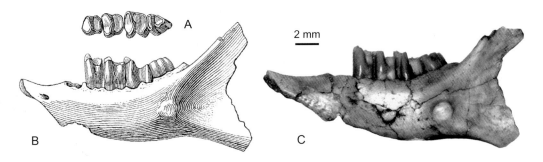

图 48　谷氏沙漠兔 *Shamolagus grangeri*

A, B. 左下颌骨具 p4–m3（AMNH 26289，正模）素描图，C. 正模照片：A. 颊齿冠面视，B, C. 下颌骨颊侧视

（A, B 引自 Burke, 1941；C 引自 Meng et al., 2005a）

中间沙漠兔 *Shamolagus medius* **Burke, 1941**

（图 49）

正模　AMNH 26144，一件右下颌骨前部，具 p3–m1。内蒙古二连盆地沙拉木伦地区巴润绍，中始新统（沙拉木伦期）。

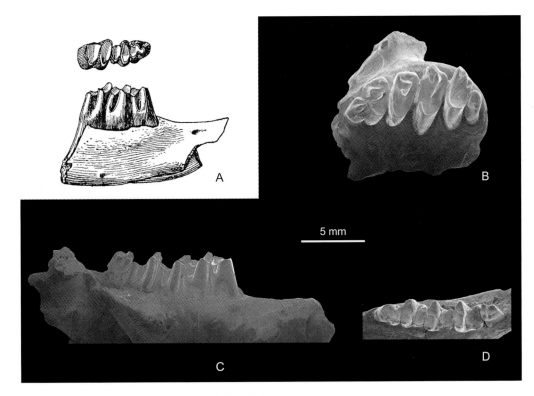

图 49　中间沙漠兔 *Shamolagus medius*

A. 右下颌骨具 p3–m1（AMNH 26144，正模，素描图），B. 左上颌骨，具 P2–M3（IVPP V 3010），C. 右下颌骨，
具 i2–m3（IVPP V 3010），D. 左下颊齿列（IVPP V 3010）：A. 冠面视（上）和颊侧视（下），B, D. 冠面视，
C. 颊侧视（A 引自 Burke, 1941）

归入标本　破碎的骨架，保存了左上颌骨，左、右下颌骨以及颊齿齿列（IVPP V 3010）；右下颌骨带 p4–m2 和两个下臼齿（右 m1, m2）（IVPP V 3011）。

鉴别特征　与谷氏沙漠兔的种间区别如上述。

评注　1965 年李传夔记述了一件中苏古生物考察队在内蒙古乌拉乌苏采集到的 *Shamolagus medius* 残碎骨架，保存有完整的上下颊齿列，从而大为丰富了沙漠兔的形态信息，使之得以与始新世早期兔类进行对比，也显示出兔科在中亚中始新世的高度分异性。

戈壁兔属 **Genus *Gobiolagus* Burke, 1941**

模式种　托氏戈壁兔 *Gobiolagus tolmachovi* Burke, 1941

鉴别特征　齿冠高于 *Shamolagus* 低于 *Desmatolagus*（*D. vetustus* 除外）；下颊齿三角座横向延长，跟座除 m2 外短而窄，三角座与跟座在齿的舌侧相连，p4 小于 m1，三角座常呈梨形，跟座退化，m2 为下颊齿最大者，其跟座较相邻牙齿的跟座为低；P3–P4 不向颊侧延伸，P4 未臼齿化、显然小于 M1，M3 适度退化。

中国已知种　*Gobiolagus tolmachovi*, *G. aliwusuensis*, *G. andrewsi*, *G. burkei*, *G. lii*, *G. major*，共 6 种。

分布与时代　内蒙古、山西，中—晚始新世。

评注　戈壁兔的时代分布从中始新世伊尔丁曼哈期至晚始新世乌兰格楚期，持续分布约 12 Ma，是早期兔类中延续时间最长、形态分异较大的兔类。因此在确定其属征时，往往采取相对于 *Shamolagus* 进步而较 *Desmatolagus* 原始的比较特征。但有的特征在属内也变异很大，如退化的 M3，*Shamolagus medius* 的 M3 远比 *Gobiolagus lii* 者更为退化。

另外，Shevyreva（1995）将发现于吉尔吉斯斯坦 Andarak 2 地点（早始新世？）一些单个牙齿归诸于一新属新种 *Romanolagus hekkerri*，模式标本为 PIN no. 3486/200。2004 年 Lopatin 修订了这批材料，将之归入 *Strenulagus*。后在 2006 年，Lopatin 和 Averianov 又订正为 *Gobiolagus hekkerri*。依据 Averianov 和 Godinot（1998）所列的名单，Andarak 2 动物群可能是一个混杂的动物群，其中不少是在我国中始新世常见的属，如 *Deperetella*、*Rhodopagus*、*Advenimus* 等。Averianov 认为其时代是早始新世最晚期，其实可以与我国的阿山头期—伊尔丁曼哈期对比。若 Andarak 2 为阿山头期，且 Lopatin 等归诸于 PIN no.3486/200 等材料为 *Gobiolagus* 无误，则 *Gobiolagus* 的地史分布可下延至阿山头期。

托氏戈壁兔 *Gobiolagus tolmachovi* Burke, 1941

(图 50)

Gobiolagus tolmachovi：齐陶，1988，221–226 页

Gobiolagus tolmachovi：Meng et al., 2005a, p. 3–11

Gobiolagus tolmachovi：王伴月，2007，47–51 页

正模　AMNH 26142，一件左下颌骨，具 p3–m3 及部分 di2。内蒙古二连盆地沙拉木伦地区巴润绍，中始新统（沙拉木伦期）。

归入标本　内蒙古乌拉乌苏，沙拉木伦组：AMNH 141277，右上颌骨带 P4–M2；AMNH 141278，右上颌骨带 P4–M2；AMNH 141279，左上颌骨带 P4–M2；AMNH 141280，左上颌骨带 P4–M2；AMNH 141281，右上颌骨带 P3–4；AMNH 141282，右上颌骨带 P4 和残破的 M1–2；AMNH 141283，左上颌骨带 P3–M1；AMNH 141284，左上颌骨带 P4–M2；AMNH 141285，左上颌骨带 P3–M2；AMNH 141286，左上颌骨带 P4 和残破的 M1–2；AMNH 141287，左上颌骨带 M1–2；AMNH 141288，左下颌骨带 p3–m1；AMNH 141289，右下颌骨带 p4–m1；AMNH 141290，右下颌骨带 p4–m2；AMNH 141291，左下颌骨带 m1–3；AMNH 141292，右下颌骨带 p4–m1；AMNH 141293，右下颌骨带残破的 m2；AMNH 141294，左下颌骨带 m1；AMNH 141295，左下颌骨带 p4–m2。

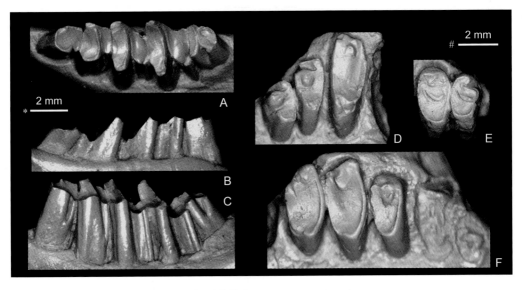

图 50　托氏戈壁兔 *Gobiolagus tolmachovi*

A–C. 左 p3–m3（AMNH 26142，正模），D. 左 P3–M1（AMNH 141283），E. 右 P3–4（AMNH 141281），
F. 右 P4–M2（AMNH 141277）；A, D–F. 冠面视，B. 舌侧视，C. 颊侧视；比例尺：* - A–C，# - D–F（引自
Meng et al., 2005a 模型照片）

鉴别特征 个体小于 *Gobiolagus major*，大于 *G. lii* 和 *G. burkei*。p3 的内褶沟在齿的内前方，p4 三角座呈梨形。

评注 *Gobiolagus tolmachovi* 的模式标本为一下颌骨，Meng 等（2005a）补充记述了采自乌拉乌苏的 13 件上颌骨，得知该种的上前臼齿并未臼齿化，上颌骨缺失前臼齿孔（premolar foramen），腭骨上的腭孔位于 P4 的内侧。这与齐陶（1988）描述的采自同一地点的 *G. tolmachovi*（IVPP V 8430）上颌颊齿形态有所不同，齐陶强调的颊齿横宽可能为老年个体所致，P4 臼齿化等特征也系因牙齿磨蚀过重导致判断有误，至于前臼齿孔存在于 P4 与 M1 之间，从系统发育上看也嫌偏后。

阿力乌苏戈壁兔 *Gobiolagus aliwusuensis* Fostowicz-Frelik, Li, Meng et Wang, 2012
（图 51，图 52）

正模 IVPP V 18500，右上颌骨具 P3–M3。内蒙古四子王旗阿力乌苏（地点 1，下红层），中始新统（伊尔丁曼哈期至沙拉木伦期）。

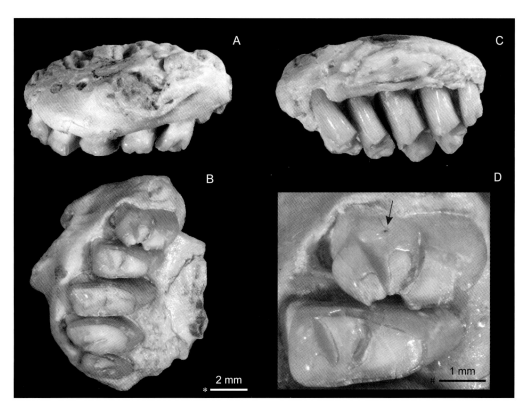

图 51 阿力乌苏戈壁兔 *Gobiolagus aliwusuensis* 上颌骨

右上颌骨，具 P3–M3（IVPP V 18500，正模）：A. 颊侧视，B. 冠面视，C. 舌侧视，D. P3–4 放大的冠面视图，前头显示小的附尖；比例尺：* - A–C，# - D（引自 Fostowicz-Frelik et al., 2012）

归入标本 IVPP V 18501–18530，共 12 件上颌骨及 18 件下颌骨（采自地点 1 和 2）。

鉴别特征 中等大小的 *Gobiolagus*，小于 *G. major* 而大于 *G. burkei* 和 *G. lii*。区别于 *Gobiolagus* 其他种在于 P3 中叶的前缘具有小的附尖；与 *G. tolmachovi* 的区别在于阿力乌苏种 P3 的内前褶沟（paraflexia）稍浅、P4 有与颊叶相隔的前颊尖；与 *G. lii* 的区别在于缺少前白齿孔；与 *G. andrewsi* 的区别在于下颌骨体较浅低、p3 稍宽和三角座较短；与 *G. burkei* 的区别在于 p4 的三角座呈梨形和跟座较退化，m1 和 m2 的跟座较长。

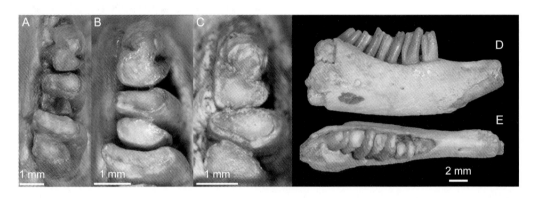

图 52 阿力乌苏戈壁兔 *Gobiolagus aliwusuensis* 下颌骨

A. 右 p3–m1（IVPP V 18519），B. 右 p3–4（IVPP V 18518），C. 右 p3–4（IVPP V 18526），D, E. 右下颌骨，
具 p3–m3（IVPP V 18517）：A–C, E. 冠面视，D. 颊侧视（引自 Fostowicz-Frelik et al., 2012）

产地与层位 内蒙古四子王旗脑木根（阿力乌苏地点 1 和 2，"下红层"），中始新统（伊尔丁曼哈期至沙拉木伦期）。

安氏戈壁兔 *Gobiolagus andrewsi* Burke, 1941

（图 53）

Gobiolagus andrewsi：Meng et al., 2005a, p. 11

正模 AMNH 26091，一件右下颌骨，具 p3–m3。内蒙古二连盆地沙拉木伦河东高地扎木敖包，上始新统乌兰格楚组。

鉴别特征 形态、大小相近于 *Gobiolagus tolmachovi*，唯 p3 横向显窄，且舌侧褶沟位置向后，与外褶沟对应。

产地与层位 内蒙古二连盆地东高地扎木敖包、双敖包，上始新统乌兰格楚组（乌兰格楚期）。

评注 Burke（1941）记述了归入该种的三件标本。模式标本是一幼年个体，其 p3

内褶沟位置靠后，但从 Meng 等（2005a）新记述的 *Gobiolagus tolmachovi* 的多件 p3 观察，随着年龄的增长，内褶沟有后移的趋势，因之这一特征并不稳定。而其 p3 横向显窄，部分可能为牙齿釉质层劈落所致。因此，极有可能 *G. andrewsi* 为 *G. tolmachovi* 的幼年个体，两者为同物异名。唯一令人费解的是在 *G. andrewsi* 的颊齿冠面上留有不等的凹坑，这在兔形类中罕见，且兔类横向咀嚼的方式，似乎无法生成凹坑，是否为后期溶蚀所致，有待证实。

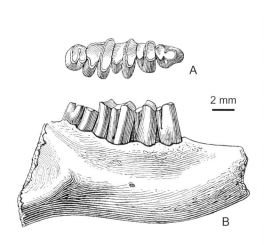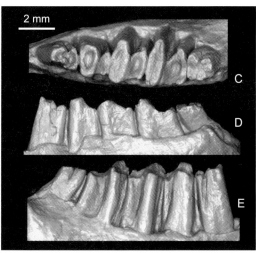

图 53　安氏戈壁兔 *Gobiolagus andrewsi*

右下颌骨具 p3–m3（AMNH 26091，正模），A, B. 素描图，C–E. 模型照片：A, C. 冠面视，B, E. 颊侧视，D. 舌侧视（A, B 引自 Burke, 1941，C–E 引自 Meng et al., 2005a）

贝氏戈壁兔 *Gobiolagus burkei* Meng, Hu et Li, 2005

（图 54）

正模　AMNH 141275，一件右下颌骨，具 p3–m3。内蒙古二连盆地沙拉木伦河西乌拉乌苏，中始新统上段沙拉木伦组（沙拉木伦期）。

鉴别特征　个体小、齿冠较低，门齿向后伸展至 m2 跟座处，门齿穿经齿列的垂直下方、因之缺少兔类常有的门齿舌侧突瘤，p3 三叶形，p4 三角座近梨形，跟座较其他种为宽。

评注　*Gobiolagus burkei* 种是属内个体最小者。如以 *Shamolagus medius* 同一个体的上下齿列比例（李传夔，1965）为准，来衡量 *G. lii* 和 *G. burkei* 两者之大小，则后者小于前者，且前者的时代较早（伊尔丁曼哈期），因之尽管两个种分别各持上、下齿列，还是有证据确认为两个不同的种。

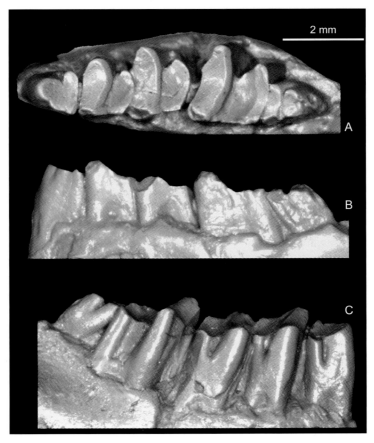

图 54　贝氏戈壁兔 *Gobiolagus burkei*

右下颌骨（AMNH 141275，正模）：A. 冠面视，B. 舌侧视，C. 颊侧视（引自 Meng et al., 2005a 模型照片）

李氏戈壁兔 *Gobiolagus lii* Zhang, Dawson et Huang, 2001

（图 55）

Gobiolagus lii：Meng et al., 2005a, p. 13

正模　IVPP V 12755，一件右上颌骨，具 P3–M2。山西垣曲郭家庄火石坡，中始新统河堤组（伊尔丁曼哈期）。

鉴别特征　个体小于 *Gobiolagus tolmachovi*，P4 未臼齿化，P4–M1 颊侧小尖不甚发育，M3 较大。

评注　*Gobiolagus lii* 仅一上颌，作者当时只能与齐陶（1988）记述的 *G. tolmachovi* 的上颌（IVPP V 8430）比较，如前述，IVPP V 8430 的归属尚存疑问，故 *G. lii* 的特征也需订正。但与 Meng 等（2005a）记述的 *G. tolmachovi* 几件上颌比较，李氏种与后者的不同在于个体小，具前臼齿孔，上颌骨颊齿外缘不及后者凸成圆弧形。

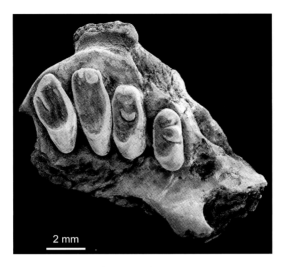

图 55　李氏戈壁兔 *Gobiolagus lii*
右上颌骨，具 P3–M2（IVPP V 12755，正模）：冠面视（引自 Zhang et al., 2001）

大戈壁兔 *Gobiolagus major* Burke, 1941

（图 56）

Gobiolagus major：Meng et Hu, 2004, p. 262

Gobiolagus major：Meng et al., 2005a, p. 11

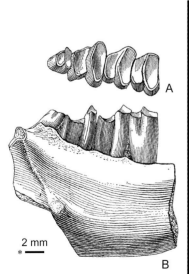

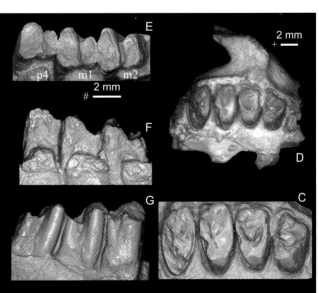

图 56　大戈壁兔 *Gobiolagus major*
A, B. 右下颌带 p4–m3（AMNH 26098，正模，素描图），C, D. 右上颌骨具 P3–M2（IVPP V 14134），E–G.
右下颌骨具 p4–m2（IVPP V 14135）：A, C–E. 冠面视，B, G. 颊侧视，F. 舌侧视；比例尺：∗ - A, B，# - C,
E–G，+ - D（A, B 引自 Burke, 1941，C–G 引自 Meng et Hu, 2004 模型照片）

正模　AMNH 26098，一件不完整的右下颌，具 p4–m3。内蒙古二连盆地沙拉木伦河地区东高地额尔登敖包（乌兰察布盟四子王旗脑木根苏木额尔登敖包），上始新统（乌兰格楚期）。

归入标本　IVPP V 14134，右上颌骨带 P3–M2；IVPP V14135，左下颌骨带 p4–m2。内蒙古四子王旗脑木根依和苏布，上始新统。

鉴别特征　戈壁兔中最大者，门齿较小、伸展至 m2、末端并在颌骨舌面上形成凸包，p4 的跟座不很退化，P3、P4 三齿根，P4 中央尖大、呈三角形。

评注　Burke（1941）鉴于当时化石材料仅限于一件不完整的下颌，在建立新种时，采用了 *Gobiolagus*(?) *major* 的形式，持有疑问。Meng 和 Hu（2004）在相邻的地点找到新的上下颌标本，可以确定 *G. major* 为一可靠的种。

高臼齿兔属 Genus *Hypsimylus* Zhai, 1977

模式种　北京高臼齿兔 *Hypsimylus beijingensis* Zhai, 1977

鉴别特征　较大型兔类，齿冠极高，较幼年个体的 p4–m3 上保留有第三叶，门齿可能不像 mimotonids 和 eurymylids 那样后伸。

中国已知种　*Hypsimylus beijingensis* 和 *H. yihesubuensis* 两种。

分布与时代　内蒙古、北京，中始新世晚期—晚始新世。

评注　1977 年翟人杰记述高臼齿兔时，材料仅有两颗半颊齿（其中一个半是乳齿），尽管他提及"下臼齿很像一种兔类"，但与同时代的兔类还是差别明显，"考虑到下乳齿（dp4）与菱臼兽的特别相像……所以我们把它看做是宽臼兽类向高冠齿方向特化的一个代表，并把它置于 Eurymylidae"（翟人杰，1977）。Li 和 Ting（1985）认为 *Hypsimylus* 应归入与兔形类相近的 Mimotonidae。而 Dashzeveg 和 Russell（1988）认为翟的 dp4 为一恒齿，但仍将 *Hypsimylus* 放在 Eurymylidae 科中，并建一新亚科 Hypsimylinae。McKenna 和 Bell（1997）首次把 *Hypsimylus* 置于兔科（Leporidae）。2004 年孟津、胡耀明在内蒙古依和苏布上始新统地层中发现三件高臼齿兔的上下颌骨，才进一步确定了 *Hypsimylus* 确是兔科的成员，并依内蒙古材料建立了依和苏布新种 *H. yihesubuensis*。

北京高臼齿兔 *Hypsimylus beijingensis* Zhai, 1977

（图 57）

Hypsimylus beijingensis：Li et Ting, 1985, p. 49

Hypsimylus beijingensis：Dashzeveg et Russell, 1988, p. 160

Hypsimylus beijingensis：McKenna et Bell, 1997, p. 111

Hypsimylus beijingensis：Meng et Hu, 2004, p. 264

正模 IVPP V 5242，左 p4–m1。北京长辛店高佃，中始新统长辛店组。

鉴别特征 个体稍小、齿冠较高、m1 较窄的高臼齿兔。

评注 翟人杰（1977）在记述 IVPP V 5242 标本时认为是 dp3 或 dp4，Dashzeveg 和 Russell（1988）则认为是恒齿 p4，这种看法得到 Meng 和 Hu（2004）的支持。

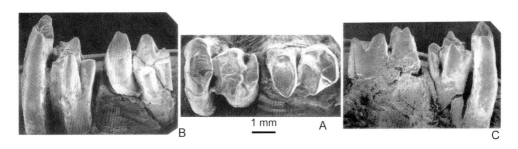

图 57　北京高臼齿兔 *Hypsimylus beijingensis*

左 p4–m1（IVPP V 5242，正模）：A. 冠面视，B. 颊侧视，C. 舌侧视（原标本下落不明，图版从 Dashzeveg et Russell, 1988, fig. 11 翻拍）

依和苏布高臼齿兔 *Hypsimylus yihesubuensis* Meng et Hu, 2004

（图 58）

正模 IVPP V 14136，一不完整的右下颌，具刚萌出的 p4 及 m1–2。内蒙古四子王旗脑木根依和苏布，上始新统（乌兰格楚期）。

鉴别特征 个体大于 *H. beijingensis*，齿冠较低，m1 较宽。

评注 Meng 和 Hu（2004, p. 271）提及 *Hypsimylus* 的门齿像兔类的后伸仅至 p3–m1、末端凸出在颌骨内侧，而区别于向后伸展至 m3、门齿平行于颌骨而不凸出的

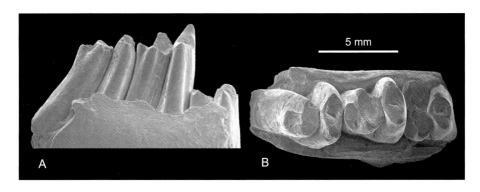

图 58　依和苏布高臼齿兔 *Hypsimylus yihesubuensis*

右下颌骨（IVPP V 14136）：A. 颊侧视，B. 冠面视（引自 Meng et Hu, 2004 模型照片）

eurymylids。

鄂尔多斯兔属 Genus *Ordolagus* De Muizon, 1977

模式种 德氏鄂尔多斯兔 *Ordolagus teilhardi* (Burke, 1941)

鉴别特征 下颌骨深而粗壮、颊齿高冠。上颊齿前后向压缩，横向窄长，齿冠弯曲度大，无次沟，嚼面上的构造可能仅出现在幼年个体上。P2 宽大于长，具单一的前褶沟。P3 和 P4 完全白齿化。M1 为上颊齿中最大者。M3 冠面成椭圆形，比 P2 小得多。p3 的前内和前外褶沟很不发育或缺失。p4 三角座不成梨形，而有显著的后壁突起。m3 小、附贴在 m2 的后外侧。

中国已知种 仅模式种。

评注 Burke（1941）记述了蒙古三道河渐新世的一件具 p3–m1 的左下颌，又归并 Teilhard de Chardin（1926）记述的发现在内蒙古三盛公、被归入 Duplicidentés 的一件具 p3–m3 的左下颌，两件标本合成一戈壁兔新种，*Gobiolagus*(?) *teilhardi*。当时 Burke 就怀疑这两件标本可能代表一新属，指出"在这个种比较好的标本发现之前，德氏戈壁兔的分类位置仍存在疑问，随着新材料的发现，这个种很可能属于不同的属"（Burke, 1941）。De Muizon（1977）在重新修理过德日进的三盛公标本后发现一些新的特征，以此建立了 *Ordolagus*。黄学诗（1986）在内蒙古乌兰塔塔尔采到了相当数量的上下颌骨，依据这些新材料订正了 De Muizon 给出的新属特征（如上述）。

德氏鄂尔多斯兔 *Ordolagus teilhardi* De Muizon, 1977

（图 59）

Duplicidentés：Teilhard de Chardin, 1926, p. 26, fig. 14C

Gobiolagus(?) *teilhardi*：Burke, 1941, p. 11

Ordolagus teilhardi：De Muizon, 1977, p. 266

Ordolagus teilhardi：黄学诗，1986，274 页

正模 AMNH 20236，一件不完整的左下颌，具 p3 基部和 p4–m1。蒙古三道河，下渐新统三道河层。

副模 左下颌骨，具 p3–m3（Teilhard de Chardin, 1926, fig. 14）。内蒙古杭锦旗罗布召西北三盛公大桥东约 7 km。（依 Burke, 1941 选定为副模）

归入标本 右下颌骨带 p3–m2（IVPP V 6268.1）；左下颌骨前部带 p3–m1（IVPP V 6268.2）；左下颌骨带 m1–2（IVPP V 6268.3）；右下颌骨带 p4–m3（IVPP V 6268.4）；左

下颌骨残段具 m1–2（IVPP V 6268.5）；右下颌骨带 p3 及 p4 的三角座（IVPP V 6268.6）；左下颌骨带 p3–m2（IVPP V 6268.13）；右上颌骨带 P3–M3（IVPP V 6268.7）；右上颌骨带 P3–M2（IVPP V 6268.8）；左上颌骨带 P3–M2（IVPP V 6268.9）；左上颌骨碎块具 P3–4（IVPP V 6268.10）；右上颌骨带 P3–M3（IVPP V 6268.11）；右上颌骨带 P2–M2（IVPP V 6268.12）；右 P4–M1（IVPP V 6268.14）。

鉴别特征　同属。

产地与层位　蒙古三道河、中国内蒙古阿拉善左旗乌兰塔塔尔,下渐新统乌兰塔塔尔组。

评注　见属。

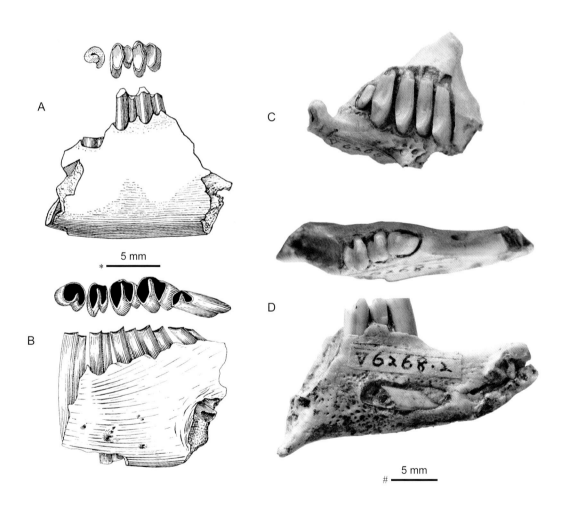

图 59　德氏鄂尔多斯兔 *Ordolagus teilhardi*

A. 左下颌骨，具 p3 基部和 p4–m1（AMNH 20236，正模），B. 左下颌骨，具 p3–m3（Teilhard de Charin, 1926, fig. 14，副模），C. 右上颌骨，具 P3–M3（IVPP V 6268.11），D. 左下颌骨，具 p3–m1（IVPP V 6268.2）：A, B, D. 冠面视（上）和颊侧视（下），C. 冠面视；比例尺：* - A, B, # - C, D（A, B 引自 De Muizon, 1977, fig.1）

翼兔属 Genus *Alilepus* Dice, 1931

模式种 联合翼兔 *Alilepus annectens* (Schlosser, 1924)

鉴别特征 中到大型的兔类，头骨及下颌形态几与现生野兔（*Lepus*）相同。P2 主前褶沟（MAR）深、前外褶沟（EAR）浅。p3 后内褶沟（PIR）深、几与后外褶沟（PER）等深或稍浅、磨蚀后常形成釉质圈，前内褶沟（AIR）浅于后内褶沟、且常缺失，无前褶沟（AR），后外褶沟深、光滑或轻微褶皱且其前缘釉质层（TH）加厚，前外褶沟（AER）浅、具薄而光滑的釉质层。

中国已知种 *Alilepus annectens*, *A. lii*, *A. longisinuosus*, *A. parvus*, *A. zhoukoudianensis*，共 5 种。

分布与时代 华北、江淮、云南，晚中新世至早更新世。

评注 翼兔分布于亚欧及北美的晚中新世至早更新世。我国发现 5 种，时代为晚中新世至早更新世（?），而欧美发现的五六种翼兔迄今无人做系统研究，但其最早地史记录也大体为晚中新世（美国加利福尼亚州发现的 *Alilepus hibbardi* White, 1991，其时代为 Clarendonian 期）。早期学者认为翼兔在亚洲发现稍早，可能起源于亚洲（Dawson, 1958），后 White（1991）认为翼兔可能起源于 Barstovian 期的 *Hypolagus parviplicatus*，而邱铸鼎和韩德芬（1986）则设想起源于 *Gobiolagus*。翼兔被不少学者视为向现生兔类进化的祖先类型。Hibbard（1963）认为 *Alilepus* 的 p3 首先以封闭其后内褶形成岛褶，再逐渐失去中间齿桥，使后内褶与后外褶沟通，结果便形成了 *Lepus* 的 p3。邱铸鼎和韩德芬（1986）同意 Hibbard 的论点，并进一步指出"由 *Alilepus* 向现生兔类的进化可能是多元的"。而金昌柱（2004）对翼兔的起源、迁徙、演化则做了更为详尽的演绎，认为 *Alilepus* 在中新世时可能从北美迁徙至我国境内后至少分化成南方两个支系和北方一个支系：南方一支以 p3 中间齿桥逐渐退化的长褶翼兔（*A. longisinuosus*）为代表，它通过 p3 中间齿桥的退化和后内褶沟封闭演化成 *Nesolagus* 属；另一支以 p3 中间齿桥发育、颊齿褶沟釉质层强烈褶曲的李氏翼兔（*A. lii*）为代表，它通过 p3 增加一个前褶沟，并使齿褶变得更加复杂来演变成上新五褶兔。北方一支 *A. annectens* 很可能代表与三裂齿兔（*Trischizolagus*）关系更为接近的祖先类型。

联合翼兔 *Alilepus annectens* (Schlosser, 1924)

（图 60）

选模 MEUU UM. 84，一件右下颌骨，具 p3–m2。内蒙古化德二登图，上中新统（保德期）。

归入标本 内蒙古化德二登图：IVPP V 7988.1–145，一段下颌骨带 p4–m1，144 个单个牙齿；化德哈尔鄂博：IVPP V 7989.1–2，12 件牙齿。

鉴别特征 个体较大，门齿孔位置向后，末端终止于 P4，P2 舌侧前褶沟较深，而颊侧褶沟浅；p3 三角座的前叶较宽大，齿的后外褶沟多长于后内褶沟，两褶沟之间的齿桥稍宽，双侧褶沟绝不贯通。

产地与层位 内蒙古、北京、山西等华北各地，上中新统上部—下更新统（保德期—泥河湾期）。

评注 由于选型标本等材料滞留瑞典，无法直接对比，且原作者并未给出种的特征，这里仅能依据原出版物与国内其他三个种的比较后得出种的特征，也有待更多材料予以证实。与国外各种的对比也遇到同样的困难。如本志书主要是依据与 *Alilepus longisinuosus* 的比较给出的 *A. annectens* 上述特征，但在北美的 *A. hibbardi* 种上也有类似的特点出现（见 White，1991，fig. 6，A，B）。Bohlin（1942b）记述了联合翼兔的一些颅骨特征，因受材料限制，又无法与已有的其他种对比。鉴于 Schlosser（1924）标本的 p3 大小变异较大，Bohlin（1942b）曾怀疑该批标本是否不应归入同一个种。而 Qiu（1987）根据中 - 德考察队在同一地点（二登图）所采到的材料，证实该种 p3 的大小变异仅与牙齿磨蚀程度有关，所有材料应归入同一种。因之 *Alilepus annectens* 作为一个可靠的种还是有科学依据的。

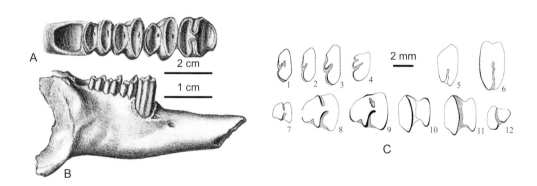

图 60 联合翼兔 *Alilepus annectens*

A, B. 右下颌骨，具 p3–m2 及 m3 齿槽（MEUU UM 84，选模）：A. 冠面视，B. 颊侧视（素描图，引自 Schlosser, 1924）；C. 颊齿冠面素描图：1–4. P2 (IVPP V 7988.17, 15, 13, 21)，5. P3 (IVPP V 7988.28)，6. P4 (IVPP V 7988.10)，7–9. p3 (IVPP V 7988.83, 84)，10, 11. 下臼齿 (IVPP V 7988.103, 104)，12. m3 (IVPP V 7988.113)（引自 Qiu, 1987）

李氏翼兔 *Alilepus lii* Jin, 2004

（图 61）

正模 IVPP V 10819，一不完整的右下颌，具 p3–m1 及 m2–3 的齿槽。安徽淮南马家洼采石场老洞下部堆积层第 7 层（保德期）。

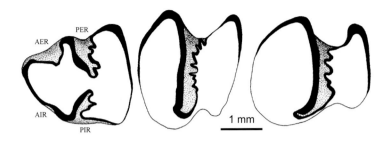

图 61　李氏翼兔 *Alilepus lii*

右 p3–m1（IVPP V 10819，正模）：冠面视（引自金昌柱，2004）

AER. 前外褶沟，AIR. 前内褶沟，PER. 后外褶沟，PIR. 后内褶沟

　　鉴别特征　个体小，p3 具前内褶沟和前外褶沟，前内褶沟浅，后内、后外褶沟的后壁釉质层褶曲相当发育，p3 的中间齿桥相当宽，p4–m1 的后外褶沟后壁的釉质层小褶曲很发育。

　　评注　*Alilepus lii* 的大小尺寸应落在 *A. longisinuosus* 的变异范围内，但其具有褶曲的釉质层、p3 后外褶沟（PER）相对较长、中间齿桥较宽等特点与后者有所区别。Jin 等（2010）认为李氏翼兔与上新五褶兔（*Pliopentalagus*）可能具有祖裔关系。

长褶翼兔 *Alilepus longisinuosus* Qiu et Han, 1986

（图 62）

　　正模　IVPP V 8131，一件不完整的右下颌骨，具部分门齿及 p3–m2。云南禄丰石

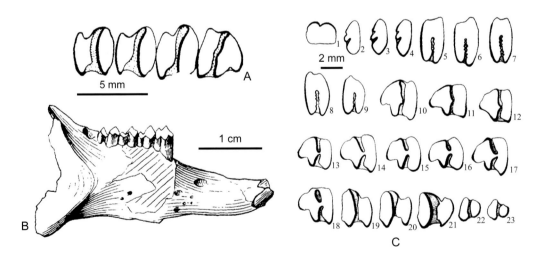

图 62　长褶翼兔 *Alilepus longisinuosus*

A, B. 右下颌骨，具 p3–m2（IVPP V 8131，正模）：A. 冠面视，B. 颊侧视；C. 长褶翼兔牙齿冠面示意图（IVPP V 8132）：1. I2（反转），2–4. P2（4 反转），5, 6. P3，7. P4，8. M1，9. M2，10–18. p3（10 和 17 反转），19. p4，20. m1，21. m2，22, 23. m3（引自邱铸鼎、韩德芬，1986）

灰坝，上中新统石灰坝组（保德期）。

鉴别特征 个体大小接近 *Alilepus annectens*，门齿孔后缘的终止位置靠前，P2 舌侧前褶沟浅，颊侧前褶沟弱、但轮廓清楚，p3 的中间齿桥窄、甚至断开，后内褶沟一般比后外褶沟长，三角座前叶不很向外突出。

评注 邱铸鼎和韩德芬（1986）在研究云南长褶翼兔时指出：现生苏门答腊的 *Nesolagus* 属，可能有像云南翼兔一样的祖先。很明显，随着 *Alilepus longisinuosus* 中间齿桥的退化，后内褶与后外褶的沟通，一个 *Nesolagus* 的 p3 即形成。Jin 等（2010）在记述广西新发现的中华苏门答腊兔（*Nesolagus sinensis*）时，也同样指出"两属之间很可能有密切的祖裔关系"。

小翼兔 *Alilepus parvus* Wu et Flynn, 2017

（图 63）

正模 AMNH FAM 11622.1，硬石核上保存的头骨大部及下颌。山西榆社潭村，上中新统马会组。

鉴别特征 个体小，头长 46.4 mm，p2 仅有一个尖锐的前中褶沟，p3 三角座不伸长、具宽浅的前外褶沟（AER）、其半圆形切面的釉质层光滑无褶曲、三角座与跟座之间的连接宽、后内和后外褶沟近于等深，P3–M2 舌侧褶沟（hypostria）上的釉质层稍有褶曲，p4–m2 的釉质层无褶曲。

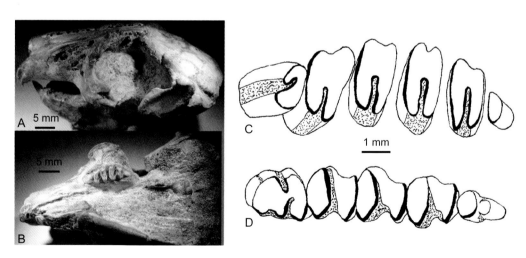

图 63 小翼兔 *Alilepus parvus*

A, B. 头骨（AMNH FAM 11622.1，正模）照片，C, D. 颊齿素描图：A. 头骨左侧视，B. 左侧下颌骨摘掉后的头骨腭面视，C. 左 P2–M3 冠面视，D. 左 p3–m3 冠面视（引自 Wu et Flynn, 2017）

周口店翼兔 *Alilepus zhoukoudianensis* Cheng , Tian, Cao et Li, 1996

（图 64）

正模　CUGB V 93066，一件右下颌骨，具完整齿列。北京周口店太平山东洞，下更新统。

鉴别特征　个体较小，仅有 *Alilepus annectens* 的 2/3 大小。p3 前端呈稍窄的 W 形，前外褶沟（AER）伸过齿宽的一半，无前内褶沟（AIR）和前褶沟（AR），后内褶沟（PIR）较浅，与后外褶沟相对。

评注　从 p3 的形状（呈 W 形的前部，在现存的标本上无法看出）及个体小等特点看，周口店翼兔的归属有待进一步研究，它是否为一翼兔的幼年个体，抑或是另一未知的兔类，要待发现更好的标本后方可确定，姑且存之。

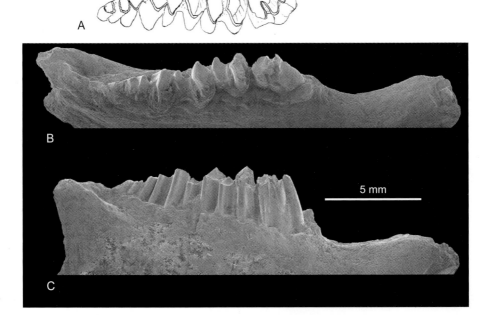

图 64　周口店翼兔 *Alilepus zhoukoudianensis*
下颌骨（CUGB V 93066，正模）：A. p3—m3 素描，冠面视，B. 冠面视，C. 颊侧视（引自程捷等，1996）

丝绸兔属 Genus *Sericolagus* Averianov, 1996

模式种　矮脚丝绸兔 *Sericolagus brachypus* (Young, 1927)

鉴别特征　个体较小，吻短、齿隙短，额棘呈矩形、顶端尖，腭桥长稍大于后鼻孔前部宽。下颌角粗壮，下门齿后伸、可达 p4 之下，P2 具两前褶沟，外侧者（EAR）较浅，主前褶沟（MAR）深。p3 前外褶沟（AER）浅，后外褶沟（PER）深达齿宽之半，后内褶沟（PIR）呈沟或成釉质圈状。p3 的后内、后外褶沟及 p4–m2 跟座前缘有微弱的小褶曲。相对股骨长度而言股骨上的耻骨线强而发育，可能显示出丝绸兔的穴居生态。

中国已知种 *Sericolagus brachypus* 和 *S. yushecus* 两种。

分布与时代 北京、山西、山东、甘肃，上新世至早更新世。

评注 *Sericolagus* 是 Averianov（1996a）根据杨钟健（Young, 1927）记述的一直存放在瑞典乌普萨拉大学的 *Caprolagus brachypus* sp. nov.（后于 1936 年由 Schreuder 订正为 *Hypolagus brachypus*）标本建立的一个新属。张兆群（2001）也是依杨钟健 1927 年的同一批材料和以后在中国发现的同批标本创建了另一个新属 *Brevilagus*。依据命名法 *Brevilagus* 命名在后，应为无效。杨钟健（Young, 1927）在记述 *Caprolagus brachypus* 时，依新种的股骨长度等特点与家兔（*Oryctolagus cuniculus*）做了比较，认为新种腿短，故名之短腿种。以后发现的材料主要是上下颌及牙齿，尽管归入该种，但并未涉及颅后骨骼的特点。Averianov（1996a）认为该种的股骨近于家兔、苏门答腊兔、棉尾兔小种的正常长度，且具有较强的耻骨线，可能营穴居生活。Averianov 给出的新属的颅骨特征并不清晰，但提到下门齿可后伸达 p4。2001 年张兆群也注意到这一兔类的齿隙短、吻短等特点。2004 年邱占祥等在记述甘肃东乡龙担较为完整的材料时才给出较完全的颅骨、牙齿特征。

矮脚丝绸兔 *Sericolagus brachypus* (Young, 1927)

（图 65）

Caprolagus brachypus：Young, 1927, p. 63

Hypolagus brachypus：Schreuder, 1936

Hypolagus brachypus：郑绍华，1976，116 页

Sericolagus brachypus：Averianov, 1996a, p. 148

Brevilagus brachypus：张兆群，2001，145 页

Sericolagus brachypus：邱占祥等，2004，25 页

正模 Young, 1927, Taf. III, fig. 14，同一个体的左右下颌骨，具完整齿列（缺左m3）。北京灰峪（Andersson Lok. 60），下更新统。

鉴别特征 同属。

产地与层位 北京地区，下更新统；山西静乐高家崖 Loc. 2、寿阳、山东宁阳伏山、淄博孙家山、甘肃东乡龙担、合水金沟，上新统至下更新统。

评注 依杨钟健、卞美年（Young et Bien, 1936）的观察，北京门头沟区灰峪附近有

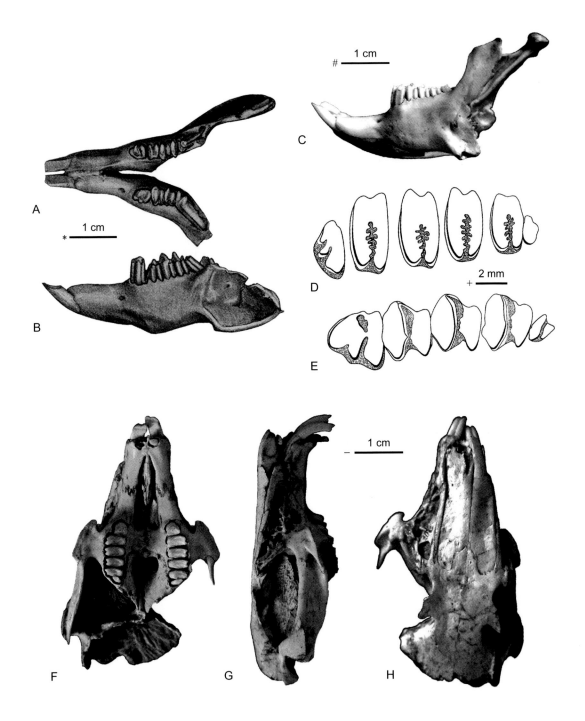

图 65 矮脚丝绸兔 *Sericolagus brachypus*

A, B. 下颌骨（MEUU15010，正模），C–H. 头骨及左下颌骨（IVPP V 13530）：A. 左、右下颌骨冠面视，
B. 右下颌骨（反转）颊侧视，C. 左下颌骨颊侧视，D. 左上齿列 P2–M3 冠面视，E. 左下齿列 p3–m3 冠面视，
F–H. 头骨腭面视（F）、右侧视（G）和顶面视（H）；比例尺：* - A, B，# - C，+ - D, E，– - F–H（A, B
引自 Young, 1927；C–H 引自邱占祥等，2004）

多个化石地点，安特生的第六十地点（Lok. 60）和周口店第十八地点（CKT Loc. 18）均在灰峪一带，但两者是否为同一地点已无法证实。即使德日进在记述周口店第十八地点的哺乳动物群时，也未敢肯定（Teilhard de Chardin, 1940, p. 40）。

榆社丝绸兔 *Sericolagus yushecus* Wu et Flynn, 2017
（图 66）

Hypolagus cf. *brachypus*：Teilhard de Chardin, 1942, fig. 53B

正模 IVPP RV 42021，一件左下颌骨，具 i2–m3。产地不明，购自山西榆社马兰村，上上新统—下更新统，? 麻则沟组。

鉴别特征 齿隙短于或等于下颌骨之高度，下颌骨前腹缘显著上弯。下门齿强烈弯曲，后伸至 p4 之下。p3–m3 后外褶沟的后壁褶曲，后内釉岛（釉质圈）或褶沟在 p3 上通常缺失。

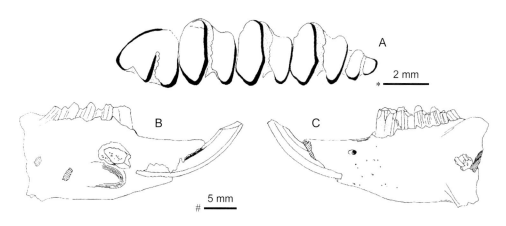

图 66 榆社丝绸兔 *Sericolagus yushecus*
左下颌骨，具 i2–m3（IVPP RV 42021，正模）：A. 冠面视，B. 舌侧视，C. 颊侧视；比例尺：* - A，# - B, C
（引自 Wu et Flynn, 2017）

上新五褶兔属 Genus *Pliopentalagus* Gureev et Konkova, 1964

模式种 摩尔多瓦上新五褶兔 *Pliopentalagus moldaviensis* Gureev et Konkova, 1964

鉴别特征 小到中等个体的兔类。下齿隙短，下门齿终端较 *Hypolagus* 的靠前，颊齿褶沟的釉质层褶曲发育。p3 具有 5 个褶沟，后内、后外褶沟后壁上的薄釉质层（TN）强烈褶曲，在较原始的种上后内褶沟常呈釉质环（EL）状，p4–m2 的后外褶沟后壁釉质层褶曲尽管不及 *Pentalagus* 者褶曲强烈但仍是极为发育，原始种多具有极小的前外褶沟，腭桥在原始种中相对较长。P3–M2 的次沟前后壁都强烈褶曲，尽管也不及 *Pentalagus* 者。

中国已知种 *Pliopentalagus anhuiensis, P. dajushanensis, P. huainanensis, P. progressivus*，共 4 种。

分布与时代 江淮、河南，中新世最晚期至上新世。

评注 上新五褶兔主要分布于古北区东欧的摩尔多瓦（*P. moldaviensis*）、捷克（*P. dietrichi*）（Daxner et Fejfar, 1967），亚洲的阿富汗（*P. sp.*）（Sen, 1983）和中国（华中、江淮地区）。分布于美国中西部上新世—更新世晚期的 *Aztlanolagus agilis* Russell et Harris, 1986，经 Tomida 和 Jin（2007）研究后认为它不是 *Nekrolagus* 的后裔，而是在五六百万年前由亚洲迁入北美的 *Pliopentalagus* 的后裔，应归入 *Pliopentalagus* 属，即 *P. agilis*。这样，上新五褶兔的地史分布扩大到北半球的欧、亚和北美三大洲。我国淮南地区 *Pliopentalagus* 化石丰富，在三个不同地质时代并有大量的伴生动物群的裂隙堆积中，发现了数量众多的三种上新五褶兔化石，这不仅提供了上新五褶兔自身的系统发育证据，还与仅存于日本琉球群岛稀有的庵美黑兔（*Pentalagus furnessi*）建立了可靠的祖裔关系。

安徽上新五褶兔 *Pliopentalagus anhuiensis* Tomida et Jin, 2009

（图 67）

正模 IVPP V 15328.1，近于完整的左下颌骨，具 p3–m2。安徽淮南大居山（铁四局洞），上上新统。

归入标本 7 件下颌骨（IVPP V 15328.2–8）；2 件残破头骨（IVPP V 15329.1–2）。

鉴别特征 颊齿平均尺寸比大居山种略大 3%–7%，约 1/3 的 p3 标本上后内褶沟形成釉质圈，约 30% 的 p4–m2 具前内褶沟，腭桥短于淮南种和大居山种。

评注 铁四局洞共采集到 18 种哺乳动物化石，其中如 *Kowalskia yinanensis* 等指示其时代为晚上新世（Tomida et Jin, 2009）。

大居山上新五褶兔 *Pliopentalagus dajushanensis* Tomida et Jin, 2009

（图 68）

正模 IVPP V 14180.3，一件不完整的左下颌骨，具 p3–m3。安徽淮南大居山（新洞），下上新统。

副模 IVPP V 14180–14181（部分）：2 件头骨前部，具不完全的门齿及颊齿；6 件头骨后部，具完整齿列或颊齿；1 件腭部，具不完整的颊齿；1 件具有颊齿的右上颌骨；

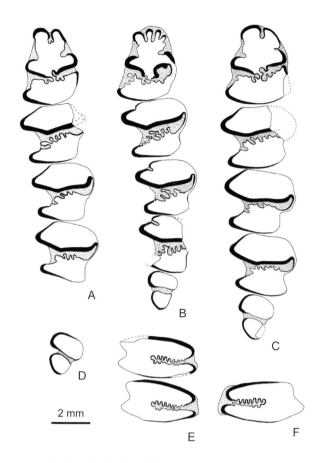

图 67　安徽上新五褶兔 *Pliopentalagus anhuiensis*

A. 左 p3–m2（IVPP V 15328.1，正模），B. 左 p3–m3（IVPP V 15328.3），C. 左 p3–m3（IVPP V 15328.6），
D. 左 m3（IVPP V 15328.4），E. 右 P4–M1（IVPP V 15329.2），F. 左 P3（IVPP V 15329.2）：冠面视，素描图
（引自 Tomida et Jin, 2009）

6 件左下颌骨，具不完整的颊齿；5 件左下颌骨，具不完整的颊齿。

　　归入标本　IVPP V 14181（部分）：31 件左、右下颌骨；2 件破头骨；2 件吻部；4 件左、右上颌骨。

　　鉴别特征　大居山种的颊齿比淮南种平均大 5%–10%，小于安徽种 3%–7%，约 1/3 标本上的下门齿后端伸至 p3 跟座之下，80% 的标本上 p3 后内褶沟封闭成釉质环，65% 的 p3–m2 上有前内褶沟（AER），p3 的前褶沟（AR）较淮南种的深和复杂，腭桥较淮南种的短，但长于安徽种者。

　　评注　大居山新洞共采到 40 余种脊椎动物化石，其中如 *Promimomys asiaticus* Jin et Zhang, 2005 等可以清楚的显示新洞的时代为早上新世，它可能略早于内蒙古化德的比例克动物群的时代。但就上新五褶兔的系统分析，大居山种在形态上恰是介于较早的淮南种与稍晚的安徽种之间，大居山种的种群特征如上所述，但在鉴定某一件标本时可能会遇到归属的困难。

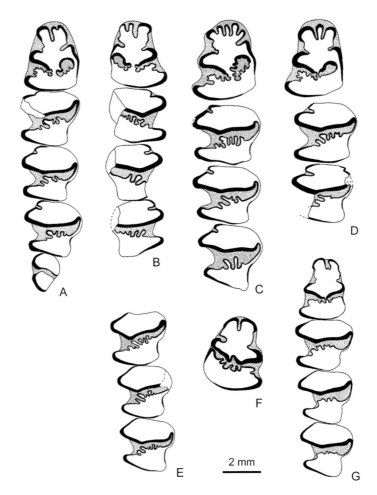

图 68 大居山上新五褶兔 *Pliopentalagus dajushanensis*

A. 左 p3–m3（IVPP V 14180.3，正模），B. 右 p3–m3（IVPP V 14180.5），C. 左 p3–m3（IVPP V 14180.6），
D. 左 p3–m1（IVPP V 14180.17），E. 左 p4–m2（IVPP V 14180.1），F. 右 p3（IVPP V 14180.4），G. 左 p3–m2
（IVPP V 14180.15）：冠面视，素描图（引自 Tomida et Jin, 2009）

淮南上新五褶兔 *Pliopentalagus huainanensis* Jin, 2004

（图 69）

Pliopentalagus huainanensis：Tomida et Jin, 2009, p. 53

正模 IVPP V 10817.1，一件不完整的左下颌，具 i2、p3–m3。

副模 残破上颌骨 4 件（IVPP V 10818.1–4）、残破下颌骨 3 件（IVPP V 10817.2–4）及门齿等。

鉴别特征 个体小，下门齿后端伸至 p3 的三角座之下，p3 的后内褶沟为釉质圈（EL）状、其后壁强烈褶曲，p4–m2 多数具有小的前内褶沟。

产地与层位　安徽淮南大居山老洞，中新统最上部。

评注　淮南上新五褶兔与 *Kowalskia neimengensis*、*Adcrocuta eximia* 等共生，较淮南发现的另外两种（*P. dajushanensis*、*P. anhuiensis*）时代为早，应为中新世最晚期，相当于内蒙古化德二登图动物群（Tomida et Jin, 2009），为该属发现的最原始种。

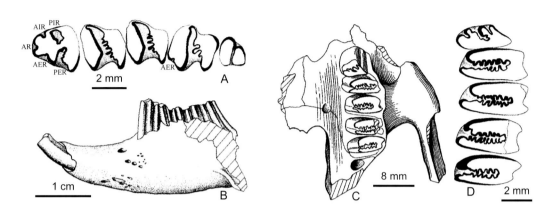

图 69　淮南上新五褶兔 *Pliopentalagus huainanensis*

A, B. 左下颌骨及 p3–m3（IVPP V 10817.1，正模）的放大图，C, D. 左上颌骨及 P2–M2（IVPP V 10818.1）的放大图：A, C, D. 冠面视，B. 颊侧视（引自金昌柱，2004）

AR. 前褶沟，其余缩写同图 61

进步上新五褶兔 *Pliopentalagus progressivus* Liu et Zheng, 1997

（图 70）

正模　IVPP V 12195，一件右 p3。

副模　IVPP V 12196，一件左 p4 或 m1。

鉴别特征　个体大于其他已知种，齿宽，p3 轮廓趋于圆形，前褶沟（AR）仅一个，前外褶沟（AER）、前内褶沟（AIR）各有两个、较深，后内褶沟（PIR）前壁褶曲明显。

产地与层位　河南淅川台子山（林场裂隙），上新统。

评注　进步上新五褶兔显然与淮南的三个种有显著区别，它应当代表着另一支系。共生的原鼢鼠化石齿冠高，齿根很短，其时代极有可能为上新世末或早更新世初期（刘丽萍、郑绍华，1997）。

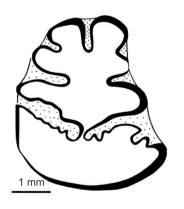

图 70　进步上新五褶兔 *Pliopentalagus progressivus*
右 p3（IVPP V 12195，正模）：冠面视（引自刘丽萍、郑绍华，1997）

三裂齿兔属 Genus *Trischizolagus* Radulesco et Samson, 1967

模式种 杜氏三裂齿兔 *Trischizolagus dumitrescuae* Radulesco et Samson, 1967

鉴别特征 上下颊齿的褶沟釉质层光滑、缺少或极少褶曲；p3 三角座长、具三个简单的褶沟（AR、AER 和 AIR）、均较浅，后外褶沟深，后内褶沟有时封闭成釉质环、个别者缺失；P2 具 1–3 个前褶沟，中间者最深；下门齿前部的中间有纵沟，后部无沟。

中国已知种 *Trischizolagus mirificus*, *T. nihewanensis*, *Trischizolagus* aff. *T. dumitrescuae*，共 3 种。

分布与时代 甘肃、山西、内蒙古、河北，上新世至早更新世。

评注 三裂齿兔分布限于欧亚大陆。欧洲有西班牙中新世最晚期（MN13）的 *Trischizolagus crusafonti* (Janvier et Montenat, 1970)，希腊罗得岛早上新世（MN14）的 *T. maritsae* De Brujin et al., 1970 和罗马尼亚、摩尔多瓦、乌克兰等地的模式种 *T. dumitrescuae* 等。亚洲则有阿富汗早上新世的 *T.* cf. *maritsae* (Sen, 1983) 和蒙古中新世最晚期至上新世最早期的 *Trischizolagus* sp. (Flynn et Bernor, 1987)。在中国已发表的三裂齿兔除上述三种外，还在甘肃灵台有所报道（郑绍华、张兆群，2001）。

杜氏三裂齿兔（亲近种）*Trischizolagus* aff. *T. dumitrescuae* Radulesco et Samson, 1967

（图 71）

在山西榆社云簇盆地麻则沟组南庄沟段上新统（4.7 Ma）地层中，中 - 美合作项

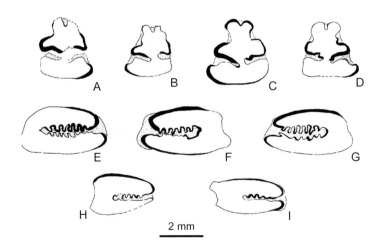

图 71 杜氏三裂齿兔（亲近种）*Trischizolagus* aff. *T. dumitrescuae*
A. 右 p3（IVPP V 11226.4），B. 左 p3（IVPP V 11226.2），C. 左 p3（IVPP V 11226.1），D. 右 p3（IVPP V 11226.3），E. 右 P3（IVPP V 11226.11），F. 左 P3（IVPP V 11226.9），G. 左 P3（IVPP V 11226.10），H. 右 P4/M1（IVPP V 11226.12），I. 右 M2（IVPP V 11226.13）；冠面视，素描图（引自 Wu et Flynn, 2017）

目的研究人员，于YS50地点发现了4件p3，1件p4/m1/m2，3件m3，3件P3，1件P4/M1和1件M2（IVPP V 11226），Wu和Flynn（2017）将其归为欧洲上新世属型种 *Trischizolagus dumitrescuae* 的亲近种。榆社的标本与属型种的不同处在于它具有持续而强烈的后内褶沟。另外，在天津自然博物馆有一对左右下颌骨（THP14.217和THP14.220），系当年黄河白河博物馆（北疆博物院）购自云簇马兰村，化石保存的状况及岩性与YS50地点的相似，Wu和Flynn（2017）也把这两件下颌骨归入该种。

奇妙三裂齿兔 *Trischizolagus mirificus* Qiu et Storch, 2000

（图 72）

正模 IVPP V 11937，一左p3。内蒙古化德比例克，下上新统。

副模 1件下颌骨带p3–m2，168件单个牙齿（IVPP V 11938.1–169），内蒙古化德比例克，下上新统。

鉴别特征 个体中等大小（p4–m2均长2.73 cm），颊齿褶沟的釉质层光滑，P2具两前褶沟，p3三角座的褶沟较浅，有约1/3的p3具前褶沟，在成年个体中有半数具后内褶沟或釉质圈。

产地与层位 内蒙古化德比例克，下上新统；山西榆社云簇盆地，上新统高庄组南庄沟段。

评注 比例克奇妙三裂齿兔标本的p3有较大的变异，前褶沟和后内褶沟在不少件标

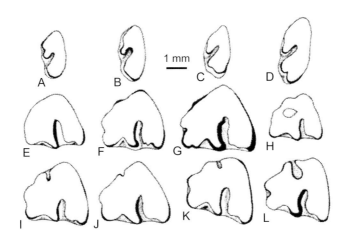

图 72 奇妙三裂齿兔 *Trischizolagus mirificus*

A. 左 p2 (IVPP V 11938.1)，B. 左 p2 (IVPP V 11938.2)，C. 右 p2 (IVPP V 11938.3，反转)，D. 右 p2 (IVPP V 11938.4，反转)，E. 右 p3 (IVPP V 11938.5，反转)，F. 左 p3 (IVPP V 11938.6)，G. 左 p3 (IVPP V 11938.7)，H. 右 p3 (IVPP V 11938.8，反转)，I. 左 p3 (IVPP V 11937，正模)，J. 左 p3 (IVPP V 11938.9)，K. 右 p3 (IVPP V 11938.10，反转)，L. 右 p3 (IVPP V 11938.11，反转)：冠面视，素描图（引自 Qiu et Storch, 2000）

本上缺失，Qiu 和 Storch（2000）在对比了欧洲，尤其是中国（内蒙古）、阿富汗的标本同样有不同程度的缺失后，基于颊齿釉质层光滑、三角座有三个褶沟等基本特征还是将比例克的标本归入该属并建立一新种，同时指出：化德哈尔鄂博的 Hypolagus sp.（Qiu, 1987）也应归入此种。另外，在山西榆社云簇盆地高庄组南庄沟段下部的上新世地层（4.8 Ma）中，Wu 和 Flynn（2017）还记述了一件归入此种的左 p3。而在山西榆社云簇盆地晚中新世马会组找到的一件右 P2 和在高庄组找到的一件左 P4（或 M1），也被 Wu 和 Flynn（2017）归入 cf. Trischizolagus sp.。

泥河湾三裂齿兔 *Trischizolagus nihewanensis* (Cai, 1989)

（图 73）

2 mm

图 73　泥河湾三裂齿兔
Trischizolagus nihewanensis
左 p3（GMC V 2008-1）冠面视，
素描图

正模　GMC V 2008-1，一左 p3。河北蔚县北马圈，上上新统。

鉴别特征　个体大小近于 *T. mirificus*，颊齿褶沟的釉质层褶曲显然弱于 *Pliopentalagus*，但强于 *Trischizolagus* 属内的任何种，p3 三角座具有前褶沟（AR）、前内褶沟（AIR）、前外褶沟（AER）、后外褶沟（PER）、后内褶沟（PIR）深，且方向垂直于齿的长轴，可能归入的下中间颊齿跟座的前壁无或有微弱的褶曲。

产地与层位　河北蔚县北马圈，阳原芫子沟、祁家庄，上上新统（约相当 MN 16）。

评注　泥河湾种的标本共三件（p3、p4、m2），但产自三个地点（蔚县北马圈，阳原芫子沟、祁家庄）。蔡保全（1989）将其归入 *Pliopentalagus nihewanensis* 予以记述。Tomida 和 Jin（2005）专文订正了这三件标本的归属。首先，p3 的三角座虽像 *Pliopentalagus* 一样具有明显的三褶沟，但褶沟的釉质层褶曲比已知的 *Pliopentalagus* 任何种都弱，而其时代又是在上新五褶兔中最晚者，这与该属褶曲趋于复杂的进化趋势不相符合，且其后内、后外褶沟的方向与齿的长轴垂直，也与属内各种不同。其次，如从动物群生态环境上考虑，中国的上新五褶兔多与东洋界动物共生，是温暖、湿润的多山环境，而泥河湾动物群则生活在典型的古北界干凉稀疏草原环境。因之将泥河湾的模式标本 p3 归入三裂齿兔属似更为合理。至于另外两地点的两个下颊齿（GMC V 2008-2，1 件左 p4 或 m1；GMC V 2008-3，1 件 m2）其跟座前壁釉质层褶曲极弱或缺失也迥然不同于 *Pliopentalagus*，因此，Tomida 和 Jin（2005）把它作为 Leporidae gen. et sp. indet. 来处理。

次兔属 Genus *Hypolagus* Dice, 1917

模式种 *Hypolagus vetus* (Kellogg, 1910)

鉴别特征 小到较大个体的兔类，p3 在成年个体上缺失前内褶沟（AIR）和后内褶沟（PIR），具前外褶沟（AER），但伸展不到齿宽的一半，后外褶沟较深，伸展可达齿宽的 2/3，褶沟中通常有白垩质充填；上颊齿次沟的釉质层在一定磨蚀程度后有褶曲，且前臼齿较臼齿为甚。

中国已知种 *Hypolagus fanchangensis*, *H. mazegouensis*, *H. schreuderi*，共 3 种。

分布与时代 北京、山西、安徽，上新世—早更新世。

评注 *Hypolagus* 是北半球中新世中期至更新世早期广泛分布的化石兔类。因其 p3 缺失内侧的前、后褶沟，一些学者把它归入 Archaeolaginae 亚科。我国最早的化石记录出现于内蒙古化德哈尔鄂博的中新世最晚期（*Hypolagus* sp.，Qiu, 1987），但 Qiu 和 Storch（2000）又复认为哈尔鄂博的标本应归入 *Trischizolagus*。

繁昌次兔 *Hypolagus fanchangensis* Jin et Xu, 2009
（图 74）

正模 IVPP V 13977.1，一件残破的左下颌骨，具 p3–m1。安徽繁昌人字洞（上部堆积第 11 层），下更新统。

归入标本 1 件残破头骨（IVPP V 13977.2），1 件残破左下颌骨带 p4–m2（IVPP V 13977.3），1 枚右 m3（IVPP V 13977.4），2 枚残破门齿（IVPP V 13977.5–6），1 枚右 p4（IVPP V 13977.7），1 件左 P3–M2（IVPP V 13977.8），1 枚右 P4（IVPP V 13977.9）。

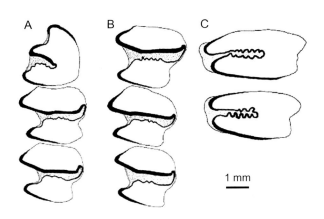

图 74 繁昌次兔 *Hypolagus fanchangensis*

A. 左 p3–m1（IVPP V 13977.1，正模），B. 左 p4–m2（IVPP V 13977.3），C. 左 P3–4（IVPP V 13977.8）；冠面视，素描图（引自金昌柱、徐繁，2009）

鉴别特征 个体中等，下门齿后延至 p4 后缘下方，p3 前外褶沟浅而宽、后外褶沟深且向后延伸，下颊齿后外褶沟后壁的薄釉质层褶曲较发育，上中间颊齿的舌侧褶沟较浅，但前、后壁小褶曲发育。

麻则沟次兔 *Hypolagus mazegouensis* Wu et Flynn, 2017
（图 75）

Hypolagus cf. *brachypus*：Teilhard de Chardin, 1942, fig. 53c

Hypolagus sp.：Tedford et al., 1991, p. 524 (part)

正模 IVPP V 11224.1，左 p3。山西榆社 YS 5 地点，上上新统麻则沟组下部。

归入标本 IVPP V 11224.2–3，左下颌骨，具 p4–m3，左 p3；IVPP V 11239，左下颌骨，具 p4–m3；IVPP RV 42019，左下颌骨，具 di2–m3；THP 14178, THP 14184–14186, THP 14188, THP 14223, THP 14245，7 件下颌骨（存放在天津自然博物馆。据该馆称：化石购买自榆社白海、海眼、高庄等地点）。

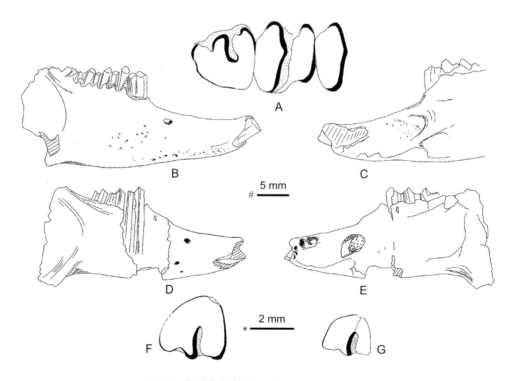

图 75 麻则沟次兔 *Hypolagus mazegouensis*

A–C. 右下颌骨，具 p3–4 及 m1 的三角座（THP 14178），D, E. 右下颌骨，具 p4–m3（IVPP V 11224.2），
F. 左 p3（IVPP V 11224.1，正模），G. *Hypolagus* sp.，左 p3（IVPP V 11225）：A, F, G. 冠面视，B, D. 颊侧视，
C, E. 舌侧视；比例尺：* - A, F, G，# - B–E（引自 Wu et Flynn, 2017，均为素描图）

鉴别特征 个体较 *Hypolagus schreuderi* 小，下颌齿隙的长度显著大于下颌水平支的高度，下颌骨腹缘近于平直，下门齿缓曲、后伸达 p3，下颊齿外褶沟的后壁釉质层光滑（p3 的后外褶沟亦然）。

评注 有十多件榆社盆地发现的标本归入麻则沟次兔，其中有中 - 美合作项目采集的，也有天津自然博物馆收藏的北疆博物院的旧藏品，这些标本可能都采自榆社盆地麻则沟组。

施氏次兔 *Hypolagus schreuderi* Teilhard de Chardin, 1940
（图 76）

正模 IVPP RV 42010，一包括头骨、下颌在内的近于完整的骨架。北京门头沟灰峪

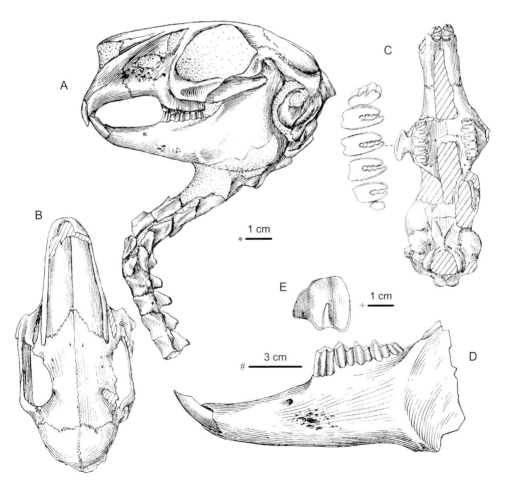

图 76　施氏次兔 *Hypolagus schreuderi*

头骨及下颌骨（IVPP RV 42010，正模）：A. 头骨及颈椎，左侧视，B. 头骨背面视，C. 头骨腹面视，D. 下颌骨具门齿及 p3–m3，颊侧视，E. p3 冠面视；比例尺：* - A–C, # - D, + - E（引自 Teilhard de Chardin, 1940，均为素描图）

（周口店第十八地点），下更新统。

鉴别特征 大型兔类，体型超出一般的现生兔类。p3 为典型的 *Hypolagus* 形。上前臼齿（DP2）较大，额骨中央鼻突呈三角形，吻长，齿隙长，前颌骨额突伸至鼻额缝之后，听泡相对小而窄。

评注 施氏次兔的材料保存相当完整，在我国绝灭属种的兔类化石中极为罕见。由于缺少相应的对比材料，德日进在研究时，只能与周口店山顶洞和现生的 *Lepus* 比较。如在颅后骨骼中，可以看出施氏次兔的肱骨长于桡骨，而现生的东北兔（*Lepus mandschuricus*）两骨的长度大体相等，周口店山顶洞的 *Lepus* 的桡骨平均长度则是超过肱骨的。诸如此类的特点，由于对比材料的缺乏，使施氏次兔的特征并未完全的揭示出来，留有很大的再研究空间。1997 年张兆群在其博士论文中曾做过较详细的补充记述，但目前尚未公开发表。

尼克鲁兔属 Genus *Nekrolagus* Hibbard, 1939

模式种 进步尼克鲁兔 *Nekrolagus progressus* Hibbard, 1939

鉴别特征 一类在牙齿及下颌骨形态上非常相似于 *Lepus* 和 *Sylvilagus* 的兔类，与两者不同处在于其后内褶沟或者孤立呈环状、或者与后外褶沟融会贯通。p3–m3 齿槽的均长约 15.2 mm。

中国已知种 仅 *Nekrolagus* cf. *N.* sp.。

分布与时代 北美，中新世中期—上新世；中国山西，晚中新世。

评注 McKenna 和 Bell（1997, p. 112）提到 *Nekrolagus* 出现在 "?E. Pliocene; Asia"，不知出自亚洲何方，待查。

尼克鲁兔相似种 *Nekrolagus* cf. *N.* sp.

（图 77）

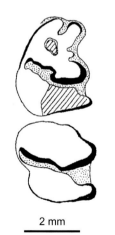

2 mm

图 77 尼克鲁兔相似种
Nekrolagus cf. *N.* sp.
右 p3–p4（IVPP V 11238）：冠面视，
素描图（引自 Wu et Flynn, 2017）

发现于山西榆社潭村亚盆地大南沟，可能是马会组的一对左右连体已被严重挤压的下颌骨，其右侧保存 p3–m3，左侧保存 p4–m2（IVPP V 11238），为邱占祥等 1979 年所采。右侧 p3–m2 长 14.6 mm。p3 的形状和大小似可归入 *Lepus*、*Sylvilagus* 或 *Nekrolagus*。White（1991, p. 76）指出 *Nekrolagus* 和 *Lepus* 的区别甚微，因为前者的 p3 约有 11% 与后者相似。但从时空分布上分析：*Sylvilagus* 仅出现于北美上新世至现代；*Lepus* 起源于北美，在更新世时传入亚洲，其最早记录为早更新世晚期（张兆群，2010b）；而 *Nekrolagus* 在北美的时间分布为中中新世至上新世。截至目前，在旧大陆尚未见有可靠的 *Nekrolagus* 化石记录，这件在榆社晚中新世的马会组发现的类似 *Nekrolagus* 的化石，从时代上推论将其归入 *Nekrolagus* 是不无道理的。

苏门答腊兔属 Genus *Nesolagus* Forsyth Major, 1899

模式种　奈氏苏门答腊兔 *Nesolagus netscheri* (Schlegel, 1880)

鉴别特征　p3 无前褶沟，p3 发育的早期其后外褶沟和后内褶沟贯通，中、后期后内褶沟封闭，出现舌侧齿桥。

中国已知种　仅 *Nesolagus sinensis* 一种。

分布与时代　印度尼西亚（苏门答腊）、老挝、越南、中国（广西），早更新世至现代。

评注　动物学家长期认为 *Nesolagus* 的分布仅限于印度尼西亚苏门答腊岛，直到1999 年后才先后在老挝、越南发现了另一现生种——*N. timminsi* Averianov, 2000，但一直无化石记录。广西崇左发现的 *N. sinensis* 是目前所知的唯一一件化石标本。

中华苏门答腊兔 *Nesolagus sinensis* Jin, Tomida, Wang et Zhang, 2010

（图 78）

正模　IVPP V 15932，一件残破的左下颌骨，具有部分门齿及 p3-m3。广西崇左生态公园无名山，上更新统中部。

鉴别特征　体型较小。下颌骨齿隙位短而粗、较弯曲。下门齿后缘明显靠前，p3 前

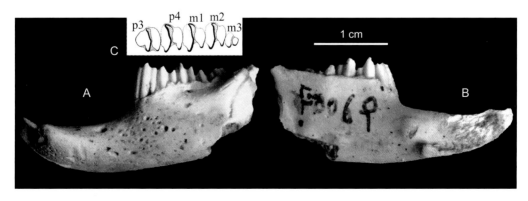

图 78　中华苏门答腊兔 *Nesolagus sinensis*

右下颌骨具 p3-m3（IVPP V 15932，正模）：A. 颊侧视，B. 舌侧视，C. 颊齿冠面视，素描图（引自 Jin et al., 2010）

内褶沟极弱、前外褶沟较深，且齿冠白垩质发育，m3 跟座较大。

评注　中华种尽管只有一件下颌，但其上述特征已显出不同于 *Lepus* 和其他化石属，且其 p3 在轻度磨蚀时跟座与三角座贯通，而随着磨蚀的加深，则两齿座间反而由舌侧齿桥相连，这一特有的现象，更与模式种一致。

兔属 Genus *Lepus* Linnaeus, 1758

模式种　雪兔 *Lepus timidus* Linnaeus, 1758

鉴别特征　大型兔类。头骨宽、向上强烈弓起；后鼻孔（翼内窝）宽、大于或等于腭桥长度，腭桥短；眶上突具发育的前、后两支，后支成三角形；间顶骨在成年个体中愈合；下颌骨较平直，冠状突近于垂直；下门齿后端伸至 p3 下前方；P2 具三前褶沟，p3 的后外沟深，可达齿的内壁甚至贯通。

中国已知种　*Lepus capensis*, *L. mandchuricus*, *L. qinhuangdaoensis*, *L. sinensis*, *L. teilhardi*, *L. ziboensis*，共 6 个化石种。

分布与时代　我国全境及全北区和非洲，早更新世—现代。

评注　现生的 *Lepus* 在世界上有 32 个种（Wilson et Reeder, 2005），我国境内生存有 10 种（潘清华等，2007）。最早的 *Lepus* 化石记录可能在北美 2.5 Ma（López-Martínez, 2008，但据 Dawson 口述应约在 2.1 Ma）。发现于山东淄博的 *Lepus ziboensis* Zhang, 2010 和发现在泥河湾盆地 12 层的 *Lepus* 应当是目前我国已知的最早记录，时代为早更新世晚期，约为 ≤ 1.5 Ma。而欧洲最早的 *Lepus* 发现于东欧，约 2.0 Ma（López-Martínez, 2008）。有关 *Lepus* 的起源，张兆群（2010b）曾总结出 4 种假说，分别是起源于：① *Hypolagus*，② *Alilepus*，③ *Nekrolagus* 和④ *Trischizolagus*。张兆群倾向于同意 Averianov（1995）的意见，即 *Lepus* 可能起源于 *Trischizolagus*。分子生物学的研究（Wu et al., 2005；Matthee, 2009；Matthee et al., 2004）认为 *Lepus* 可能出现于 10.76 Ma（±0.86 Ma），起源于北美，而众多种的形成发生于上新世（5.65±1.15 Ma–1.12±0.47 Ma）。尽管北美、欧亚和非洲三区的 *Lepus* 是一个单系类群，但中国境内的 *Lepus* 并不像人们原先设想的来自单一地区。分子生物学的推论和化石的记录显然存有差距，即使在古生物学本身也还有待更多化石证据来证实。我国发现并有较完整记录可查的 *Lepus* 化石为上述六种。周口店记录的 *L. wongi* 除第十三地点者被归入 *L. teilhardi* 外，其余均被订正为 *L. capensis*（见下）。另外在已发表的文献中也有一些 *Lepus* 不同种或 *L. sp.* 的记录，如辽宁庙后山的 *L. europaeus*、*L. lepus*（查无此名），云南呈贡三家村的 *L. comus*（邱铸鼎等，1984）等，化石材料既无详细描述，纵有图版也不清晰，因之在本志中也只好简略提及，无法按编志规范予以记述。

草兔 *Lepus capensis* Linnaeus, 1758

Lepus wongi：Young, 1927, p. 59

Lepus oiostolus：Young, 1927, p. 56

Lepus cf. *oiostolus*：Young, 1930, p. 15

Lepus wongi：Young, 1932, p. 8

Lepus cf. *wongi*：Young, 1934, p. 112

Lepus sp. A：Young, 1934, p. 115

Lepus sp. B：Young, 1934, p. 116

Lepus europaeus：Pei, 1940, p. 58

Lepus sp.：贾兰坡等，1959，48 页

Lepus oiostolus：郑绍华、韩德芬，1993，92 页

Lepus europaeus：程捷等，1996，2 页

Lepus capensis：张兆群，2010b，263 页

正模 发现于南非好望角，具体标本待查。

鉴别特征 个体中等；除软体、皮毛特征外，草兔头颅特征相对是头骨低平，吻短而粗，齿隙短，上门齿前齿沟 V 形、白垩质填充少量，腭桥短，翼内窝较宽，颞窝听泡较大，咬肌窝腹面较宽大，颧弓较宽，下颌冠状突稍向后倾斜，下颌齿隙部向前缓慢变细。

产地与层位 广义的草兔分布于非洲、欧洲及亚洲，我国分布在东北、华北、华中、陕甘及新疆，中更新统至现代。

评注 中国或亚洲的草兔（*Lepus capensis*）的命名在国内动物学界有两种不同的观点，有的哺乳动物学家（如 Waterhouse, 1848；Sowerby, 1933；Gureev, 1964；Hoffmann et Smith, 2005；潘清华等，2007）认为中国草兔应是蒙古兔（*L. tolai* Pallas, 1778）。分子生物学家（如相雨，2004）认为"分布在我国境内的'草兔'与非洲草兔（*Lepus capensis*）的遗传距离达 8.7% 以上，处于种间差异水平；且二者在系统进化树上也显示了较远的亲缘关系。所以，我国'草兔'实际应为最初发表的蒙古兔（*Lepus tolai*）。"另外，Allen（1938）将中国及蒙古境内的草兔归入欧洲兔（*L. europaeus* Pallas, 1778），而传统的观点和绝大多数的文献仍以草兔（*Lepus capensis*）命名。在动物学界未统一观点之前，本志暂保留草兔（*Lepus capensis*）的称谓。

自杨钟健（Young, 1927）依周口店第二地点一件不完整的头骨创建 *Lepus wongi*（翁氏兔）后，周口店众多地点和华北发现的更新世兔类化石随之多归入翁氏种。张兆群（2010b）观察、测量了保存在瑞典的翁氏兔的模式标本和存放在中国科学院古脊椎动物与古人类研究所大量被归入翁氏兔的标本，特别是尚未发表的周口店第二十地点的 33 件

头骨和117件下颌后，认为无论翁氏种的模式标本或周口店第二、第二十地点等地的兔化石其形态结构均处于现生草兔变异范围之内，故除周口店第十三地点的翁氏兔为另一种（*L. teilhardi*）外，其余华北的翁氏兔均应归入草兔，而翁氏兔为一无效种。

东北兔 *Lepus mandchuricus* Radde, 1861

正模 现生标本，未指定，可能采自俄罗斯博尔索山（依罗泽珣，1988）。

鉴别特征 个体中等。除软体、皮毛特征外，鼻骨后缘平直、与额骨缝略成一直线；眶上突虽分两支，但前支极小，后支发育；腭桥长，其长度明显大于翼内窝的宽度，下颌冠状突直立。

产地与层位 现生东北兔分布于东三省及内蒙古；化石发现于辽宁营口金牛山，上更新统。

评注 金牛山地点是唯一发现东北兔的化石地点，且有较详细的记述（郑绍华、韩德芬，1993）。东北地区其他地点如辽宁庙后山的 *Lepus europaeus*、*L. lepus* 化石是否可归入东北兔有待证实。

秦皇岛兔 *Lepus qinhuangdaoensis* Wang, Zhang, Li et Gong, 2010

（图 79）

正模 NWUV 1390.1，一件较完整的左下颌骨，具 i2 及 p3–m3。河北秦皇岛柳江盆地山羊寨洞穴堆积，中更新统。

副模 左上颌骨带 P2–M2（NWUV 1390.2）。产地与层位同正模。

鉴别特征 个体很小。p3 具有 1–2 个前褶沟，前外褶沟很浅，前内褶沟有或无；后外褶沟深达内侧齿缘或贯穿整个齿冠面、前后两壁褶曲不发育，部分标本 p3 具有釉岛；p4–m2 的外褶沟较为平滑，m3 为双柱状；牙齿的釉质层分布不均。

评注 秦皇岛兔为个体甚小的一种兔类，下齿列长仅为 10.4 mm；在 35 件 p3 标本上，牙齿的冠面形态显示出相当大的变异图式，为 *Lepus* 中少有。

华南兔 *Lepus sinensis* Gray, 1832

正模 现生标本，未指定，推测发现于广州附近（罗泽珣，1988，81 页）。

鉴别特征 个体中等偏小。除软体、皮毛特征外，鼻骨很长几达 M1 的前缘；眶后突仅后支发育；听泡较小；颧骨窄，其宽度小于颧骨与鳞骨骨缝长；门齿孔较短；下颌冠状突直立。

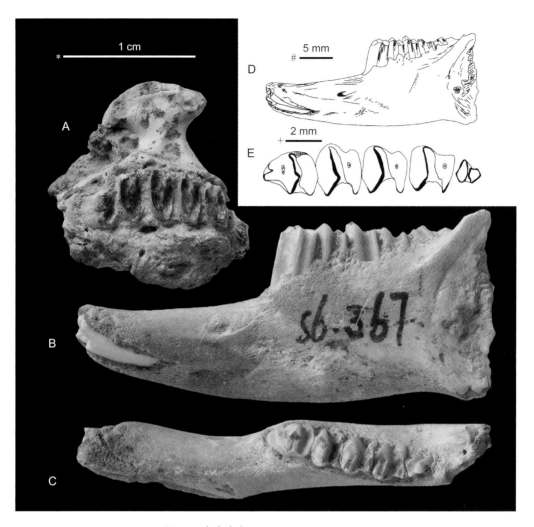

图 79　秦皇岛兔 *Lepus qinhuangdaoensis*
A. 左上颌骨（NWUV 1390.2，副模），B–E. 左下颌骨及颊齿列（NWUV 1390.1，正模）：A, C. 冠面视，
B, D. 外侧视，D 为素描图，E. 左 p3–m3 冠面视，素描图；比例尺：* - A–C，# - D，+ - E（引自王薇等，
2010)

产地与层位　北京周口店第十六地点，更新统。现生华南兔主要分布于华东、中南、西南及台湾，吉林、辽宁也有发现。

评注　周口店第十六地点位于京西灰峪附近。华南兔是目前该地点唯一记述的化石材料，标本为上世纪 30 年代贾兰坡所采。

德氏兔 *Lepus teilhardi* Zhang, 2010

(图 80)

Lepus wongi：Teilhard de Chardin et Pei, 1941, p. 44

Lepus wongi：周明镇、李传夔，1965，388 页

正模 IVPP RV 41023，一较完整头骨，门齿残破，无鼻骨保存，右侧颧弓缺损，上齿列只保存右侧 P4–M1。北京周口店第十三地点，中更新统。

鉴别特征 颅全长平均大于 90 mm，眶上突轻微上翘，前支稍短，后支发育；额骨两侧凹陷浅；咬肌突腹面中等大小；颧弓浅层咬肌窝较深；翼内窝宽度明显大于腭桥最小纵径；门齿孔较细长；颞窝上突起较高；枕外结节向下伸出成一低脊；听泡较大；外枕骨较宽，顶视几乎覆盖岩乳骨及部分听泡；I2 前齿沟 V 形，内、外两侧的前缘较平直且几乎持平，充填少量白垩质；下颌骨冠状突倾斜。

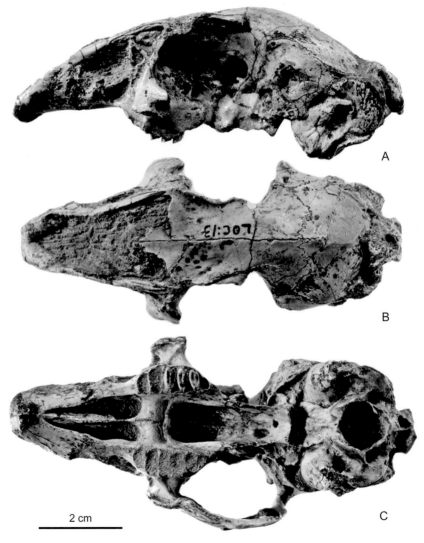

图 80 德氏兔 *Lepus teilhardi*

头骨（IVPP RV 41023，正模）：A. 侧面视，B. 背面视，C. 腹面视（引自张兆群，2010a）

产地与层位　北京周口店第十三地点、陕西蓝田陈家窝子（?），下更新统上部（?）至中更新统下部。

评注　张兆群（2010a）在详细观察了周口店第十三、二十以及山顶洞等地点的标本和现生 *Lepus* 不同种标本中的 p3 与 P2，并绘图测量后指出："p3 与 P2 的形态特征在 *Lepus* 不同种之间没有较明显的差异，p3 的长宽测量数据在分布图上也难以分开。p3 的不同形态表现为：前褶沟的复杂或消失，出现前内褶沟或釉岛，后外褶沟的前后壁的褶皱程度不同；P2 的变化主要为前内或前外褶沟的深浅。White（1991）在研究北美的 *Lepus* 时认为，用 p3 的冠面形态难以区分 *Lepus* 与 *Sylvilagus*。同样，尺寸大小也不能作为判别的唯一标准。因此 p3 或 P2 的特征不能作为鉴别 *Lepus* 各种的主要依据，尤其在标本少、没有其他材料的情况下更是如此"。但德氏兔在头骨上与 *Lepus wongi* Young, 1927 的模式标本及归入翁氏种的同一地点的标本对比，两者之间的差异在于"前者的个体较大，齿隙长，门齿孔长，后者的眶后收缩较宽，门齿孔相对较宽。另外，*Lepus teilhardi* 的听泡较大，其较发育的眶上突，以及长的齿隙，腭桥长度小于翼内窝宽度等特征也显示出该种可能生活于较干燥的草原环境，该种的大量出现可能指示在其生活期间较干燥的气候条件和广阔的草原环境。"

淄博兔　*Lepus ziboensis* Zhang, 2010

（图 81）

Lepus sp. nov.：郑绍华等，1998，201–216 页

正模　IVPP V 10413，一残破头骨，仅保存前颌骨及上颌骨的一部分，上齿列及腭骨较为完整。山东淄博孙家山，下更新统。

鉴别特征　I2 前齿沟较浅窄，充填白垩质；吻部细长；腭桥长，翼内窝相对较窄；成年个体的 P2 褶沟较浅。

产地与层位　山东淄博孙家山（第二地点）、北京周口店第九地点（?），下更新统上部。

评注　郑绍华等（1998）从共生动物分析含淄博兔（新种）的动物群时代相当于早更新世晚期，与周口店第九地点时代相当，淄博兔应当为目前中国已知最早的 *Lepus*。另外，在周口店第九地点还存有 9 件残破的下颌骨，其下门齿后端位置和下齿列长度等特征与淄博种较为接近，但由于没有头骨材料，其分类位置尚无法确定，或有可能也归入淄博兔。另据郑绍华、蔡保全等在泥河湾盆地的工作，在东窑子头大南沟剖面第 12 层发现的 *Lepus*，其时代大体相当或稍早于淄博地点。

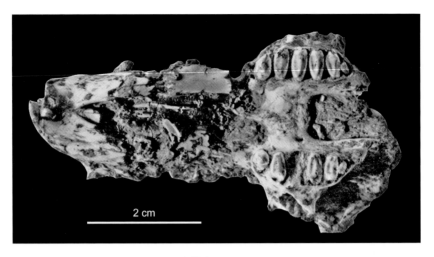

图 81　淄博兔 *Lepus ziboensis*
头骨（IVPP V 10413，正模）：腹面视（引自张兆群，2010a）

鼠兔科　**Family Ochotonidae Thomas, 1897**

定义与分类　个体较小的兔形类，耳短圆，尾极短，又称短耳兔。地质历史时期鼠兔科有较高的分异度，已报道的有 31 属 150 余种（Ge et al., 2012）。现生鼠兔科仅有 1 属——鼠兔属（*Ochotona*），主要分布于亚洲、北美洲的西部山区、欧洲部分地区。鼠兔科的起源到目前为止仍然是个未解的问题。最早的化石为晚始新世开始出现的链兔（*Desmatolagus*），但由于保存的标本较破碎或为零散的牙齿，并且表现出较多原始兔形类的特征，是否能够归入鼠兔科尚有争议，如 Martin（2004）根据牙齿釉质结构认为链兔应该是兔科成员。鼠兔科可能起源于亚洲，渐新世早期进入欧洲，在渐新世末期进入北美（Dawson, 2008），早中新世进入非洲。鼠兔科在渐新世开始出现较为明显的分化与扩散，在中新世达到了最大分异度，分布遍及亚洲、欧洲、非洲、北美洲等。该科的分类仍然有不同观点。Gureev（1964）划分了三个亚科，Erbajeva（1988）将 Prolaginae 亚科提升为 Prolagidae 科，将鼠兔科划分为中华属兔亚科（Sinolagomyinae）与 Lagomyinae。1994 年 Erbajeva 将鼠兔科划分为中华属兔亚科（Sinolagomyinae）与鼠兔亚科（Ochotoninae）。McKenna 和 Bell（1997）则没有划分亚科。鉴于目前缺乏系统的研究，本志书暂时不采用亚科的划分。

中国已知属　*Desmatolagus, Sinolagomys, Alloptox, Plicalagus, Bellatona, Bellatonoides, Ochotonoma, Ochotonoides, Ochotona*，共 9 属。

鉴别特征　小型兔类。上颌骨具单一的大窗孔，无眶上突，颅轴水平，颧弓细长，咬肌窝浅，咬肌突腹面窄，呈脊形，存在前臼齿孔；下颌骨冠状突不发育，后颏孔位置非常靠后。齿式 2•0•3•3–2/1•0•2•3–2。I2 前齿沟的两侧较兔科更不对称，内侧很窄，前凸。

P3/p3 不臼齿化，上颊齿列向眼眶外侧弯曲，下颊齿的三角座与跟座在舌侧不连接。

分布与时代　内蒙古，晚始新世；甘肃、内蒙古，渐新世；新疆、甘肃、青海、内蒙古、宁夏、陕西、山西、河南、山东、江苏等，中新世；北方，上新世—更新世；青藏高原及周边地区、内蒙古与黄土高原等地区，现代。

评注　中新世之前的鼠兔科化石记录多为残破的颌骨或单个牙齿，缺乏较为完整的标本，而鼠兔科牙齿能够提供的形态特征相对较少，在分类鉴定与探讨系统发育关系时存在较大的不确定性，需要谨慎。

链兔属 Genus *Desmatolagus* Matthew et Granger, 1923

模式种　戈壁链兔 *Desmatolagus gobiensis* Matthew et Granger, 1923

鉴别特征　齿式：2•0•3•3/1•0•2•3。上颊齿单侧高冠，具颊侧齿根，下颊齿齿冠高，有或无齿根。端齿（P2/p3，M3/m3）退化。中间上颊齿的次沟浅，存在新月形谷。p3 冠面呈三角形，位于下门齿齿根之上，中间下颊齿跟座窄长，年轻个体上具后褶沟，m3 在年轻个体上双叶。

中国已知种　*Desmatolagus gobiensis*, *D. vetustus*, *D. robustus*, *D. chinensis*, *D. pusillus*, *D. radicidens*, *D. moergenensis*，共 7 种。

分布与时代　内蒙古，晚始新世至中新世；甘肃，渐新世。

评注　链兔的分类位置是个长期争论的难题。Matthew 和 Granger（1923）在建立链兔属时考虑到其齿式（上齿列具 M3）而将其暂时归入兔科。Bohlin（1937，1942a）认为链兔毫无疑问应归入鼠兔科。McKenna（1982）认为链兔是兔科与鼠兔科的近祖类群。Erbajeva（1988）则将链兔归入 Paleolagidae 科。Martin（2004）依据 *Desmatolagus gobiensis*、*D. robustus* 和 *D. vetustus* 的下门齿釉质层结构将该属归入兔科。近些年来，López-Martínez（2008）、Kraatz 等（2010）等则把链兔归入到兔形目的基干类群中。考虑到目前还没有发现头骨标本，各种划分依据主要依靠牙齿形态、齿式等特征且尚存在较大的争议，本志书暂时将链兔归入鼠兔科，有待于将来新的发现以及进一步的系统研究。

链兔主要分布于亚洲，以中国的内蒙古、甘肃，蒙古中部最为丰富。Daxner-Höck 等（2010）列出的蒙古湖谷地区（Valley of Lakes）发现的链兔有 20 种（包括相似种、亲近种、未定种等）。哈萨克斯坦西部 Aral 组中有 *Desmatolagus simplex*、*D. periaralicus*、*D. veletus* 等（Bendukidze et al., 2009）。北美仅有 ?*Desmatolagus schizopetrus* Dawson, 1965，由于仅有单个牙齿，是否能够归入链兔尚存疑问（Dawson, 2008）。欧洲链兔的记录仅有法国早渐新世 Ravet 地点（Quercy，法国）发现的一些单个牙齿（López-Martínez et Thaler, 1975），被描述为 *Desmatolagus* sp.。Vianey-Liaud 和 Lebrun（2013）在研究该地点新标本时将其一起归入了其新属 *Ephemerolagus* 中，这也是欧洲已知最早的兔形类化石。

戈壁链兔 *Desmatolagus gobiensis* Matthew et Granger, 1923

(图 82)

正模　AMNH 19102，一带 P2–M3 的左上颌骨。蒙古，下渐新统三达河组 [Matthew 和 Granger（1923）文中指出正模为 No. 19103，插图 10 标注的是 No. 19102，在纽约美国自然历史博物馆的标本上也显示是 No. 19102]。

鉴别特征　个体较小。齿冠相对较低，颊齿具齿根。P2 前缘有两个明显的褶沟将牙齿三分，P3 原尖前臂短；p4–m2 跟座上存在后内侧的褶沟。m3 跟座相对矮小。

产地与层位　甘肃阿克塞铁匠沟，下渐新统狍牛泉组；甘肃永登瞿家川村，下渐新统咸水河组下红泥岩；内蒙古阿拉善左旗乌兰塔塔尔，下渐新统乌兰塔塔尔组。

评注　黄学诗（1987）报道了产自内蒙古阿拉善左旗乌兰塔塔尔动物群中的戈壁链兔相似种，认为与戈壁链兔有差异，如上颌骨外侧的脊靠前，上颌前臼齿孔和下颌前颏孔位置均靠后，并指出前臼齿孔与下颌颏孔的位置有进化意义。从仅有的一件保存 P2 的标本上（IVPP V 6269.1）看，其 P2 相对于戈壁链兔更为退化，仅前外侧有一纵向沟，而前内侧沟不明显。与戈壁链兔模式标本对比，乌兰塔塔尔的戈壁链兔相似种 P3 原尖

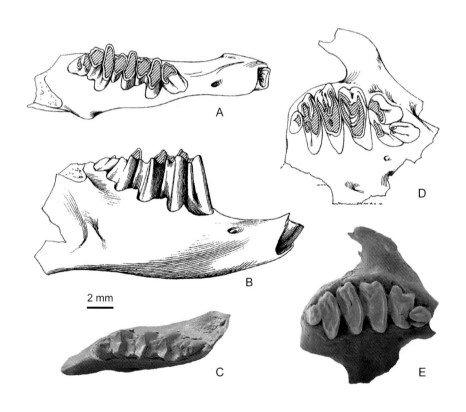

图 82　戈壁链兔 *Desmatolagus gobiensis*

A–C. 右下颌骨带 p3–m3（AMNH No. 19102），D, E. 左上颌骨带 P2–M3（AMNH No. 19102，正模，反转）；
A, C–E. 冠面视，B. 颊侧视（A, B, D 引自 Matthew et Granger, 1923，素描图；C, E 为模型照片）

前臂更为发育，随磨蚀加深原尖前臂加长直至封闭新月形谷。王伴月和邱占祥（2000）报道的甘肃咸水河组下红泥岩下部发现的标本仅有一件 p3 以及一件残破下颌骨带 m2，其 p3 的外褶沟较深，不同于戈壁种，基本形态与黄学诗（1987）描述的戈壁链兔相似种相近。甘肃党河狍牛泉组下部发现的化石稍多（王伴月、邱占祥，2004）。虽被归入戈壁种，与蒙古三达河的模式标本比较仍然存在明显的差异，表现为 m3 相对更小，p4–m2 的三角座相对更宽，而跟座相对窄，m1 的跟座外侧则呈现出尖锐的三角形等。因此，到目前为止中国已描述的戈壁链兔（相似种）较为进步，是否能够独立成种尚有待进一步的研究。

中国链兔 *Desmatolagus chinensis* Erbajeva et Sen, 1998

（图 83）

正模　MNHN N 91，一段右下颌骨带 p4–m2 (Teilhard de Chardin, 1926, Fig. 12A, C)。

副模　MNHN N 93，右 M2。

鉴别特征　个体较小的 *Desmatolagus*，牙齿齿冠高，p4 与 m2 的三角座和跟座长度相同，p4、m1 和 m2 的三角座后刺居中。

产地与层位　内蒙古杭锦旗巴拉贡镇乌兰曼乃（三盛公），渐新统。

评注　被归入该种的标本中没有 p3，p4–m2 的形态特征也不容易与 *Desmatolagus pusillus* 截然分开，且标本数量少，是否成立还需要更多的标本验证。

三盛公化石地点是 1923 年德日进和桑志华在内蒙古考察时，由三盛公教堂神父 R. P. Cappelle 指引发现的。该地点共发现有 20 多种脊椎动物化石，包括乌龟、鳄鱼、鱼类以及哺乳动物。德日进和桑志华将这个地点称为三盛公（Saint-Jacques）或三道河（San-tao-ho）。三盛公教堂位于原称为三道河的地方，即现在的内蒙古自治区巴彦淖尔市磴口县巴彦高勒镇。化石地点则位于三盛公黄河水利枢纽以东、鄂尔多斯市（原伊克昭盟）杭锦旗巴拉贡镇东侧的冲沟内。王伴月等分别于 1977 和 1978 年两次到该地区考察，发现了一批化石，称这条沟为乌兰曼乃（王伴月，1987a, b）。Teilhard de Chardin 和 Licent (1924a, b) 认为这套地层为上新统，但仔细研究了所收集的化石以后，他们 (1924c) 又指出，该地区的地层实际上与蒙古的三达河组（Hsanda Gol Formation）的层位相同，时代为渐新世。王伴月等（1981）在研究内蒙古千里山地区的渐新世地层和动物群时曾经指出，产三盛公动物群的地层层位相当于部分乌兰布拉格组和部分三达河组，时代为中渐新世。后来，王伴月（1997）进一步研究三盛公动物群及其产出的地层时发现，该地区地质构造复杂，早期采集的化石产出层位比较混乱，来自不同的层位和时代。因该动物群是多次采集的，一些化石的产出层位已无法考证，难以完全澄清。但是，根据后期采集的有较确切的地点和层位的化石来分析，发现 77049.2 地点（中国科学院古脊椎动物与古人类研究所野外地点编号，以下同）所产的哺乳动物化石的组成（如 *Desmatolagus gobiensis*、*Haplomys arboraptus*、*Eucricetodon asiaticus*、*Cricetops dormitor*、*Selenomys mimicus*、*Karakoromys decessus* 和 *Tataromys minor* 等）大致与三达河组下部的动物群相似，而 77048 等地点产有 *Yindirtemys deflexus*、*Pseudotheridomys asiaticus*、*Promeniscomys sinensis*、*Sinolagomys kansuensis* 和 *Schizotherium* sp. 等进化程度较高的种类，它们分别与亚洲和欧洲以及北美洲晚渐新世的种类相近，很可能这两个地点的动物群代表不同的时代，前者属早渐新世，后者属晚渐新世。由于德日进与桑志华发现的化石没有标注确切的层位，需要进一步的工作澄清，暂时只能笼统称为渐新统。

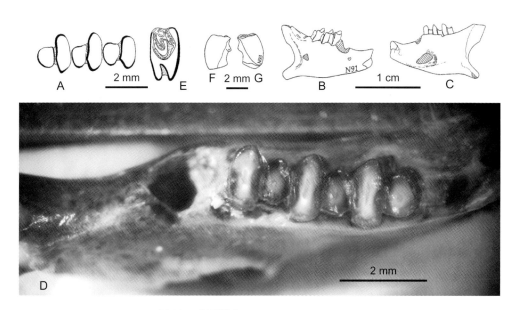

图 83　中国链兔 *Desmatolagus chinensis*
A–D. 右下颌骨带 p4–m2（MNHN N 91），E–G. 右 M2（MNNH N 92）：A, D, E. 冠面视，B. 颊侧视，
C. 舌侧视，F. 前侧视，G. 后侧视（A–C, E–G 引自 Erbajeva et Sen, 1998, 素描图）

默尔根链兔 *Desmatolagus moergenensis* Qiu, 1996

（图 84）

正模　IVPP V 10395，右 P3。内蒙古苏尼特左旗默尔根，中中新统通古尔组。

归入标本　默尔根 II，8 枚单个牙齿（IVPP V 10396. 1–8）：2 破损的 DP2，1 DP3，1 DP4，1 P4，颊侧破损的 M1 和 M2 各一枚，一后叶破损的 dp3；大庙，70 枚单个牙齿（IVPP V 18490. 1–70）。

鉴别特征　个体大。上颊齿单面高冠，具齿根。P3 前叶向外延伸约达牙齿宽度的三分之二；新月形谷开口于牙齿的前颊侧；外侧尖发育，牙齿的后内角明显的向外凸出；

次沟浅。P4具发达的前颊侧尖及中颊侧尖。上中间颊齿有明显、且持续长的新月形谷；次沟外伸超过牙齿宽度的三分之一，几达新月形谷的前舌侧。

产地与层位　内蒙古苏尼特左旗默尔根，中中新统通古尔组；四子王旗大庙DM01地点，中中新统。

评注　该种牙齿尺寸大，上颊齿单面高冠，有齿根，中间上颊齿具有像外侧尖、中间尖及新月形谷一样的原始要素。邱铸鼎（1996）认为其无法归入中新世鼠兔科的已知属，

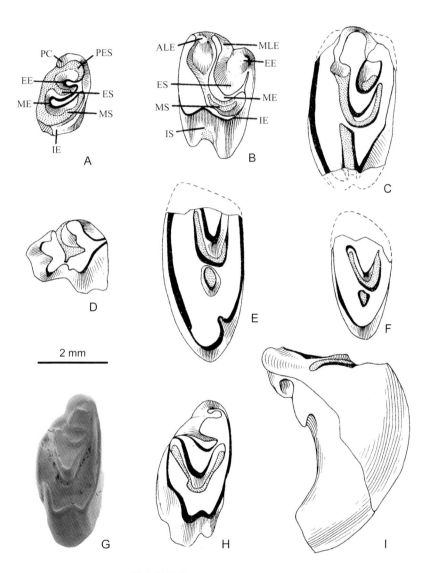

图84　默尔根链兔 *Desmatolagus moergenensis*

A. 右DP2（IVPP V 10396.1），B. 右DP4（IVPP V 10396.4），C. 右P4（IVPP V 10396.5），D. 左dp3（IVPP
V 10396.8），E. 左M1（IVPP V 10396.6），F. 左M2（IVPP V 10396.7），G–I. 右P3（IVPP V 10395，正模）；
A–C, G–I为反转。I为前面视，其余为冠面视（A–F, H, I引自邱铸鼎，1996，素描图）

牙齿术语：ALE. 前颊侧尖，EE. 外侧尖，ES. 外侧褶，IE. 内侧尖，IS. 次沟，ME. 中间尖，MLE. 中颊侧尖，
MS. 中间褶，PC. 后齿带，PES. 后外褶（引自邱铸鼎，1996）

而可能是渐新世链兔 *Desmatolagus* 的后裔，有可能和北美的 ?*Desmatolagus schizopetrus* 构成一新属。Zhang 等（2012）认为默尔根链兔可能是渐新世链兔的孑遗种。

微型链兔 *Desmatolagus pusillus* Teilhard de Chardin, 1926

（图 85）

Desmatolagus shargaltensis：Bohlin, 1937, p. 18–20

?*Desmatolagus parvidens*：Bohlin, 1937, p. 22–23

Bohlinotona pusilla：De Muizon, 1977, p. 272

选模 MNHN N 90-1，一带 P3–M2 的上颌骨（Teilhard de Chardin, 1926, Fig. 11A, B）。内蒙古杭锦旗巴拉贡镇乌兰曼乃（三盛公），渐新统。

鉴别特征 个体小而颊齿齿冠高的一种链兔。上颊齿具颊面根而下颊齿无根。p3 成三角形，但其前壁一般不像戈壁种那样尖。在年轻个体上中间下颊齿跟座具后褶沟，m3 双叶；在老年及成年个体上跟座后褶沟消失，m3 成简单的圆柱状。上颌一般具有一个前

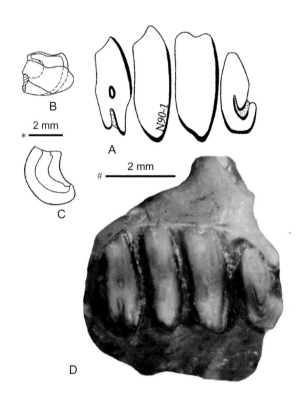

图 85 微型链兔 *Desmatolagus pusillus*

MNHN N 90-1（选模）：A. P3–M2 冠面视，B. M2 后侧视，C. P3 前侧视，D. 冠面视；比例尺：∗ - A–C，# - D（A–C 引自 Erbajeva et Sen, 1998）

臼齿孔。

产地与层位　内蒙古杭锦旗巴拉贡镇乌兰曼乃（三盛公），渐新统；内蒙古阿拉善左旗乌兰塔塔尔，下渐新统乌兰塔塔尔组；甘肃阿克塞哈萨克族自治县铁匠沟，下渐新统狍牛泉组。

评注　德日进（Teilhard de Chardin, 1926）在描述该种时并没有指定模式标本。De Muizon（1977）重新研究德日进的这些标本时，以该种为模式种另立新属 *Bohlinotona*，选定一带 P3–M2 的上颌骨（Teilhard de Chardin, 1926, Fig. 11 A, B）为正型（选型），并将种名改为 *Bohlinotona pusilla*。黄学诗（1987）根据乌兰塔塔尔的大量标本认为 De Muizon（1977）所列的 *Bohlinotona* 的特征为个体差异，步林兔应为链兔晚出异名，并将 Bohlin（1937）命名的两个种，即 *Desmatolagus parvidens* 和 *D. shargaltensis* 归入 *D. pusillus*。Erbajeva 和 Sen（1998）将德日进描述的这些标本分为两部分，一部分归入 *Bohlinotona pusilla*，另一部分另立新种 *Desmatolagus chinensis*，并将黄学诗（1987）描述的产自内蒙古乌兰塔塔尔的 *D. pusillus* 归入新种 *D. chinensis* 中（见其异名表。在他们的结论中可能是笔误，将黄归入 *D. gobiensis* 的标本归入中国链兔种内）。

Erbajeva 和 Sen（1998）归入 *D. pusillus* 的标本中有一些显然具备 *Sinolagomys* 的特征，如 Erbajeva 和 Sen（1998）的图示中 C、D、E（MNHN N 92-1, N 92-2, N 92-3）。

与早渐新世三达河组的 *Desmatolagus gobiensis* 相比，微型链兔显然更为进步。蒙古湖谷地区最新的研究进展表明，被归入 "*Bohlinotona*" 的标本皆产自 Biozone C 或 C1 中，时代为晚渐新世（Daxner-Höck et al., 2010）。中国产出的微型链兔是否有可能更早尚有待进一步的研究。

根齿链兔 *Desmatolagus radicidens* Teilhard de Chardin, 1926

（图 86）

Procaprolagus radicidens：De Muizon, 1977, p. 282

正模　MNHN N 88，左下颌骨带 p4–m2。

鉴别特征　个体大小与戈壁链兔相当，p4–m2 颊侧视可见合并的齿根，三角座明显较宽，跟座的长与宽接近，m2 缺失跟座后褶沟。下门齿伸至 m2 前，颏孔位于 p3 的下部，下颌骨咬肌窝前缘位于 m2 之下。

产地与层位　内蒙古杭锦旗巴拉贡镇乌兰曼乃（三盛公），渐新统。

评注　Sych（1975）认为德日进（Teilhard de Chardin, 1926）描述的根齿链兔是戈壁链兔的同物异名。De Muizon（1977）则将其归入 *Procaprolagus* 属中。黄学诗（1987）、Erbajeva 和 Sen（1998）都认为根齿链兔就是戈壁链兔。根齿链兔的产出层位为

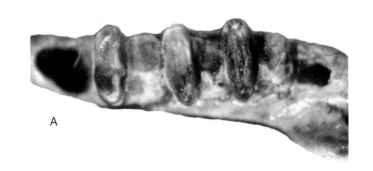

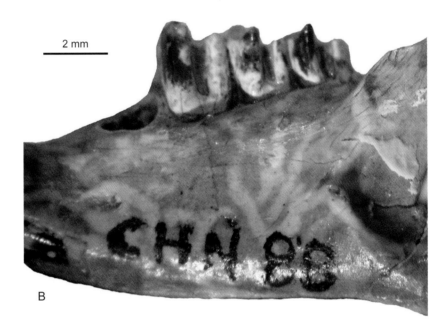

图 86 根齿链兔 *Desmatolagus radicidens*
左下颌骨带 p4–m2（MNHN N 88，正模）：A. 冠面视，B. 颊侧视

"*Baluchitherium*" 层，时代上明显晚于戈壁链兔，因此有可能是具有原始特征的一个保守种类，但需要更多的化石标本确定。

硕链兔 *Desmatolagus robustus* Matthew et Granger, 1923

（图 87）

正模 AMNH 19116，一左上颌骨带 P3–M2。蒙古，下渐新统三达河组。

副模 AMNH 19116a，一段残片下颌骨带 p4–m3。蒙古，下渐新统三达河组。

归入标本 AMNH 19117，左下颌骨带 p3–m3。蒙古，下渐新统三达河组。

鉴别特征 个体比模式种 *Desmatolagus gobiensis* 大一半。年轻个体的中间下颊齿具后褶沟。

评注　Matthew 和 Granger（1923）在文中描述正模是一件下颌骨，但图示为上颌骨，编号为 AMNH 19116。

我国尚未有确切归入该种的记录。Bohlin（1937）描述的产自甘肃党河地区沙拉果勒河石羌子沟的一段下颌骨（IVPP Sh. 37，具 p3–m2）是一个年轻个体，p3 刚刚萌出，在其前缘还有 dp2 的齿根存在。Bohlin（1937）谨慎地将其归入 *Desmatolagus* sp.。黄学诗（1987）认为其个体大，中间下颊齿跟座上存在清楚的后褶沟，应该是硕链兔。虽然没有磨损，Sh. 37 的 p3 呈近方形，明显不同于硕链兔的 p3 具前伸且较窄的三角座，能否归入该种尚需要更多的证据。

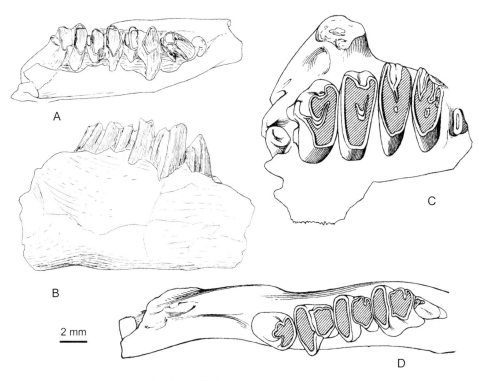

图 87　硕链兔 *Desmatolagus robustus*

A, B. 右下颌骨带 p3–m2（IVPP Sh. 37），C. 左上颌骨带 P3–M2（AMNH 19116，正模），D. 左下颌骨带 p3–m3（AMNH 19117）；A, C, D. 冠面视，B. 颊侧视（A, B 引自 Bohlin, 1937；C, D 引自 Matthew et Granger, 1923）

年迈链兔 *Desmatolagus vetustus* Burke, 1941

（图 88）

正模　AMNH 26089，一右下颌骨带全部牙齿。内蒙古四子王旗沙拉木伦河地区东台地，上始新统乌兰戈楚组。

归入标本　内蒙古四子王旗沙拉木伦河地区东台地：AMNH 26094，左上颌骨带

P2–M2；AMNH 26095，右上颌骨带 P3–M2；AMNH 26093，左下颌骨带全部牙齿；AMNH 26090，左下颌骨带 p4–m2。内蒙古四子王旗沙拉木伦河地区东台地双敖包：AMNH 26099，右下颌骨带全部颊齿和残破的门齿；AMNH 26083，左下颌骨带全部牙齿；AMNH 26081，下颌骨带 p3–m1；AMNH 26082，下颌骨带 p4–m3；AMNH 26080，残破下颌骨带 p4–m2。

鉴别特征 个体稍大于 *Desmatolagus gobiensis*，颊齿齿冠较低，前后向的压缩较轻，下跟座无后褶。端齿（P2/p2，M3/m3）较少退化，无前臼齿孔。

产地与层位 内蒙古四子王旗乌兰戈楚、额尔登敖包、扎木敖包，上始新统乌兰戈楚组；内蒙古二连浩特火车站东，上始新统呼尔井组。

评注 Gureev（1960）以该种为模式种另立新属 *Procaprolagus*。De Muizon（1977）认为不具上前臼齿孔以及较低的齿冠足以将 *Procaprolagus* 与 *Desmatolagus* 分开。但后来的多数学者仍将 *Desmatolagus vetustus* 归入 *Desmatolagus*，作为一个独立的种（黄学诗，1987；Erbajeva et Sen, 1998；孟津、胡耀明，2004）。Dawson（2008）采用了 Gureev 的 *Procaprolagus* 属，并把北美发现的 *P. gazini* 和 *P. vusillus* 归入到该属内。

孟津、胡耀明（2004）考虑到产自内蒙古依和苏布的标本个体稍小，跟座后壁较直等微小的差异，将这些标本谨慎地鉴定为 *Desmatolagus* cf. *D. vetustus*。

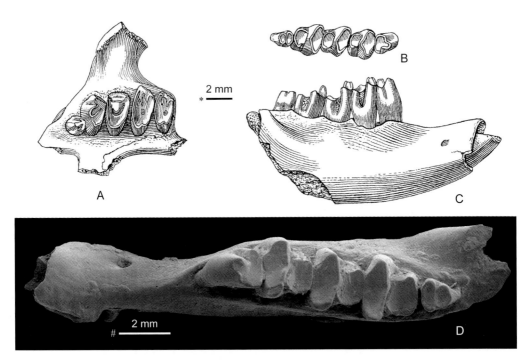

图 88　年迈链兔 *Desmatolagus vetustus* 颌骨

A. 左上颌骨（AMNH 26094），B–D. 右下颌骨（AMNH 26089，正模）；比例尺：＊- A–C，# - D（A–C 引自 Burke, 1941，素描图；D 为模型照片）

中华鼠兔属 Genus *Sinolagomys* Bohlin, 1937

模式种　甘肃中华鼠兔 *Sinolagomys kansuensis* Bohlin, 1937

鉴别特征　齿式 2•0•3•2/1•0•2•3。上颊齿无外侧齿根。P2 小，P3 前壁发育不完整，中间上颊齿不具新月形谷，次沟长，但没有伸达外侧；p3 横切面近方形，被一伸达齿冠一半的外褶沟分为两叶，具浅的前褶沟。中间下颊齿跟座短宽，无后褶沟，m3 单叶。

中国已知种　*Sinolagomys kansuensis, S. gracilis, S. major, S. pachygnathus, S. ulungurensis*，共 5 种。

分布与时代　新疆、青海、甘肃、内蒙古，晚渐新世至早中新世。

评注　除中国外，蒙古中部也发现大量的中华鼠兔属标本。Erbajeva 等（2017）记述的标本中包括了 *Sinolagomys kansuensis, S. major, S. gracilis, S. ulungurensis*，以及一个新种 *Sinolagomys badamae* sp. nov.。另外，哈萨克斯坦也有少量中华鼠兔的记录（Bendukidze et al., 2009）。

甘肃中华鼠兔 *Sinolagomys kansuensis* Bohlin, 1937
（图 89）

Sinolagomys minor：Bohlin, 1937, p. 35 (partim: Sh. 96)

正模　IVPP Sh. 429，一左上颌骨带 P3–M2。甘肃酒泉肃北沙拉果勒（Shargaltein-Tal），上渐新统。

鉴别特征　中等大小。下颊齿跟座与三角座宽度之比小（约为 0.57–0.81）。

产地与层位　甘肃阿克塞塔崩布鲁克，上渐新统狍牛泉组；甘肃永登峡沟，上渐新统咸水河组；内蒙古阿拉善左旗乌兰塔塔尔，上渐新统乌兰塔塔尔组。

评注　Bohlin（1937）研究的沙拉果勒标本中有个体很小的一类，他将其命名了一个新种 *Sinolagomys minor*。可能是考虑到要用上颌骨作正模，他找到一件与 Sh. 434 相匹配的一段较小的上颌骨 Sh. 96 作为 *S. minor* 的正模。重新研究后，Bohlin（1942a）认为这段上颌骨在大小、形态等方面与甘肃中华鼠兔无异。

Bohlin（1937, 1942a）归入 *Sinolagomys kansuensis* 的标本较多，基本上是颌骨和单个牙齿，包括了采自沙拉果勒的上颌骨 13 件，单个上齿 16 件，下颌骨 16 件，单个下牙 14 件；采自塔崩布鲁克的上颌骨 10 件，单个上牙 29 件，下颌骨 7 件，单个下牙 3 件。沙拉果勒与塔崩布鲁克地点的时代都是晚渐新世。内蒙古乌兰塔塔尔发现的甘肃中华鼠兔曾被认为时代是早渐新世（黄学诗，1997）。最新的研究表明，乌兰塔塔尔组的厚度超出了 100 m，时代跨度较大，可能涵盖了渐新世的大部分，产出甘肃中华鼠兔的层位较高，

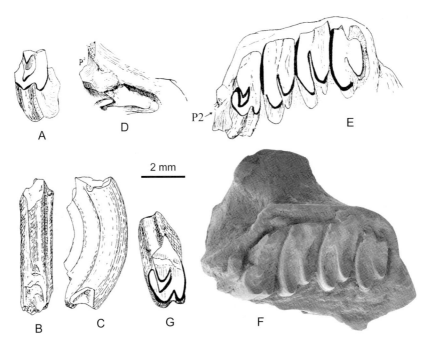

图 89　甘肃中华鼠兔 *Sinolagomys kansuensis* 上颌骨与上颊齿

A–C. 左 P3（IVPP Sh. 344），D–F. 左上颌骨带 P3–M2（IVPP Sh. 429，正模），G. 左 P3（IVPP Sh. 134）；A，
E–G. 冠面视，B. 颊侧视，C. 前侧视，D. 为 Sh. 429 的前侧细部（A–E, G 引自 Bohlin, 1937，素描图）

位于剖面的上部，其时代也可能是晚渐新世（Zhang et al., 2016）。Erbajeva 和 Daxner-Höck（2014）描述的蒙古湖谷地区发现的甘肃中华鼠兔时代跨度明显较大，从早渐新世到早中新世（生物带 B–D）。

纤巧中华鼠兔 *Sinolagomys gracilis* Bohlin, 1942

（图 90）

Sinolagomys? minor：Bohlin, 1937, p. 35

正模　IVPP Sh. 434，一左下颌骨带 p3–m2。

归入标本　下颌骨及单个牙齿（IVPP Sh. 339, Sh. 478, Sh. 494, Sh. 669, Sh. 476, Sh. 447, Sh. 697）。

产地与层位　甘肃酒泉肃北沙拉果勒（Shargaltein-Tal），上渐新统。

鉴别特征　个体小，下颊齿跟座与三角座宽度之比介于大中华鼠兔与甘肃中华鼠兔之间（约为 0.81–0.88）。

评注　由于 Boblin（1937）采用了分类位置有问题的上颌骨标本 Sh. 96 为正型建立了新种 *Sinolagomys minor*（见上），而将下颌骨 Sh. 434 称为 *Sinolagomys? minor*。在之后的修订中，Bohlin（1942a）认为 Sh. 434 仍具有明显不同于 *Sinolagomys* 其他种的特征，但 *S. minor* 的种名已不能成立，故将 Sh. 434 作为新种 *S. gracilis* 的正型。

Bohlin（1942a）归入该种的标本只有下颌骨，以其个体小及跟座与三角座的比例为主要鉴别特征，而上颌骨和上牙与 *Sinolagomys kansuensis* 没有区分开。模式标本的 m3 尚未萌出，可能为一未成年的个体。该种是否成立尚有待更多的材料。

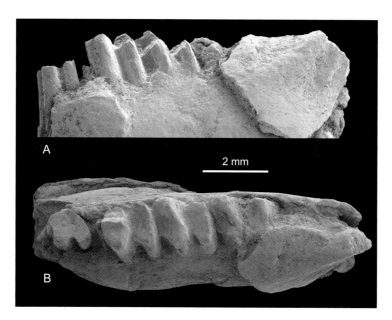

图 90　纤巧中华鼠兔 *Sinolagomys gracilis*
左下颌骨带 p3–m2（IVPP Sh. 434）：A. 颊侧视，B. 冠面视

大中华鼠兔 *Sinolagomys major* Bohlin, 1937

（图 91）

Duplicidenta indet.：Teilhard de Chardin, 1926, Fig. 14B

正模　IVPP Sh. 830，一段右上颌骨带 P2–M1。甘肃酒泉肃北沙拉果勒（Shargaltein-Tal），上渐新统。

副模　IVPP Sh. 270，一段右下颌骨带 p4–m2，p3 仅保存根部。与正模产自相同的地点和层位。

鉴别特征　个体明显大于 *Sinolagomys kansuensis*，P3 的宽长比小于 *S. kansuensis*，P4 与 M1 的内侧褶沟较浅。下颊齿跟座的宽度仅稍小于三角座宽度。

产地与层位　甘肃酒泉肃北沙拉果勒（Shargaltein-Tal），内蒙古杭锦旗巴拉贡镇乌兰曼乃（三盛公）、阿拉善左旗乌兰塔塔尔，上渐新统乌兰塔塔尔组上部。

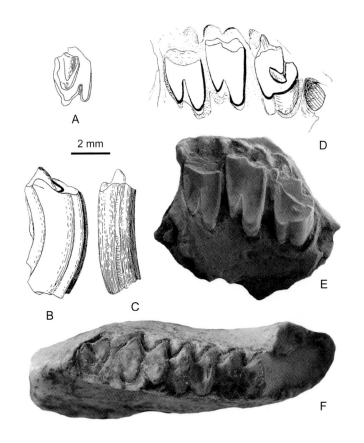

图 91 大中华鼠兔 *Sinolagomys major*

A–C. 右 P3（IVPP Sh. 623），D, E. 右上颌骨带 P2–M1（IVPP Sh. 830，正模），F. 右下颌骨（IVPP Sh. 270，
副模）；A, D–F. 冠面视，B. 前侧视，C. 舌侧视（A–D 引自 Bohlin, 1937，素描图）

评注 Bohlin（1937）指出模式标本的编号是 Sh. 830，可能是笔误，将其描述成了
左上颌骨，实为一件右上颌骨。Bohlin（1942a）认为大中华鼠兔的上颌特征除了尺寸外，
与甘肃中华鼠兔难以区分，故指定一件下颌骨（Sh. 270）为副模。

该种在中国已有的记录都是晚渐新世。Erbajeva 和 Daxner-Höck（2014）描述的蒙古
湖谷地区发现的大中华鼠兔时代跨度则明显较大，从早渐新世至早中新世（生物带 B–D）。

肿颌中华鼠兔 *Sinolagomys pachygnathus* Li et Qiu, 1980

（图 92）

正模 IVPP V 5985，一右下颌骨前段具 p3–4。青海湟中谢家村，下中新统谢家组。

鉴别特征 个体与 *Sinolagomys kansuensis* 相近；下前臼齿部位的颌骨显著肿胀；颊
齿较高冠；P3 的前脊明显的延长、发育，前内侧有一转角；p3 后外褶沟 PER 深；中间
下颊齿三角座的外壁尖锐，后壁呈一宽的 V 形。

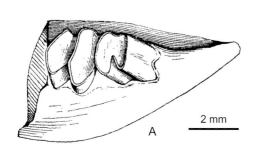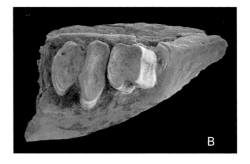

图 92　肿颌中华鼠兔 *Sinolagomys pachygnathus*

右下颌骨前段具 p3–4（IVPP V 5985，正模）：冠面视（A 引自李传夔、邱铸鼎，1980，素描图）

评注　该种的一个典型特点是下颌骨的肿胀，在 Bohlin（1937）描述的 *Sinolagomys kansuensis* 的少数标本上也具有这个特点，如 Sh. 853。IVPP V 5985 标本上 p3–4 的大小形态也处于沙拉果勒发现的甘肃中华鼠兔的变异范围之内。考虑到标本数量很少，是否为种内变异尚不能确定。

李传夔、邱铸鼎（1980）认为从动物群组成上谢家动物群应当晚于甘肃党河的塔崩布鲁克动物群，与欧洲的 Aquitanian–Burdigalian 相当，为早中新世。Qiu 等（2013）依据武力超等（2006）的磁性地层学结果，认为谢家动物群的层位大致相当于 C6AAn，约 21 Ma。而 Meng 等（2013）则认为谢家动物群的时代不能排除是晚渐新世的可能。

乌伦古中华鼠兔 *Sinolagomys ulungurensis* Tong, 1989
（图 93）

正模　IVPP V 8264，一左上颌骨带有 P2–M2。新疆福海乌伦古河北岸吃巴尔我义，下中新统索索泉组。

归入标本　新疆福海乌伦古河北岸吃巴尔我义：上颌和零星的上颊齿（IVPP V 8265–8265.29），左下颌和左下颊齿（IVPP V 8262–8262.108），右下颌和右下颊齿（IVPP V 8263–8263.92）。新疆福海乌伦古河北岸木纳腊阿杂什：左、右下颌各一（IVPP V 8499.1–2）。

鉴别特征　个体大小如 *Sinolagomys kansuensis*。P2 呈长椭圆形，P3 梯形，前脊相对较长。P4–M2 的次沟长，在 P4 上约为齿宽的一半，M1 上约为齿宽的 2/3，M2 上约为齿宽的 4/5。中间下颊齿长宽大致相等，前后叶宽度相近，前叶略长，后叶呈三角形，后缘平直。

产地与层位　新疆福海乌伦古河，下中新统索索泉组；内蒙古阿拉善左旗乌尔图，下中新统乌尔图组；内蒙古四子王旗大庙，下中新统。

评注　童永生（1989）认为索索泉组为晚渐新世。叶捷等（2000）将该组的时代更改为早中新世至中中新世。孟津等（2006）认为乌伦古中华鼠兔的产出层位为索索泉 III 带，为早中新世。

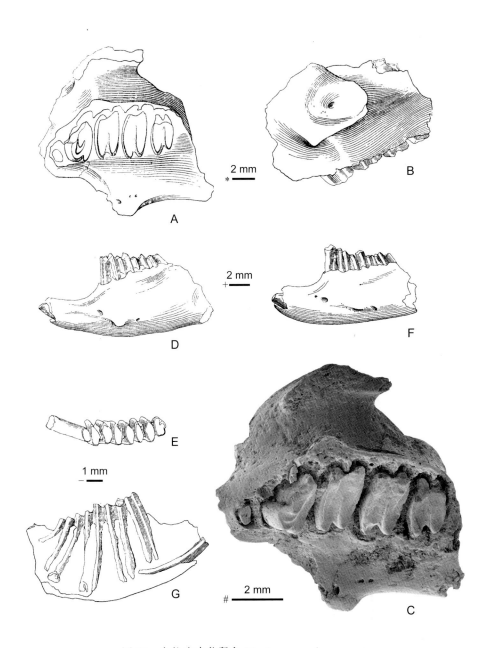

图 93 乌伦古中华鼠兔 *Sinolagomys ulungurensis*

A–C. 左上颌骨带有 P2–M2（IVPP V 8264，正模），D, E. 左下颌骨带 p3–m3（IVPP V 8262），F. 左下颌骨
带 p3–m3（IVPP V 8262.89），G. 右下颌骨带 p3–m3（IVPP V 8263.81）：A, C, E. 冠面视，B. 侧视，D, F, G.
颊侧视；比例尺：* - A, B，# - C，+ - D, F，− − E, G（A, B, D–G 引自童永生，1989，素描图）

褶齿兔属 Genus *Plicalagus* Wu, Ye, Meng, Bi, Liu et Zhang, 1998

模式种 准噶尔褶齿兔 *Plicalagus junggarensis* Wu, Ye, Meng, Bi, Liu et Zhang, 1998

鉴别特征 上下颊齿均为带齿根的单面高冠齿。p3 冠面呈三角形，具外褶沟和后内
褶沟；外褶沟深度为齿宽的 1/2，向下延伸不及齿冠基部，其后壁的釉质层具有明显的小

褶皱。p4/m1/m2 的三角座与跟座分离，仅在齿冠基部相连，且跟座前缘宽平。P2 有两前褶沟，将齿冠分为三叶，其中叶最大，颊侧叶最小。舌侧前褶沟大于颊侧前褶沟，舌侧前褶沟向下延伸度为齿冠高度的 2/3。

中国已知种 仅模式种。

分布与时代 新疆，早—中中新世。

评注 该属目前仅有模式种一种。除新疆准噶尔盆地外，尚未见其他记录。与该属相近的是内蒙古通古尔的 *Desmatolagus? moergenensis*（邱铸鼎，1996），但由于标本太少，尚无法确定它们之间的关系。

准噶尔褶齿兔 *Plicalagus junggarensis* Wu, Ye, Meng, Bi, Liu et Zhang, 1998

（图 94）

正模 IVPP V 11616，一左 p3。新疆准噶尔盆地夺勒布勒津（DL96001 地点），下中新统索索泉组最顶部砂岩层。

归入标本 夺勒布勒津 DL96001 地点：左 p3（IVPP V 11666）；铁尔斯哈巴合 TH7001 地点：右 p4/m1/m2（IVPP V 11617）；夺勒布勒津 DL96004 地点：右 P2（IVPP V 11618）。

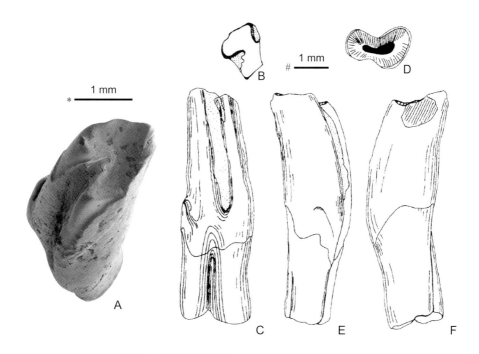

图 94 准噶尔褶齿兔 *Plicalagus junggarensis*

左 p3（IVPP V 11616）：A. 冠面视，B. 冠面视，C. 颊侧视，D. 底面视，E. 前侧视，F. 后侧视；比例尺：
＊- A，# - B–F（B–F 引自吴文裕等，1998，素描图）

鉴别特征 同属。

产地与层位 新疆准噶尔盆地,下中新统索索泉组最顶部,中中新统哈拉玛盖组底部。

跳兔属 Genus *Alloptox* Dawson, 1961

模式种 戈壁跳兔 *Alloptox gobiensis* (Young, 1932)

鉴别特征 齿式 2•0•3•2/1•0•2•3。颊齿高冠。P2 至少具两个发育且伸达齿柱基部的前褶。P3 的新月形谷与前外壁相通,P4–M2 上的次沟深,M2 后叶无后突。p3 的前外褶比 *Ochotona* 浅,前内褶长,极向后外方延伸,前内褶的釉质层在后壁和颊侧壁加厚。p4–m2 的三角座与跟座宽度近乎相等。

中国已知种 *Alloptox gobiensis, A. chinghaiensis, A. guangheensis, A. minor, A. sihongensis, A. xichuanensis*,共 6 种。

分布与时代 江苏、河南、陕西、甘肃、青海、内蒙古、宁夏、新疆等地,早中新世—晚中新世。

评注 最原始的跳兔发现于河南淅川(刘丽萍、郑绍华,1997),其时代可能为早中新世早期。宁夏灵武的标本发现于晚中新世三趾马红土,可能是该属最晚的记录。其他种类主要发现于我国北方中中新世,在希腊、土耳其、哈萨克斯坦、蒙古等也有记录(Ünay et Sen, 1976)。该属可能与后期的 *Ochotona*、*Ochotonoides* 等没有系统关系。李传夔(1978)认为 *Alloptox* 与早期的兔类化石关系还不清楚,似乎与 *Sinolagomys* 没有嫡亲关系。Qiu(1987)推测 *Alloptox* 可能与 *Desmatolagus* 具有更近的亲缘关系。吴文裕(1995)、刘丽萍和郑绍华(1997)则倾向于认为 *Alloptox* 可能是由 *Sinolagomys ulungurensis* 或相近的种进化而来。

戈壁跳兔 *Alloptox gobiensis* (Young, 1932)

(图 95,图 96)

Ochotona gobiensis:Young, 1932, p. 255

Alloptox near *A. gobiensis*:Dawson, 1961, p. 2

Alloptox gobiensis (Young, 1932):吴文裕等,1991,206 页

Alloptox sp.:吴文裕等,1991,208 页

Ochotona sp.:Boule et Teilhard de Chardin, 1928, p. 96

正模 IVPP RV 32130.1–3,属于同一个体的左下颌骨带 p3–m2(可能已丢失),右下颌骨带 p3–m3,以及带 P3–M1 的右上颌骨。内蒙古苏尼特右旗,"狼营"西南大约

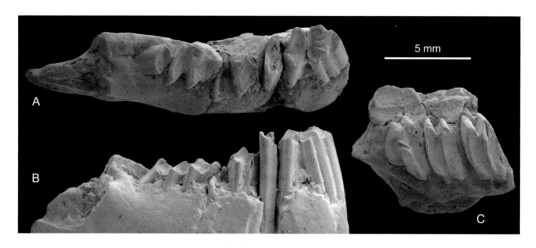

图 95　戈壁跳兔 *Alloptox gobiensis* 颌骨

同一个体带 p3–m3 的右下颌骨及带 P3–M1 的右上颌骨（IVPP RV 32130.2–3，正模）：A. 右下颌骨冠面视，
B. 右下颌骨外侧视，C. 右上颌骨冠面视

10 km，苏木喇嘛寺院南约 7.5 km，中中新统通古尔组。

鉴别特征　大型跳兔。颅顶平缓，额骨上有眶上嵴且两侧平行，颞嵴、上枕骨、项嵴和枕外嵴发育。p3 下后尖前端尖，呈向侧方伸展的菱形；前内沟先向后外伸，再折向后内方，其前后壁近于平行；下内尖的舌侧具有明显的侧沟。下门齿后缘伸至 m1 的位置，m3 较窄长。

产地与层位　内蒙古苏尼特右旗，中中新统通古尔组；宁夏同心，中中新统红柳沟组；宁夏灵武，中中新统—上中新统下部。

评注　刘丽萍、郑绍华（1997）认为内蒙古通古尔、宁夏同心和灵武发现的跳兔皆为大型种类，并且 *Alloptox* near *A. gobiensis*（Dawson, 1961）、*Alloptox* sp.（同心）和 *Alloptox* sp.（灵武）的 p3 形态特征皆在 *Alloptox gobiensis* 的变异范围之内，P2 的形态也无本质差别，它们应该归入 *Alloptox gobiensis* 种内。已有的戈壁跳兔标本以宁夏同心发现的最为完整，伍少远（2003）依据野狐狸圈子沟上沙层发现的 6 件残破头骨复原了戈壁跳兔完整的头骨形态（图 96）。

青海跳兔 *Alloptox chinghaiensis* Qiu, Li et Wang, 1981

（图 97，图 102）

正模　IVPP V 6009.1，一左下颌骨带 p3–m3，IVPP V 6009.2，可能属于同一个体的右下颌骨带 p3–m2。青海民和李二堡齐家，中中新统咸水河组。

鉴别特征　个体大小介于 *Alloptox minor* 和 *Alloptox gobiensis* 之间。门齿后缘位于 m1 齿座之下。p3 的前缘圆，前外褶浅，前内褶深且向后直伸。

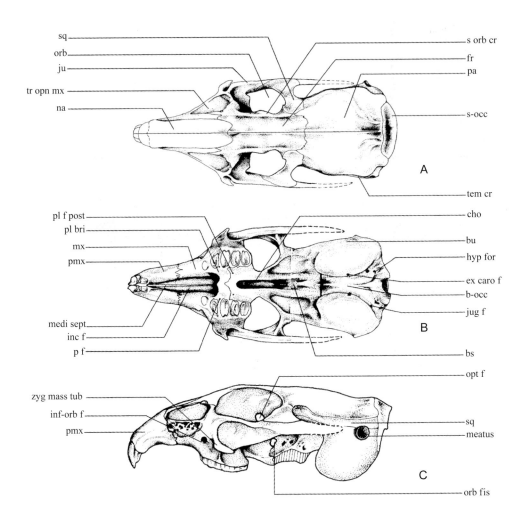

图 96 戈壁跳兔头骨复原（引自伍少远，2003）

A. 顶面观，B. 腹面观，C. 侧面观

b-occ. 基枕骨（basioccipital），bs. 基蝶骨（basisphenoid），bu. 耳泡（bulla），cho. 内鼻孔（choana），ex caro f. 外颈动脉孔（external carotid foramen），fr. 额骨（frontal），hyp for. 舌下神经孔（hypoglossal foramen），inc f. 门齿孔（incisive foramen），inf-orb f. 眶下孔（infraorbital foramen），ju. 颧弓（jugal），jug f. 颈静脉孔（jugular foramen），meatus（外耳道），medi sept. 中隔板（medial septum），mx. 上颌骨（maxilla），na. 鼻骨（nasal），opt f. 视神经孔（optic foramen），orb. 眼眶（orbit），orb fis. 眶裂（orbital fissure），pa. 顶骨（parietal），p f. 前臼齿孔（premolar foramen），pl bri. 腭桥（palatal bridge），pl f post. 腭后孔（palatal foramen posterior），pmx. 前颌骨（premaxilla），s-occ. 上枕骨（supraoccipital），s orb cr. 眶上脊（supraorbital crest），sq. 鳞骨（squamosal），tem cr. 颞脊（temporal crest），tr opn mx. 上颌骨三角窗（triangular opening of the maxilla），zyg mass tub. 颧骨咬肌突（zygomatic masseter tuberosity）

产地与层位 青海民和李二堡齐家，中中新统咸水河组；甘肃广河石那奴，中中新统车头沟组（曹忠祥等，1990）。

评注 该种与土耳其发现的 *Alloptox anatoliensis* (Ünay et Sen, 1976) 在个体大小与形态特征上较为接近，刘丽萍和郑绍华（1997）认为它们两者之间的差异可能为个体变异，尽管地理分布上相距较远，但应为同一个种。

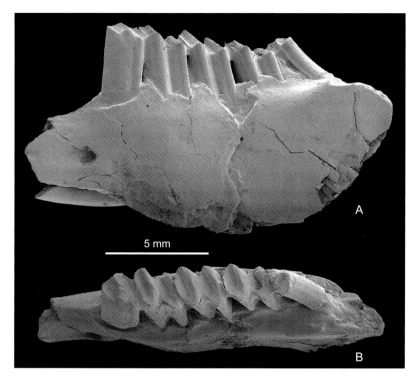

图 97　青海跳兔 *Alloptox chinghaiensis*

左下颌骨带 p3–m3（IVPP V 6009.1，正模）：A. 颊侧视，B. 冠面视

广河跳兔 *Alloptox guangheensis* Cao, Du, Zhao et Cheng, 1990

（图 98）

正模　CUGB GV 87035，带 p3–m3 的一较完整右下颌骨。甘肃广河石那奴，中中新统咸水河组。

鉴别特征　个体比 *Alloptox gobiensis* 略小。门齿后端位于 m1 齿座之下。p3 的前外褶较浅，前内褶先向外，然后以近直角转为向后延伸，其齿座的前缘很圆。

评注　归入该种的标本仅有 1 件下颌骨，其主要鉴定特征为 p3 的前内褶形态，而这种形态处于 *Alloptox gobiensis* 的变异范围（吴文裕等，1991）之内。因此，广河跳兔可能是戈壁跳兔的晚出异名，但需要进行进一步的修订。

小跳兔 *Alloptox minor* Li, 1978

（图 99，图 102）

正模　IGG IG64-蓝-44，一右下颌骨。陕西蓝田新街，中中新统冷水沟组。

鉴别特征　个体比 *Alloptox gobiensis* 小，门齿后缘起于 p4 跟座之下。p3 的前外沟很

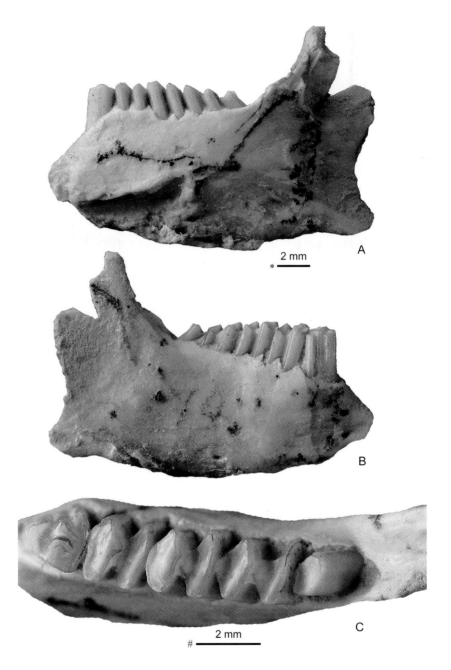

图 98 广河跳兔 *Alloptox guangheensis*

右下颌（CUGB GV 87035，正模）：A. 舌侧视，B. 颊侧视，C. 冠面视；比例尺：* - A，B，# - C

浅，前内沟深直，极向后伸，沟的后部两侧釉质层厚。

产地与层位 陕西蓝田新街，中中新统冷水沟组；甘肃广河石那奴，中中新统车头沟组。

评注 陕西蓝田寇家村附近发现一件右下颌骨前段，具 p3–m1，牙齿结构与正型标本相同，但产出层位可能稍高（李传夔，1978）。

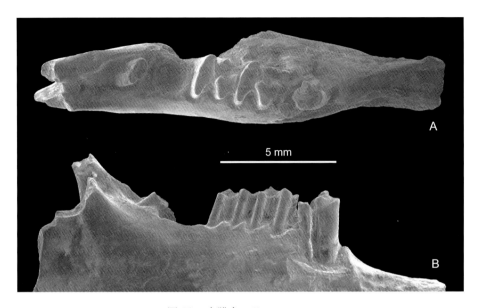

图 99　小跳兔 *Alloptox minor*
右下颌骨（IGG IG64-蓝-44，正模）：A. 冠面视，B. 颊侧视

泗洪跳兔 *Alloptox sihongensis* Wu, 1995

（图 100）

正模　IVPP V 8840.7，右 p3。江苏泗洪松林庄，下中新统下草湾组。

副模　1 件 dp3（IVPP V 8840.1），3 件 p3（IVPP V 8840.3, 5, 6），1 件 p4（IVPP V 8840.9），2 件 ml/m2（IVPP V 8840.12, 16），1 件左下颌骨断块带 p4（IVPP V 8840.18），1 件右下颌骨前段带 i2 及 p3–4（IVPP V 8840.24），2 件 I2（IVPP V 8840.21, 23），4 件 P3（IVPP V 8840.31–33, 56），1 件 P4（IVPP V 8840.27），1 件左上颌骨断块带 P3–Ml（IVPP V 8840.57），2 件 M2（IVPP V 8844.50, 53）。

归入标本　松林庄：48 枚单个牙齿（IVPP V 8840.1–48）；双沟：27 枚单个牙齿（IVPP V 8841.1–27）；郑集：18 枚单个牙齿（IVPP V 8842.1–18）。

鉴别特征　个体很小。通常珐琅质厚度分化较差；白垩质充填不甚显著，p3 的下后尖前端浑圆，并仅有一个前外沟。

产地与层位　江苏泗洪，下中新统下草湾组。

评注　刘丽萍、郑绍华（1997）认为由于 p3 下后尖前缘形状、前外褶沟数目、下后尖偏向舌侧程度、前内褶沟与牙齿纵轴夹角以及下内尖宽与齿宽之比等特征在 *Alloptox sihongensis* 和 *A. minor* 上基本一致，加上个体大小相当，二者应为同物异名，根据优先法则，保留 *A. minor*。但考虑到 *Alloptox minor* 发现的标本数量很少，而泗洪的标本较多，且有一定的变异范围，在没有系统地修订之前暂时保留该种。

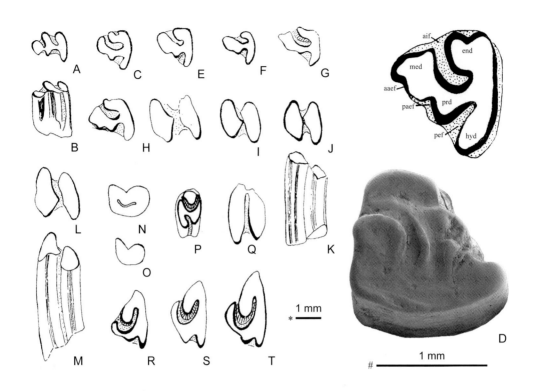

图 100　泗洪跳兔 *Alloptox sihongensis* 颊齿

A, B. 左 dp3 (IVPP V 8840.1)，C, D. 右 p3 (IVPP V 8840.7，正模)，E. 右 p3 (IVPP V 8840.6)，F. 右 p3 (IVPP V 8840.3)，G. 右 p3 (IVPP V 8840.5)，H. 右 p3 和 p4 (IVPP V 8840.24)，I. 左 p4 (IVPP V 8840.9)，J, K. m1/2 (IVPP V 8840.16)，L, M. 左 m1/2 (IVPP V 8840.12)，N. 左 I2 (IVPP V 8840.21)，O. 左 I2 (IVPP V 8840.23)，P. 左 P4 (IVPP V 8840.27)，Q. 左 M2 (IVPP V 8840.50)，R. 右 P3 (IVPP V 8840.33)，S. 右 P3 (IVPP V 8840.31)，T. 右 P3 (IVPP V 8840.56)；C, E–H, K, R–T 为反转；B, K, M 为颊侧视，其余均为冠面视；比例尺：* - A–C, E–T, # - D。右上为 *Alloptox* 的 p3 术语图解：aaef. 前前外沟，aif. 前内沟，end. 下内尖，hyd. 下次尖，med. 下后尖，paef. 后前外沟，pef. 后外沟，prd. 下原尖（引自吴文裕，1995）

淅川跳兔 *Alloptox xichuanensis* Liu et Zheng, 1997

（图 101，图 102）

正模　IVPP V 11012.1–2，可能为同一个体的左上颌骨带 P2–M2 和不完整右下颌骨带 p3–m2。河南淅川梁家岗东北 1.5 km，下中新统。

鉴别特征　个体大小与 *Alloptox minor* 相当，P2 由很浅的内、外前褶沟分成近乎等大的三叶，中叶明显突出于内外叶之前，且具一极弱的前中褶沟；p3 下后尖与下原尖几乎等大，具一前前内褶沟，下后尖 - 下原尖中心连线与牙齿纵轴近于平行，前内褶沟深，与牙齿纵轴夹角小。

评注　刘丽萍、郑绍华（1997）认为该种个体小，具有较原始的特征，可能是该属内最原始的种，其时代应当早于江苏泗洪动物群。

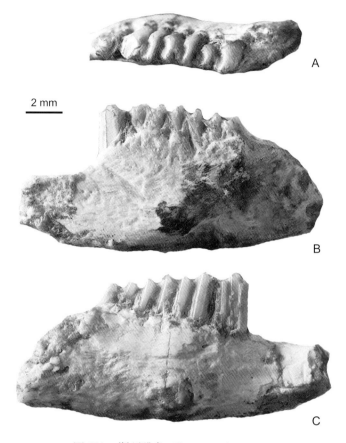

图 101　淅川跳兔 *Alloptox xichuanensis*
A–C. 右下颌骨带 p3–m2（IVPP V 11012.1，正模）：A. 冠面视，B. 舌侧视，C. 颊侧视

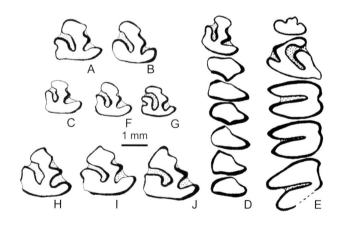

图 102　跳兔（*Alloptox*）牙齿冠面形态
A. *Alloptox anatoliensis* 右 p3（土耳其 Cardir，交换标本 1255）；B. *A. chinghaiensis* 右 p3（青海西宁，IVPP V 6009.2，正模）；C–E. *A. xichuanensis*：C. 右 p3（河南淅川，IVPP V 11012.1，正模），D. 右 p3–m2（河南淅川，IVPP V 11012.1，正模），E. 左 P2–M2（河南淅川，IVPP V 11012.2，正模）；F. *A. minor* 右 p3（陕西蓝田，IG64-蓝-44，正模）；G. *A. sihongensis* 右 p3（江苏泗洪，IVPP V 8840.7，正模）；H. *A.* sp. 右 p3（宁夏灵武，IVPP RV 28007）；I. *A. gobiensis* 右 p3（内蒙古通古尔，IVPP RV 32130.2，正模）；J. *A.* sp. 右 p3（宁夏同心，IVPP V 8836.9）（引自刘丽萍、郑绍华，1997）

美兔属 Genus *Bellatona* Dawson, 1961

模式种 弗氏美兔 *Bellatona forsythmajori* Dawson, 1961

鉴别特征 齿式 2•0•3•2/1•0•2•3。颊齿高冠，无齿根。P2 无前边褶或仅有一个伸达齿柱基部的前边褶。P3 的新月形谷与前外壁相通，次沟浅且开阔。M2 后叶有弱的后突或无后突。p3 无明显的内褶，颊侧具一后外褶。m3 单齿柱。后颏孔位于 m1 根座或 m2 三角座的下方。

中国已知种 *Bellatona forsythmajori* 和 *B. yanghuensis* 两种。

分布与时代 内蒙古、山西，中中新世。

评注 到目前为止，我国发现的美兔化石时代分布仅限于中中新世通古尔期。哈萨克斯坦、蒙古则有较早的记录，在蒙古湖谷地区可能延伸至渐新世 / 中新世界线附近（生物带 C1–D；Erbajeva et Daxner-Höck，2014）。有关该属的祖先类型尚缺乏有力的化石证据。邱铸鼎（1996）同意 De Muizon（1977）的推测，认为 *Bellatona* 的祖先可能与一类像 *Bohlinotona (Desmatolagus) pusilla* 的鼠兔有较直接的关系。

弗氏美兔 *Bellatona forsythmajori* Dawson, 1961

（图 103）

正模 AMNH 26770，具有 p3–m1 的不完整右下颌骨。内蒙古苏尼特右旗推饶木

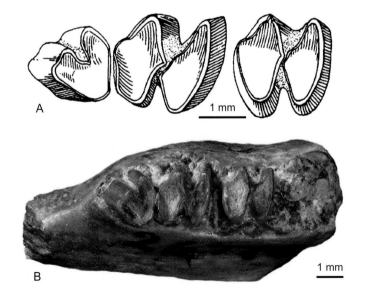

图 103　弗氏美兔 *Bellatona forsythmajori*

右下颌骨带 p3–m1（AMNH 26770，正模）：A. p3–m1 素描图（引自 Dawson, 1961, fig. 5），B. 下颌骨冠面视

（Tairum Nor，苏尼特左旗赛汗高毕东南约 70 km 一带），砂岩之下的红层中，中中新统通古尔组。

鉴别特征 P2 具一贯通齿柱的前褶，p3 常具一前外褶。

产地与层位 内蒙古通古尔，中中新统通古尔组；四子王旗大庙，中中新统大庙组。

评注 Dawson（1961）在描述时注意到该种的上颊齿在大小和形态上比较均一，而下颊齿的大小与形态变异明显。邱铸鼎（1996）认为 p3 的变异更为超常，不仅大小相差悬殊，构造上也有所不同。

杨胡美兔 *Bellatona yanghuensis* Zhou, 1988
（图 104）

正模 IVPP V 5247，头骨前段及左下颌骨。山西忻州胡杨村正北 1 km 的冲沟内，中中新统胡杨组。

鉴别特征 个体较小。P2 简单，无前褶沟，M2 无后突；p3 小，无前外褶沟和前内褶沟。

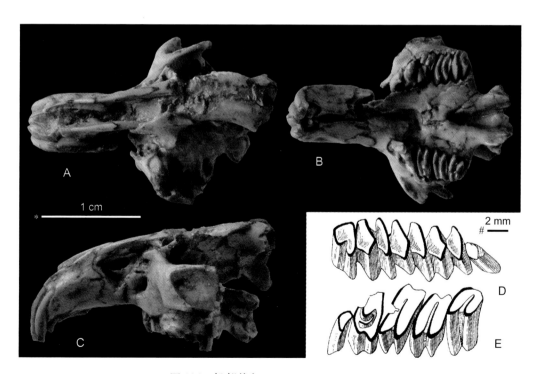

图 104 杨胡美兔 *Bellatona yanghuensis*

头骨前段及左下颌骨（IVPP V 5247，正模）：A. 头骨背面视，B. 头骨腹面视，C. 头骨右侧视（反转），D. p3–m3 冠面视，E. P3–M3 冠面视；比例尺：* - A–C，# - D, E（D, E 引自周晓元，1988，素描图）

评注　到目前为止该种尚未在其他地区发现。邱铸鼎（1996）在研究内蒙古通古尔的美兔时指出该种与弗氏美兔唯一的差别在于 P2 无前沟。

拟美兔属 Genus *Bellatonoides* Sen, 2003

模式种　艾氏拟美兔 *Bellatonoides eroli* Sen, 2003

鉴别特征　小型鼠兔科成员。p3 下前边尖较圆，且位置偏颊侧，颊侧前褶沟（protoflexid）深，而舌侧前褶沟（paraflexid）浅，中间齿桥宽。P2 前褶沟短，M2 后舌侧齿凸较大。

中国已知种　*Bellatonoides eroli*。

分布与时代　内蒙古，中中新世—晚中新世。

评注　Qiu 等（2006）在研究内蒙古中部哺乳动物群演替时，认为 *Bellatonoides* 最早出现在晚中新世早期阿木乌苏动物群。Zhang 等（2012）认为在内蒙古通古尔地区的推饶木以及默尔根也有出现，曾作为种内变异被归入 *Bellatona forsythmajori* 内，如 Dawson, 1961, fig. 6；邱铸鼎，1996，图 72 所示。

Fostowicz-Frelik 等（2010）认为 *Bellatonoides* 的牙齿特征与 *Ochotona* 几乎无法区分，应归入 *Ochotona* 属内。Zhang 等（2012）认为归入 *Bellatonoides* 的标本在牙齿形态特征上介于 *Bellatona* 与 *Ochotona* 之间，独立分出一个属似乎更合理，*Bellatonoides* 与 *Bellatona* 可能有直接的祖裔关系，而 *Ochotona* 则直接起源于 *Bellatonoides*。

艾氏拟美兔 *Bellatonoides eroli* Sen, 2003

（图 105）

正模　ST8A-211，左 p3，土耳其安卡拉 Sinap Tepe，8A 地点，上中新统（Vallesian 早期）。

图 105　艾氏拟美兔 *Bellatonoides eroli*
A. 右 p3（IVPP V 18492.3），B. 右 p3（IVPP V 18492.4），C. 左 p3（IVPP V 18492.1）；冠面视（引自 Zhang et al., 2012）

归入标本　2 件左 p3（IVPP V 18492.1–2），4 件右 p3（IVPP V 18492.3–6）。

鉴别特征　同属。

产地与层位　内蒙古四子王旗大庙，中中新统大庙组。

游牧鼠兔属 Genus *Ochotonoma* Sen, 1998

模式种　安纳托利亚游牧鼠兔 *Ochotonoma anatolica* Sen, 1998

鉴别特征　中小型鼠兔，p3 的下前边尖大，其前缘具有一个或两个充填白垩质的褶沟，或者是凹陷。前内褶与前外褶釉质层光滑。P2 具一个前褶沟，M2 具强大的舌侧后突。

中国已知种　*Ochotonoma primitiva*。

分布与时代　中国甘肃、青海，晚中新世；土耳其、匈牙利，上新世。

评注　与 *Ochotona* 相比较该属下颌骨齿隙相对较短，p3 的下前边尖较宽大，前边具褶沟且充填白垩质。*Ochotonoides* 属则个体大，前内与前外褶沟壁有发育的褶皱。Qiu 和 Li（2008）倾向于认为 *Ochotonoma* 是 *Ochotonoides* 的祖先类型。

原始游牧鼠兔 *Ochotonoma primitiva* (Zheng et Li, 1982)

（图 106）

Ochotonoides primitivus：郑绍华、李毅，1982，35 页

Ochotona lagreli：Qiu, 1987 (part), p. 385

正模　IVPP V 6277，一段右下颌骨带 p3–m3。甘肃天祝松山上庙儿沟村松山第一地点，中国科学院古脊椎动物与古人类研究所野外地点号 80006。

鉴别特征　中等大小的鼠兔。P2 颊侧的前后向伸长使得冠面呈亚三角形，p3 的下前边尖大且宽，通常有两个前褶且至少有一个充填白垩质，连接前后齿尖的齿桥宽，次褶较 *Ochotonoma anatolica* 短窄，向后延伸的程度低于 *O. csartonata*。

产地与层位　甘肃天祝松山，上中新统；青海德令哈深沟，上中新统上油砂山组。

评注　该种最早被归入 *Ochotonoides* 属内（郑绍华、李毅，1982），为三趾马动物群的成员，其时代当时被认为是上新世。Qiu（1987）认为甘肃松山的这些标本是 *Ochotona lagreli* 的变异形态，而不应该归入 *Ochotonoides* 属内。Sen（1998）将该种归入 *Ochotonoma* 属内。

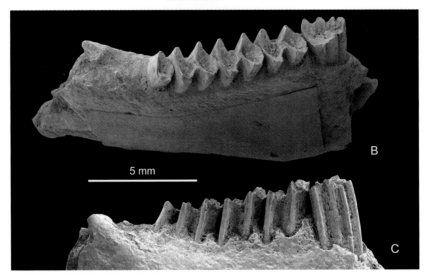

图 106　原始游牧鼠兔 *Ochotonoma primitiva*

右下颌骨带 p3–m3（IVPP V 6277，正模）：A. p3–m3 冠面示意图，B. 下颌骨冠面视；C. 下颌骨颊侧视（A 引自郑绍华、李毅，1982）

拟鼠兔属 Genus *Ochotonoides* Teilhard de Chardin et Young, 1931

模式种　复齿拟鼠兔 *Ochotonoides complicidens* (Boule et Teilhard de Chardin, 1928)

鉴别特征　大型鼠兔类。矢状脊向前分叉至鼻骨的远端，眶下孔大，呈三角形，眼眶小。牙齿形态与 *Ochotona* 相近，但 p3 结构复杂，下前边尖前缘具较深的褶沟。

中国已知种　*Ochotonoides complicidens*, *O. bohlini*, *O. teilhardi*，共 3 种。

分布与时代　甘肃、陕西、河北、北京、湖北、山西、内蒙古，上新世至更新世。

评注　Erbajeva（1988）归入拟鼠兔属 4 种：*Ochotonoides complicidens* (Boule et Teilhard de Chardin, 1928), *O. primitivus* Zheng et Li, 1982, *O. csarnotanus* Kretzoi, 1959, *O. bohlini* Erbajeva, 1988。其中 *O. primitivus* 与 *O. csarnotanus* 已被归入 *Ochotonoma* 属。

复齿拟鼠兔 *Ochotonoides complicidens* (Boule et Teilhard de Chardin, 1928)

（图 107）

Ochotona complicidens：Boule et Teilhard de Chardin, 1928, p. 95

正模 THP 25. 918，右下颌骨。甘肃庆阳，黄土底部，下更新统。

鉴别特征 大型鼠兔，P2 宽大于长，前褶沟伸向后外侧，p3 冠面近三角形，下前边尖大，呈棱形，前缘具较深的褶沟，前内褶沟与前外褶沟壁多有发育的褶皱。

产地与层位 甘肃庆阳、合水、灵台，山西静乐，陕西蓝田、榆林，河北泥河湾，北京西山灰峪，湖北郧县等地，上上新统至中更新统。

评注 到目前为止，产出复齿拟鼠兔的地点较多，材料也很丰富，也有保存完好的头骨，如周口店第十八地点的 IVPP RV 40011（图 107A–C），但尚无详细描述以及系统的研究。Wu 和 Flynn（2017）发现归入该种的早更新世化石个体相对较小，而中更新世该种的化石则相对较大，形态上也存在一定的差异，这些中更新世的化石有可能代表了一个新种。甘肃灵台晚中新世层位中发现的一件成年个体的 p3 被 Erbajeva 和 Zheng（2005）暂时归入该种内，但这件标本很小，结构也很简单，与 *Ochotonoides complicidens* 差别很明显。

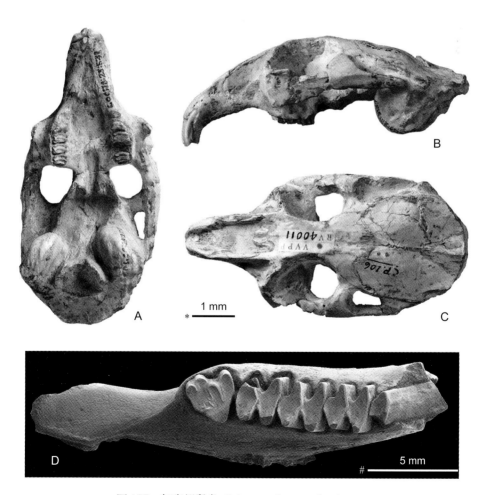

图 107 复齿拟鼠兔 *Ochotonoides complicidens*

A–C. 头骨（IVPP RV 40011），D. 右下颌骨带 p3–m3（THP 25.918，正模）：A. 腹面视，B. 侧面视，C. 顶面视，D. 冠面视；比例尺：* - A–C，# - D

<h1 style="text-align:center">步氏拟鼠兔 Ochotonoides bohlini Erbajeva, 1988</h1>

（图 108）

Ochotonidae sp.：Bohlin, 1942b, fig. 14.E, F

正模　PIN N 3222/691，右 p3。蒙古 Hirgis Noor 2，上新统。

鉴别特征　个体大，p3 三角座大，有两个深的褶沟，前外褶沟与前内褶沟近乎等深且平滑，分开前后两部分。

产地与层位　内蒙古乌兰察尔，上新统。

评注　Erbajeva（1988）依据蒙古发现的标本建立了该种。并将 Bohlin（1942b）鉴定为 Ochotonidae sp. 的两件 p3 归入 *Ochotonoides* 属内。但这两件标本个体小，与 *Ochotonoides bohlini* 差别较大，且 p3 上无褶皱。牙齿形态上与 *Ochotonoma* 非常近似，是否可归入该属有待进一步的研究。

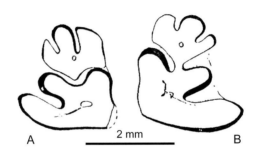

图 108　步氏拟鼠兔 Ochotonoides bohlini
A. 左 p3（UM Nr.138），B. 右 P3（UM Nr.104）（引自 Bohlin, 1942b，素描图）

<h1 style="text-align:center">德氏拟鼠兔 Ochotonoides teilhardi Wu et Flynn, 2017</h1>

（图 109）

正模　IVPP V 11200.1，右下颌骨带 i2，p3–m3。山西榆社，YS 5 地点，上上新统麻则沟组。

副模　IVPP V 11200.2，右 P2。与正模产自相同地点和层位。

鉴别特征　大小介于 *Ochotona lagreli* 与 *Ochotonoides complicidens* 之间。p3 前部窄，前内褶沟浅，前外褶沟深，保存有三分的前叶形态，第二外褶沟深度超过第一与第三外褶沟。P2 没有内褶沟。下颌骨的基本形态与 *O. complicidens* 相似，但齿隙更长。

产地与层位　山西榆社 YS5、QY98、YS118、YS6 地点，上上新统麻则沟组和下更新统海眼组。

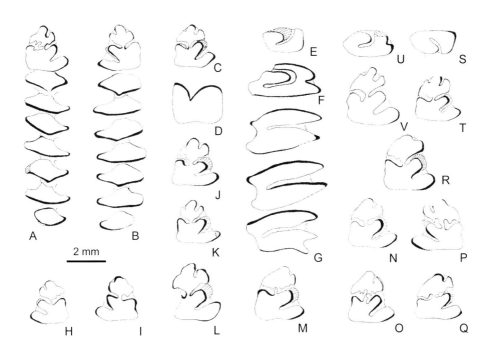

图 109　榆社盆地德氏拟鼠兔 *Ochotonoides teilhardi*（A–I, K）与中国不同地点的复齿拟鼠兔
Ochotonoides complicidens（J, L–V）

A. 右 p3–m3 (IVPP V 11200.1, 正模), B. 左 p3–m3 (IVPP V 11202.1), C. 右 p3 (IVPP V 11204.1), D. 左 I2 (IVPP V 11204.5), E. 右 P2 (IVPP V 11200.2), F. 右 P3 (IVPP V 11200.15), G. 右 P4–M2 (IVPP V 11200.13), H. 左 p3 (THP 14191), I. 左 p3 (THP 14212), J. 右 p3 (THP 14218), K. 右 p3 (THP 14208), L. 右 p3 (THP 14242), M. 右 p3 (THP 14190), N–Q. p3 (IVPP CP108), R. 右 p3 (IVPP c/100), S, T. 左 P2、右 p3 (IVPP V 5407), U, V. 右 P2、右 p3 (IVPP V 3155) （引自 Wu et Flynn, 2017）

鼠兔属　Genus *Ochotona* Link, 1795

模式种　达乌尔鼠兔 *Lepus dauuricus* Pallas, 1773

鉴别特征　牙齿无根，P4–M2 的次沟深，p4–m2 的跟座与三角座等宽或稍宽，P2 发育前沟，p3 具两个外侧褶沟，前外褶沟浅，后外褶沟伸达冠面一半左右，1 个内侧褶沟；M2 后突发育。

中国已知种　*Ochotona chowmincheni, O. dauurica, O. erythrotis, O. gracilis, O. gudrunae, O. guizhongensis, O. koslowi, O. lagreli, O. lingtaica, O. magna, O. minor, O. nihewanica, O. plicodenta, O. tedfordi, O. thibetana, O. youngi, O. zhangi*，共 17 种。

分布与时代　亚洲，中中新世晚期至现代；欧洲，晚中新世至更新世；北美，晚中新世晚期、中晚更新世至现代。

评注　基于线粒体基因 *cytb* 与 *ND4* 得出的 *Ochotona* 分化时间约为 14.65 Ma（Ge et al., 2012）。目前最早的化石记录出现于内蒙古中中新世最晚期，大致年代约为 12.1 Ma（Zhang et al., 2012；Kaakinen et al., 2015）。Dawson（1961）提出 *Ochotona* 可能是从中

中新世 *Bellatona* 演化而来的观点，并得到了邱铸鼎（1996）的支持。内蒙古通古尔与阿木乌苏的标本上发现 *Bellatona* 与 *Ochotona* 之间存在牙齿形态上的连续变化过程，在有些情况下甚至难以区分。Zhang 等（2012）认为 *Bellatona*、*Bellatonoides* 和 *Ochotona* 的 p3 具有相似的形态，并呈现出连续变化的特征。*Bellatona* 的 p3 具有两个颊侧褶沟，但无舌侧褶沟，*Bellatonoides* 的 p3 具有浅的舌侧前褶沟，但与颊侧前褶沟分开较宽，*Ochotona* 的 p3 则具有深的舌侧前褶沟，与颊侧前褶沟之间仅以很窄的齿质桥连接。M2 从无后突起、较小的后突起至发育的后突起，也呈现出连续变化的特征。因此，推测这三个种之间存在连续的线性演化关系，*Ochotona* 可能直接起源于 *Bellatonoides*。

鼠兔属已发现的化石主要以零散的牙齿为主，由于牙齿形态的相对简单、变化小（如 p4–m2 在不同种类上几乎无法区分），长期以来种级的确立主要依靠个体大小及 p3 的特征。但 Qiu（1987）在研究内蒙古二登图的鼠兔属化石时就发现同一种内不仅个体大小有较大的变异，而且 p3 形态结构上也存在明显的不同。因此在没有较为完整、一定数量标本保证的前提下，鼠兔属内种级的鉴定需要谨慎。近些年来我国的鼠兔属化石种类有了大幅度的增加（Erbajeva et Zheng, 2005；Erbajeva et al., 2006），包括美国自然历史博物馆保存的山西寿阳、保德等地保存较好的头骨 3 个新种，以及以甘肃灵台、河北泥河湾、山东等地牙齿为主建立的 6 个新种。需要注意的是这些新种的建种依据也主要是个体大小以及 p3 的形态特征，在标本量较少的情况下，个体大小、牙齿形态的变异范围并没有很好的界定。鼠兔属包括 30 个现生种（Hoffmann et Smith, 2005）。由于现生标本有皮毛及较为完整的个体标本，其主要鉴定特征也多侧重于外形，而化石标本主要保存骨骼或牙齿，因此在将化石标本鉴定为现生种时需要谨慎。以下涉及到的 4 个现生种是在文献中有一定的描述的，但是对于鉴定特征都没有较为详尽的表述，需要将来的工作来补充与完善。

周氏鼠兔 *Ochotona chowmincheni* Erbajeva, Flynn, Li et Marcus, 2006
（图 110，图 111）

正模 AMNH 141394，头骨连左右下颌骨。山西保德刘王沟（Liu Wang Kou），上中新统保德组。

鉴别特征 较大型的鼠兔，头骨平，具极宽的眶间区，鼻骨后端极宽。p3 的下前边尖宽且具有两个浅的前凹。

评注 正型标本采自山西保德，可能相当于 Zdansky（1923）的第 31 地点。该种的典型特点是鼻骨与额骨宽，p3 的下前边尖上具有两个浅的前凹，但是这种 p3 的形态在内蒙古二登图的 *Ochotona lagreli* 上也可以见到。

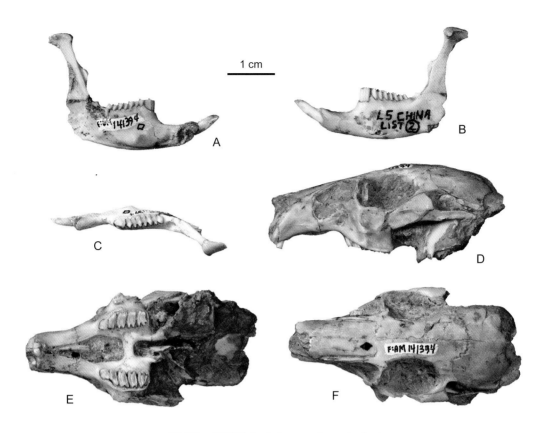

图 110　周氏鼠兔 *Ochotona chowmincheni*

头骨与下颌骨（AMNH 141394，正模）：A. 左下颌骨舌侧视，B. 左下颌骨颊侧视，C. 左下颌骨冠面视，
D. 头骨左侧视，E. 头骨腹面视，F. 头骨顶面视

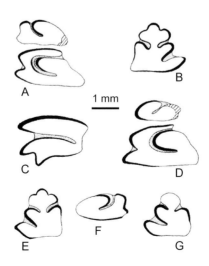

图 111　周氏鼠兔 *Ochotona chowmincheni*（AMNH 141394: A, B, C, E, F）和顾氏鼠兔 *Ochotona
gudrunae*（AMNH 141396: D, G）颊齿形态

A. 左 P2–3，B. 右 p3，C. 左 M2，D. 右 P2–3，E. 左 p3，F. 右 P2，G. 左 p3（引自 Erbajeva et al., 2006）

达乌尔鼠兔 *Ochotona dauurica* (Pallas, 1776)

正模 现生标本，未指定。俄罗斯东西伯利亚库鲁苏特。

鉴别特征 鼻骨狭长，额骨稍隆起，颧弓不向外明显扩展，门齿孔与腭孔合并成一个宽阔的单一大孔，呈长梨形。听泡明显较大，外侧鼓胀。

产地与层位 北京房山周口店山顶洞，上第四系；华北，现代。

评注 *Ochotona dauurica* 为现生种，除分布于中国外，还见于俄罗斯西伯利亚、蒙古。该种的化石标本除周口店山顶洞（Pei, 1940）外，还发现于甘肃庆阳、河北张家口、山西乡宁等地（Young, 1927），但遗憾的是都没有较为详细的描述以及与现生种的对比。

红耳鼠兔 *Ochotona erythrotis* (Büchner, 1890)

选模 ZMRAS No.1554。现生标本，青海布尔汗布达山。

鉴别特征 颅顶面稍上凸，眶颞窝最大直径稍小于从上前臼齿前缘至第一门齿齿沟的距离。门齿孔与腭孔几乎完全分开；腭孔的两边均匀向前收缩，紧接门齿孔后缘；鼻骨长，两边平行；额骨前有一对卵圆孔。

产地与层位 河北，上上新统；西藏、甘肃、青海，现代。

评注 蔡保全（1989）将产自河北泥河湾盆地上新世晚期的一些标本归入该种。泥河湾产出的标本个体大小稍大于 *Ochotona minor*，p3 的形态可能在 *O. minor* 的变异范围之内，但下颌骨及颊齿略粗壮，p4 颊侧颌骨没有瘤状突起，咬肌脊与咬肌窝也不发育。在对比了现生鼠兔的下颌骨形态之后，认为这些标本可暂时归入红耳鼠兔。

纤巧鼠兔 *Ochotona gracilis* Erbajeva et Zheng, 2005
（图 112）

正模 IVPP V 14186，右 p3。甘肃灵台文王沟（中国科学院古脊椎动物与古人类研

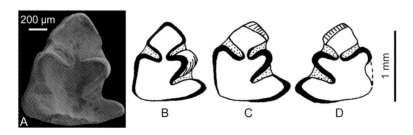

图 112 纤巧鼠兔 *Ochotona gracilis*

A, B. 右 p3（IVPP V 14186，正模），C. 右 p3，D. 左 p3（B–D 引自 Erbajeva et Zheng, 2005，素描图）

究所野外地点编号 93001），上上新统。

鉴别特征　小型鼠兔。p3 后部近方形，内、外两侧边缘近乎等长；前内褶沟与前外褶沟深度相当，且都指向中线，稍向后倾。

产地与层位　甘肃灵台雷家河（文王沟 93001 地点剖面 WL10 层，小石沟剖面 L4 层），上新统。

顾氏鼠兔 *Ochotona gudrunae* Erbajeva, Flynn, Li et Marcus, 2006
（图 111，图 113）

正模　一不完整头骨，鼻骨前部、P2–M2 齿冠残破，残破左右下颌骨带 p3–m3（AMNH 141396）。山西寿阳草庄，下第四系。

鉴别特征　个体大，头骨眶间区窄，门齿孔与腭孔相融合；下颌粗壮。p3 的下前尖小而圆且无珐琅质，齿桥宽。

评注　从正模围岩判断，模式标本不是从黄土层中产出的，根据共生哺乳动物化石初步判断产出层位可能相当于榆社盆地的海眼组。该种个体很大，大于所有现生种类。

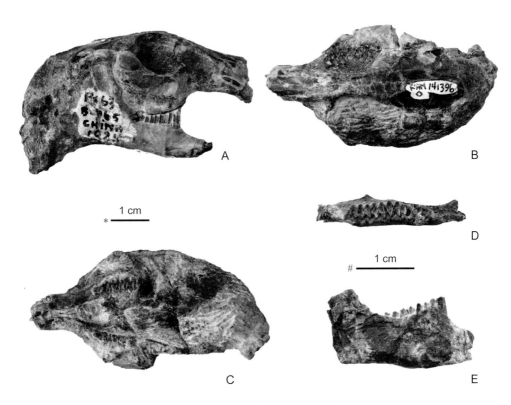

图 113　顾氏鼠兔 *Ochotona gudrunae*

不完整头骨与下颌骨（AMNH 141396）：A. 头骨右侧面视，B. 头骨顶面视，C. 头骨腹面视，D. 左下颌骨冠面视，E. 左下颌骨舌侧视；比例尺：* - A–C，# - D, E

吉隆鼠兔 *Ochotona guizhongensis* Ji, Hsu et Huang, 1980

(图 114)

正模 IVPP V 5204，残破的上颌，具左、右 P2–M2。西藏吉隆沃马，上中新统。

鉴别特征 颊齿高冠。P2 的前外褶曲较浅且由白垩质充填。P3 有白垩质充填，新月形褶曲同齿的前外谷相连，内侧有一短而宽的次沟。P4–M2 齿列有一长的次沟，因而有前、后脊之分，到颊面处前、后脊由一狭小的通道连接。M2 有一后突。

评注 该种与拉氏鼠兔（*Ochotona lagreli*）较为相似，但其 P2 近椭圆形，并且颊齿相对较窄。

图 114 吉隆鼠兔 *Ochotona guizhongensis*

残破的上颌，具左、右 P2–M2（IVPP V 5204，正模）：冠面视

突颅鼠兔 *Ochotona koslowi* (Büchner, 1894)

正模 现生标本，未指定。青海、西藏、和新疆交界的昆仑山东段的"风山谷"。

鉴别特征 体型大，吻短，门齿孔与腭孔合并成一大孔。鼻骨前宽后狭，鼻骨中部稍凹陷，额骨上无卵圆小孔，额骨在眼眶中部非常隆起，顶骨向后倾斜，两侧有突起不平坦，枕骨向后方突出，超过枕骨大孔。颧弓显著外突近成弧形，眼眶特大，眶间部很窄。

下颌骨粗壮，齿隙很短。

产地与层位 北京周口店第一地点，中更新统；青藏高原，现代。

评注 该现生种为青藏高原特有种（中国科学院西北高原生物研究所，1989）。在周口店第一地点发现的标本数量较多，至少有 70 个个体（Young, 1934），主要在第四层及之下的层位中。区别于现生种，周口店的这些标本鼻骨更向后，眶间区稍宽，翼窝前缘位置靠前，呈尖角形。

拉氏鼠兔 *Ochotona lagreli* Schlosser, 1924

（图 115）

Ochotona lagreli：Schlosser, 1924, p. 49 (part)

Ochotona cf. *lagreli*：Teilhard de Chardin, 1926, p. 1–15

Ochotona cf. *lagreli*：Young, 1935, p. 5

Ochotona lagrelii：Bohlin, 1942b, p. 143

正模 MEUU No.108，残破左下颌骨（Schlosser, 1924, pl. IV, figs. 14, 14a）。内蒙古化德二登图，上中新统二登图组。

鉴别特征 上门齿强烈弯曲，P2 齿柱直，只有一个前褶沟，下门齿较直，后缘延伸至 p4 跟座位置，p3 冠面近三角形，齿柱向内侧弯曲，具一个内侧与两个外侧褶沟，皆充填

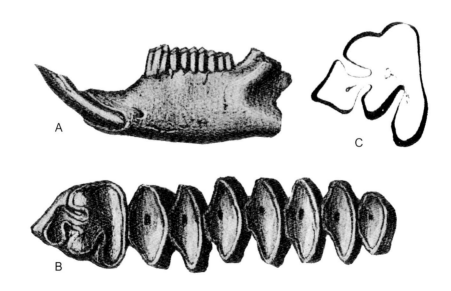

图 115 拉氏鼠兔 *Ochotona lagreli*

左下颌骨具 p3–m3（MEUU No. 108）：A. 下颌骨颊侧视，B. p3–m3 冠面视，C. p3 冠面视（A, B 引自 Schlosser, 1924, pl. IV, figs. 14, 14a；C 引自 Bohlin, 1942b, fig. 14I）（均为素描图，未按比例）

白垩质，后外褶沟伸向内侧或后内侧，深度稍小于咬面宽度的一半，前内褶沟与前外褶沟深，在多数标本上被一窄的釉质桥断开，少数标本上两褶沟完全相连，后内壁平或稍凹。

产地与层位 广泛分布于中国北方上中新统至上新统。

评注 该种已有标本较多，不仅个体大小有较大的变异而且形态结构上也存在明显的不同（Qiu, 1987）。如有些 p3 具后内侧褶沟，有些 p3 下前边尖前外侧具有凹陷或褶沟，有些 P2 上有内侧褶沟，M2 的后突起发育程度也存在较大的差异等。

灵台鼠兔 *Ochotona lingtaica* Erbajeva et Zheng, 2005
（图 116）

正模 IVPP V 14185，右 p3。甘肃灵台文王沟（中国科学院古脊椎动物与古人类研究所野外地点号 93001），上上新统。

鉴别特征 中等大小。p3 的下前边尖大，菱形，后面齿尖部分宽度明显大于长度，后外环明显长，前内褶沟向后外侧延伸，比前外褶沟深。

产地与层位 甘肃灵台雷家河（文王沟 93001 剖面 WL7, 8, 10, 11 层），上新统。

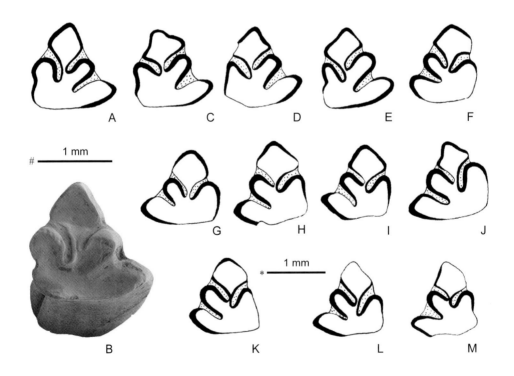

图 116　灵台鼠兔 *Ochotona lingtaica*

A, B. 右 p3（IVPP V 14185，正模），C–E. 右 p3，F–M. 左 p3；冠面视；比例尺：∗ - A, C–M，# - B（A, C–M 引自 Erbajeva et Zheng, 2005，素描图）

巨鼠兔 *Ochotona magna* Erbajeva et Zheng, 2005

（图 117）

正模 IVPP V 14183，右 p3。河北蔚县大南沟，下更新统泥河湾组。

鉴别特征 个体大。p3 下前边尖呈粗壮的棱形，前内褶沟深，后内向延伸。后面齿尖部分宽度大于长度，后外环相对较短。

评注 该种个体大，牙齿形态与 *Ochotona plicodenta* 相当，p3 的下前边尖也呈粗壮的棱形，只是其前内褶沟壁光滑不褶皱。

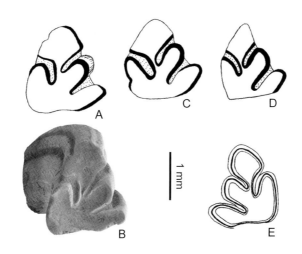

图 117　巨鼠兔 *Ochotona magna*

A, B. 右 p3（IVPP V 14183，正模），C. 右 p3，D, E. 右 p3；A–D. 冠面视，E. 根部视（A, C–E 引自 Erbajeva et Zheng, 2005，素描图）

小鼠兔 *Ochotona minor* (Bohlin, 1942)

（图 118）

Ochotona lagreli：Schlosser, 1924, p. 49 (part)

Ochotona lagrelii minor：Bohlin, 1942b, p. 143–153

正模 MEUU No. 111，残破左下颌骨（Schlosser, 1924, pl. IV, fig. 19）。内蒙古化德二登图，上中新统二登图组。

鉴别特征 个体很小。颊齿相对于 *Ochotona lagreli* 纤细，p4 之下的水平支明显膨胀，咬肌窝深，后颏孔位置靠后。

产地与层位 内蒙古二登图、哈尔鄂博，上中新统二登图组—下上新统；甘肃天祝松山，上中新统。

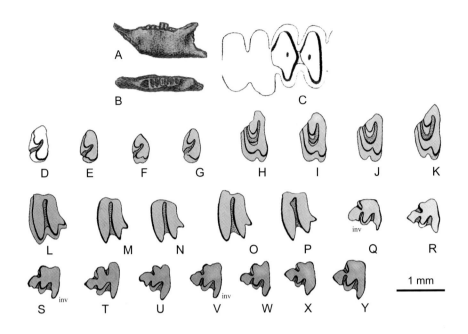

图 118 小鼠兔 *Ochotona minor*

A–C. 左下颌骨及所附颊齿（MEUU No. 111，正模，Schlosser, 1924, pl. IV, fig. 19），D–G. P2（IVPP V 7993.16–17, V 7994.1–2），H–K. P3（IVPP V 7993.1–4），L–P. M2（IVPP V 7993.71–73, V 7994.80–81），Q–Y. p3（IVPP V 7994.93–94, V 7993.90, V 7994.95, V 7993.91–93, V 7994.96–97）：A. 下颌骨颊侧视，B. 下颌骨冠面视，C. 牙齿及齿槽冠面视（A–C 未按比例），D–Y. 除反转（inv）外皆为左侧（A–C 引自 Bohlin, 1942b；D–Y 引自 Qiu, 1987）

评注 该种的一个显著特点是个体小。Bohlin（1942b）认为这些小个体不应是年轻个体而是成年个体，应该是种或亚种的区别，谨慎地命名了一个新亚种。Qiu（1987）依据更多内蒙古二登图发现的标本确认了其种级地位。

泥河湾鼠兔 *Ochotona nihewanica* Qiu, 1985

（图 119）

Ochotona lagrelii minor：郑绍华，1981，37 页

正模 IVPP V 6294，几乎完整的头骨及同一个体的左右下颌骨（IVPP V 6294.1）。河北蔚县大南沟，下更新统泥河湾组。

鉴别特征 个体较小。头骨短，顶骨与额骨宽，颧骨咬肌附着突弱，位置偏外，后鼻骨明显后伸。后颏孔位置靠前，冠状突不明显凸起，髁突向后尖削迅速。P2 呈长方形，具一浅而宽的前内褶，P3 两叶舌侧收缩。

评注 该种个体较小鼠兔大，并未落入 *Ochotona minor* 的变异范围之内，P2 前颊侧

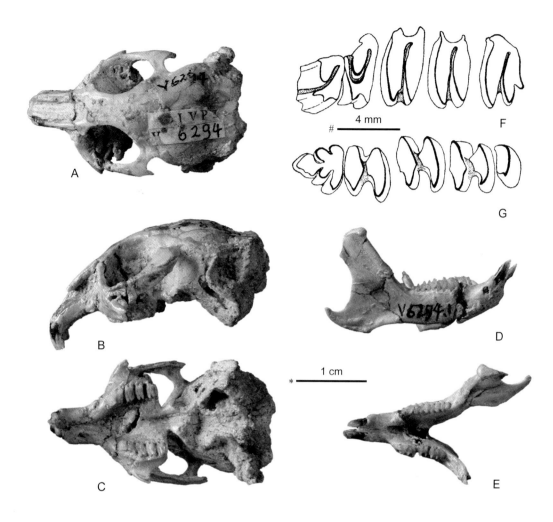

图 119　泥河湾鼠兔 *Ochotona nihewanica*

A–C. 头骨（IVPP V 6294，正模），D, E. 下颌骨（IVPP V 6294.1，正模），F. 左上齿列（IVPP V 6294），
G. 左下齿列（IVPP V 6294.1）：A. 顶面视，B, D. 右侧视，C. 腹面视，E–G. 冠面视；比例尺：∗ - A–E，# - F,
G（F, G 引自邱铸鼎，1985，素描图）

有发达的角棱，颊侧缘平直。Wu 和 Flynn（2017）列出了榆社盆地海眼组发现的两件个体
很小的下颌骨，仅依据大小以及产出层位谨慎地将它们归为 *Ochotona* cf. *O. nihewanica*。

褶齿鼠兔 *Ochotona plicodenta* Erbajeva et Zheng, 2005

（图 120）

正模　IVPP V 14182，右下颌骨带 p3–m2。甘肃灵台文王沟（中国科学院古脊椎动
物与古人类研究所野外地点号 93001），上上新统。

鉴别特征　中等大小的鼠兔。p3 的前内褶沟与后外褶沟比前外褶沟深，下前边尖棱

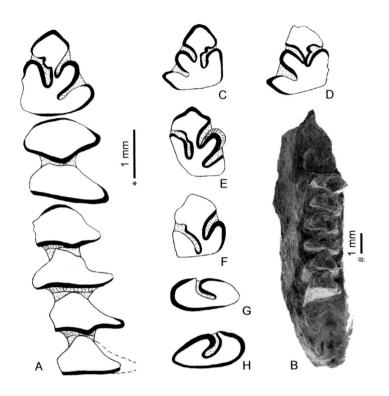

图 120　褶齿鼠兔 *Ochotona plicodenta*

A, B. 右下颌骨带 p3–m2（IVPP V 14182，正模），C, D. 左 p3，E, F. 右 p3，G. 左 P2，H. 右 P2：冠面视；
比例尺：* - A, C–H，# - B（A, C–H 引自 Erbajeva et Zheng, 2005，素描图）

形，前角尖且具珐琅质，后内边缘珐琅质褶皱。

产地与层位　甘肃灵台雷家河（文王沟 93001 剖面 WL8、WL12 层；小石沟剖面 L5 层），上新统。

评注　褶齿鼠兔的正模标本上 p3 破损，仅保留有齿槽内部分。该种与灵台鼠兔产于同一层位且大小相当、形态接近，两者是否同种需要进一步研究。

戴氏鼠兔 *Ochotona tedfordi* Erbajeva, Flynn, Li et Marcus, 2006

（图 121）

正模　AMNH 141395，较完整的头骨连下颌骨。山西寿阳张家庄，上中新统上部。

鉴别特征　中等大小的鼠兔，头骨深，腭骨短。P2 短宽，前内褶沟深，具浅的前外凹陷。P3 近三角形，前边脊短。p3 的下前边尖菱形并与下后边尖（posteroconid）几乎完全分开，下前内褶沟与前外褶沟近乎等深，下外褶沟后内向，下内褶沟向后，下后外褶沟深度为齿宽的一半，充填白垩质。

评注　正模的共生哺乳动物与榆社盆地马会组产出的相当。Wu 和 Flynn（2017）

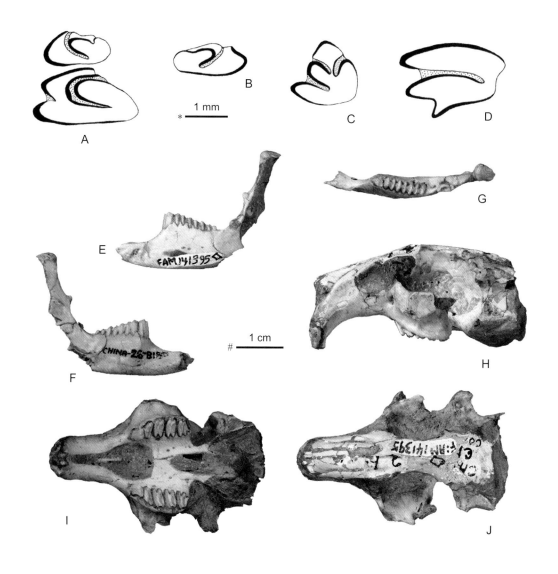

图 121　戴氏鼠兔 *Ochotona tedfordi*

部分牙齿冠面形态（A–D）和头骨与右下颌骨（E–J）（AMNH 141395，正模）：A. 左 P2–3，B. 右 P2，
C. 左 p3，D. 左 M2，E. 右下颌骨舌侧视，F. 右下颌骨颊侧视，G. 右下颌骨冠面视，H. 头骨左侧视，I. 头
骨腹面视，J. 头骨顶面视；比例尺：* - A–D，# - E–J（A–D 引自 Erbajeva et al., 2006，素描图）

描述为 *Ochotona lagreli* 的一件残破头骨（山西榆社高庄组，南庄沟段 YS39c，IVPP V
11208.1）在上齿列大小形态等方面与戴氏鼠兔很接近，尤其是 P2 具有前外褶沟，但头
骨特征差异较大，具发育的眶上脊，眶间区凹，鼻骨宽，眶下孔更大等。

藏鼠兔 *Ochotona thibetana* (Milne-Edwards, 1871)

正模　现生标本，未指定。四川宝兴。

鉴别特征 中等大小。门齿孔与腭孔合并成一梨形大孔。额骨上无卵圆小孔。头骨背面侧视较低平，或略微隆凸而成弧形，眼眶长与齿隙近于等长，听泡大小适中。

产地与层位 北京门头沟灰峪（周口店第十八地点），下第四系；四川、青海、西藏、云南等，现代。

评注 *Ochotona thibetana* 系现生种，现分布于四川、青海、西藏、云南等地。德日进（Teilhard de Chardin, 1940）将周口店第十八地点的 4 件头骨、22 件下颌骨归入 *Ochotona* cf. *O. thibetana*。化石标本头骨微弯曲、门齿孔与腭孔合并成一大孔等特征与现生藏鼠兔很接近。如果它们的确属此种，该种在第四纪早期就在北京地区出现了。

杨氏鼠兔 *Ochotona youngi* Erbajeva et Zheng, 2005
（图 122）

正模 IVPP V 14184，右 p3。河北蔚县大南沟，下更新统泥河湾组。

鉴别特征 小型鼠兔。p3 的下前边尖近矩形，前外边与后内边短，前内边与后外边

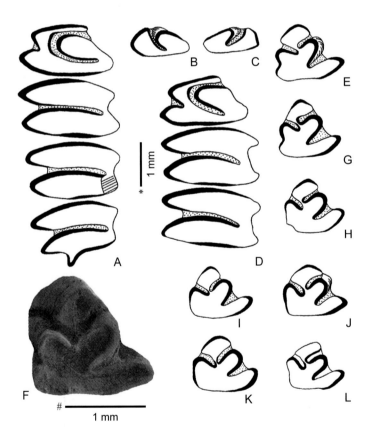

图 122 杨氏鼠兔 *Ochotona youngi*

A. 左 P3–M2，B. 左 P2，C. 右 P2，D. 左 P3–M1，E, F. 右 p3（IVPP V 14184，正模），G–L. 右 p3：冠面视；

比例尺：＊- A–E, G–L，# - F（A–E, G–L 引自 Erbajeva et Zheng, 2005，素描图）

长。后面齿尖不对称，宽度大于长度，外边较内边长。所有褶沟近乎等长。

产地与层位 河北蔚县东窑子头大南沟，下—中更新统泥河湾组；阳原马圈沟，下更新统泥河湾组。

张氏鼠兔 *Ochotona zhangi* Erbajeva et Zheng, 2005
（图 123）

Ochotona daurica：郑绍华等，1998，插图 3A, 3B

正模 IVPP V 14187，残破左下颌骨具门齿与 p3–m2。山东平邑小西山第一地点，中更新统。

鉴别特征 大型鼠兔。p3 相对大，下前边尖菱形，与后面齿尖完全分开；后面齿尖

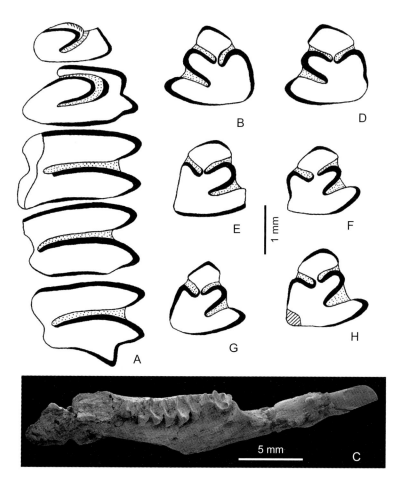

图 123 张氏鼠兔 *Ochotona zhangi*

A. 右 P2–M2，B. 左 p3，C. 残破左下颌骨带门齿与 p3–m2（IVPP V 14187，正模），D. 左 p3，E–H. 右
p3：冠面视（A, B, D–H 引自 Erbajeva et Zheng, 2005，素描图）

宽度大于长度，内外侧边缘近乎等长。

　　产地与层位　山东平邑东阳白庄村小西山第一与第四地点，中更新统。

单门齿中目　Mirorder SIMPLICIDENTATA Weber, 1904

　　概述　Simplicidentata 一词为 Lilljeborg 于 1866 年创建的。直到 1904 年 Weber 在其《Die Säugetiere》一书的分类系统中才正式启用，它包括了所有的啮齿动物（松鼠、鼠、豪猪等）。依当时的化石记录，尚未发现混齿目（见下）类的动物，在实际意义上，Simplicidentata 即等于 Rodentia，只是高阶元的安排上，Simplicidentata 强调了它与 Duplicidentata 的亲缘（姐妹群）关系。此后的一百多年来，众多的哺乳动物分类专著都采用了 Simplicidentata 这一分类阶元来包括啮齿类动物（Tullberg, 1899；Zittel, 1925；Dechaseaux, 1958 等）。随着 20 世纪 20 年代在蒙古采得 Eurymylus 化石后，尤其近半个世纪以来，亚洲古近纪的基干啮型动物有了众多发现，Li 等（1987）、McKenna 和 Bell（1997）、Rose（2006）等则赋予了 Simplicidentata 新的涵义，即：它包括了基干类型的 Mixodontia 和 Rodentia 两个分类阶元。

混齿目　Order MIXODONTIA Sych, 1971

　　概述　混齿目（Mixodontia, mixo，希腊文：混杂；don，希腊文：牙齿）为 Sych 于 1971 年新建的一个"单型"（monotype）目。当时目内仅包括 Eurymylus laticeps 一属一种。E. laticeps 是 Matthew 和 Granger 于 1925 年记述的发现在蒙古晚古新世格沙头期的一种小型哺乳动物化石，其模式标本为一件具有 5 个完整颊齿（P3–M3）的右上颌骨（AMNH 20422，见图 124B）。因其颊齿横宽，故属名取宽臼齿兽（Eury，希腊文：宽；mylu，希腊文：臼齿），当时把它归入？更猴科（?Plesiadapidae）。而在同一篇文章中，另一件采自同一地点的左下颌骨（AMNH 20424）因其具有后伸的下门齿，被作者归入 Glires，取名疑古鼠（Baënomys ambiguus）。至 1929 年，Matthew、Granger 和 Simpson 在补充研究格沙头动物群的新材料时，才把 Baënomys ambiguus 定为 Eurymylus laticeps 的同物异名，并创建了新科 Eurymylidae。当时给出的新科特征是：颊齿齿式 2•3/2•3；下门齿为啮型动物类型，后伸至颊齿之下；下颊齿高冠，具齿根，三角座高，跟座低，两者磨蚀后釉质层均呈环状；上颊齿横宽，三尖，臼齿有形成前后齿带的趋势；咬肌起于颧弓，止于下颌 m3 的后缘；眶下孔小。

　　自 1929 年 Matthew 等重新厘定 Eurymylus 之后，多年来对 Eurymylus 的系统位置各家都有不同的见解。1942 年，Wood 仔细观察对比了保存在美国自然历史博物馆的全部 Eurymylus 标本（5 件上下颌骨），找出 14 个与兔形目的相似特征和 4 个不同特征，

最后得出的结论是 *Eurymylus* 是一种古新世的兔子。1945 年，Simpson 在他的"The principles of classification and a classification of mammals"中，把 Eurymylidae 直接归入兔形目，与兔科和鼠兔科并列，并指出"*Eurymylus* 似应是一兔形类，但如此原始，应是接近于鼠兔类和兔类的'原型'，而在形态上与后二者又十分不同 (p. 197)"。1957 年，Wood 在"What, if anything, is a rabbit?"中依据 *Eurymylus* 又一次指出：①啮齿类与兔形类在系统发育上无亲缘关系；②兔形类没有证据起源于食虫类；③兔形类有可能起源于踝节类 (Condylarthra)。1964 年，Van Valen 在讨论兔形目起源时，把 *Eurymylus*、*Mimolagus* 和其他兔形类归并为同一支系，这一支系与 *Pseudictops* 支系的共同祖先，可能是 lagomorph 的起源所在。

1971 年，Sych 根据波 - 蒙考察团在蒙古另一晚古新世地点那伦布鲁克 (Narun Buluk) 采到的 9 件上下颌骨，对照美国自然历史博物馆馆藏标本的模型，对 *Eurymylus* 做了重新研究，并给出新的特征："上下颌具有一对终生生长门齿的哺乳动物；下颊齿 5 个 (p3–m3)，呈丘 - 切 (Buno-sectorial) 型；上颊齿 5 个 (P3–M3)，丘型齿，横宽，颊侧有两个显著的齿尖，舌侧在臼齿上有一大的齿尖；下门齿伸至 m3，下颌角突内翻，后腭骨孔起自 M3 处"。在讨论 *Eurymylus* 的系统位置时，Sych 指出："把 *Eurymylus* 从兔形目中分出应该是有充足理由的"，"如作为啮齿目的一员比归入兔形目同样也是证据不足"，因之"*Eurymylus* 可能代表着一未知进化系统，是一个在始新世前业已灭绝的目" (Sych, 1971) （图 124、图 125）。

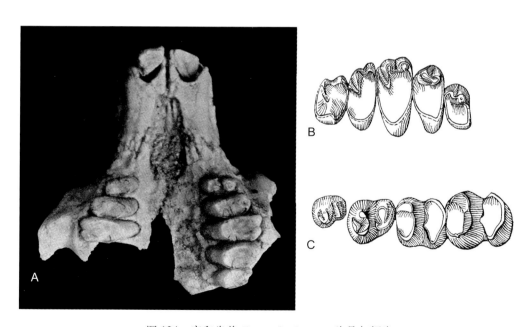

图 124　宽臼齿兽 *Eurymylus laticeps* 头骨与颊齿

A. 头骨前部，具左 P3–M3、右 P3–M1 (Z-Pa1 MgM-II62)，B. 右 P3–M3 (AMNH 20422，正模) 的素描图，C. 右 p3–m2 (AMNH 21738) 的素描图：冠面视 (A 引自 Sych, 1971, pl. XXVI, fig.1；B, C 引自 Wood, 1942, figs. 2, 5) （未按比例）

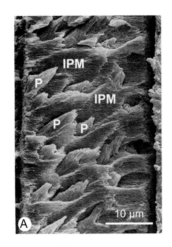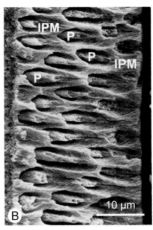

图 125　宽臼齿兽 *Eurymylus laticeps* 右下门齿（Z-Pal MgM-II61）釉质层微观结构

A. 纵切面，B. 横切面

釉质厚度为 25–30 μm，釉质层为单层的放射型釉质，具极薄的无釉质表层，釉柱无交错弯曲。在釉质层内
部，釉柱倾斜于齿釉质界面约 30°。釉柱横截面为椭圆形，釉柱间质厚，间质晶体与釉柱长轴呈较大角度，
间质晶体近似垂直于齿釉质界面（引自 Martin, 2004, fig. 3, p. 417，毛方园译）

缩写：P. 釉柱，IPM. 釉柱间质

　　就在 Sych 建立 Mixodontia 的同一年（1971），另一篇研究 *Eurymylus* 的重要论文
问世，Szalay 和 McKenna 创建了一个新目：狸兽目（Anagalida）。它包括了四个蒙古
高原特有的晚白垩世到古近纪的科：Zalambdalestidae、Anagalidae、Pseudictopidae 和
Eurymylidae，并认为与狸兽类之系统关系最近的是兔形类。狸兽类的特征是："后边前
臼齿臼齿化，下三角座前后向扁，上颊齿呈现三角柱形和单侧高冠的趋势。其冠面齿纹
磨蚀早期即消失，门齿不同程度的匐伸，已知的骨骼（尤其是足骨）近兔形类者"。从此，
在相当长的时期内 Eurymylidae 被视为 Anagalida 目中的一员（李传夔，1977；翟人杰，
1977，1978；李传夔等，1978；McKenna et Bell, 1997；Rose, 2006）。

　　1977 年，李传夔记述了发现于安徽潜山古新世的晓鼠（*Heomys*），认为其与啮齿类
起源有关，把它归于 Eurymylidae，并置于狸目（Anagalida）之下。次年，翟人杰（1978）
记述了发现于新疆早始新世的 eurymylid 化石，并建新属菱臼齿兽（*Rhombomylus*），同样
把 Eurymylidae 置入 Anagalida 目中。1979 年，李传夔等又记述了湖南衡阳早始新世的另
一宽臼齿兽类：晨光兽（*Matutinia*），其分类系统一如前者。1979 年，李传夔和阎德发的
论文中，把 Eurymylidae 置入 Mixodontia 之下，并将后者作为 Rodentia 的一个亚目[①]。
1985 年，Li 和 Ting 都延续地采用了把 Eurymylidae 置于 Anagalida 目中。至 1987 年，
Li 等在"The origin of rodents and lagomorph"一文中，才把 Mixodontia 的分类位置做了

① 李传夔，阎德发 . 1979. Eurymylids 的系统位置和啮齿类的起源 . 中国古生物学会第 12 届年会报告 . 155–156

如下调整：

　　Cohort Glires

　　Superorder Duplicidentata

　　Superorder Simplicidentata

　　　Order Mixodontia

　　　　Family Eurymylidae

　　　　Family Rhombomylidae

　　　Order Rodentia

1988 年，Dashzeveg 和 Russell 在研究蒙古和中国古新世及始新世的 Mixodontia 时，又建立了 *Eomylus*、*Amar* 和 *Khaychina* 三个新属，加之 Dashzeveg 等在前一年（1987）定的另一新属 *Zagmys*，Dashzeveg 和 Russell 对 Mixodontia 提出如下分类：

　　Order Mixodontia

　　Family Eurymylidae

　　　Subfamily Eurymylinae: *Eurymylus, Heomys, Rhommylus* (=*Matutinia*), *Amar*

　　　Subfamily Khaychininae: *Khaychina*

　　　Subfamily Zagmyinae: *Zagmys*（Averianov 1994 年认为应归入 Mimotonidae）

　　　Subfamily Hypsimylinae: *Hypsimylus*

　　Family Mimotonidae: *Mimotona, Gomphos*

　　尽管 Dashzeveg 和 Russell 对当时的基干啮型类做了全面的综述，但其分类系统，尤其是亚科的建立却从未被学者所接受。

　　1998 年，Dashzeveg 等又记述了发现于蒙古早始新世查干胡苏（Tsagan Khushu）的 5 件小型啮型动物的下颌骨，命名为蒙古欺鼠（*Decipomys mongoliensis*），并据此建立另一新科 Decipomyidae，将其归入 ?Mixodontia。该标本显示齿式 1•0•1•3，不同于混齿目有两个下前臼齿；门齿釉质层虽为两层，但缺少施氏明暗带；颊齿，尤其 p4 过于简单、跟座发育不全等特点似乎与已知其他的 mixodonts 均不相同，是否归入 Mixodontia 尚待证实。

　　1996 年，Wyss 和 Meng 在探讨啮齿类冠群及干群时提出了如下分类：

　　Glires

　　Duplicidentata

　　Simplicidentata

　　　Eurymylus, Matutinia, Rhombomylus

　　Rodentiamorpha

　　　Heomys

　　Rodentiaformes

Tribosphenomys

Rodentia

Meng 和 Wyss（2001）在 "The morphology of *Tribosphenomys* (Rodentiaformes, Mammalia): Phylogenetic implications for basal Glires" 论文中，对创建这一分类系统的缘由和每一分类阶元的定义都做了详细的阐述。对历来各家定义的 Mixodontia、Eurymylidae、Eurymyloidea 等的不同内涵也做了较深入的剖析，指出各家应用的这些分类阶元都不完全是单系类群，这也是著者摒弃使用这些分类阶元的缘由。但 Wyss 和 Meng（1996）的这一分类，二十多年来，评论和应用的人不多。

综上所述，不难看出不同学者在研究 eurymylids 时，采取的分类系统和应用的阶元名称各不相同，甚至同一作者在不同时期也犹豫不一，这其中不仅对阶元的定义和内涵带来混乱，也难免出现非单系类群组合。这些问题的清理只能期待学者们深入的专题研究，而非本志书所能及。

定义与分类　啮型动物仅具一对门齿的基干类群。目前多采用一目：混齿目（Mixodontia Sych, 1971），一科：宽臼齿兽科（Eurymylidae Matthew, Granger et Simpson, 1929）的分类办法。

形态特征　见 Eurymylidae 科的特征。

分布与时代　中亚（蒙古、中国），中古新世至早始新世。

宽臼齿兽科 Family Eurymylidae Matthew, Granger et Simpson, 1929

模式属　宽臼齿兽 *Eurymylus* Matthew et Granger, 1925

定义与分类　本志书采用宽臼齿兽科为混齿目中唯一的科级单元，其定义与分类当与混齿目者等同。

鉴别特征　基干啮型动物，具一对终生生长的上下门齿（DI2, di2）。个体小或中等，齿式 1•0•2–3•3/1•0•2•3；门齿釉质层结构为双层或单层，臼齿构造纹饰比较简单，上臼齿基本由丘型的原尖、前尖和后尖组成，另具大的后小尖和小的前小尖，原尖之后有发育程度不等的次尖架，无齿带，始新世属种的前、后小尖退化为前、后脊。下臼齿三角座横扁，高于跟座，m3 具较小的下次小尖。

中国已知属　*Eomylus, Hanomys, Heomys, Matutinia, Palaeomylus, Rhombomylus, Sinomylus, Taizimylus*，共 8 属。

分布与时代　中国内蒙古、新疆、安徽、湖北、湖南，中古新世—早始新世。

评注　*Hypsimylus* 在翟人杰 1977 年建立新属时，被归入 Eurymylidae 科。之后，对其归属有多种不同看法（Li et Ting, 1985；Dashzeveg et Russell, 1988；McKenna et Bell, 1997），直到 2004 年 Meng 和 Hu 在记述内蒙古晚始新世的另一新种 *H. yihesubuensis* 时

对该属做了详细的分析，认为 *Hypsimylus* 实为一兔类，当归于 Lagomorpha（详见本册志书 66 页）。

宽臼齿兽科 *Amar*、*Eurymylus*、*Khaychina*、*Zagmys* 及 ?*Decipomys* 5 属发现在蒙古。

晓鼠属 Genus *Heomys* Li, 1977

模式种 东方晓鼠 *Heomys orientalis* Li, 1977

鉴别特征 在 Eurymylidae 内个体中等偏小。头骨较高，眶下孔高，门齿孔较大，前颌骨在顶面上延伸至上颌骨之后。齿式 1•0•2–3•3/1•0•2•3。P3 双根，颊侧仅有一尖；P4 三根，颊侧具有大的前尖和小的后尖，次尖架与原尖间以次沟分开。臼齿近方形，具次沟、但不伸达齿根部，后小尖不大、但清晰。M1 最大，其前尖部位稍显向前外方突出，M1 和 M2 的后小尖小，M3 后部退缩。下颊齿与 *Mimotona* 者相似，细微差别可能是 *Heomys* 的下前臼齿、尤其 p3 不及 *Mimotona* 者发育，臼齿齿冠稍低，三角座与跟座的高差相对较小，臼齿的跟凹封闭较完全及下次小尖较小等。

中国已知种 *Heomys orientalis* 和 *H.* sp. 两种。

分布与时代 安徽，中古新世。

评注 *Heomys* 的分类位置已如上述，唯 McKenna 和 Bell（1997, p. 114）将其置于 Rodentia 目之下，而没有进一步的分类。

东方晓鼠 *Heomys orientalis* Li, 1977

（图 126，图 127）

Heomys orientalis：Li et Ting, 1985, p. 38.

Heomys orientalis：Li et al., 1987, p. 102

Heomys orientalis：Dashzeveg et Russell, 1988, p. 161

Heomys orientalis：Huang et al., 2004, p. 85

Heomys orientalis：Rose, 2006, p. 321

正模 IVPP V 4321，头骨前部，保存有完整齿列。安徽潜山痘姆杨小屋，痘姆组（中古新世晚期）。

归入标本 IVPP V 4322，一件右下颌骨残段，具 p4–m3；IVPP V 7514，一件左下颌骨，具 p3–m3。

鉴别特征 同属。

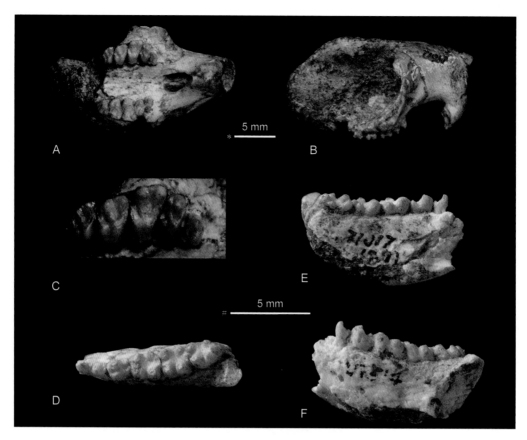

图 126　东方晓鼠 *Heomys orientalis* 头骨与下颌骨

A–C. 头骨前部具完整齿列（IVPP V 4321，正模），D–F. 左下颌骨具 p3–m3（IVPP V 7514）：A. 腭面视，
B. 右侧视，C. 右 P3–M3，冠面视，D. 冠面视，E. 颊侧视，F. 舌侧视；比例尺：* - A, B，# - C–F

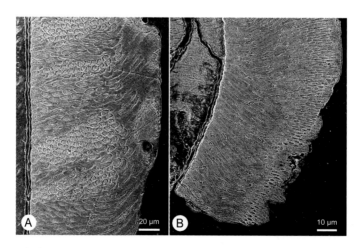

图 127　东方晓鼠 *Heomys orientation* 上门齿（IVPP V 4321，正模）釉质层微观结构

A. 纵切面，B. 横切面

釉质厚度约为 125 μm，釉质双层，外层为薄的放射型釉质层、占整个釉质厚度的 30%。内层具施氏明暗带，
施氏明暗带厚度为 2–11 个釉柱宽度，倾角为 10°–30°，明暗带间没有过渡区域，釉柱横截面在内层为不
规则圆形，釉柱间质与釉柱长轴近似平行；在外层为卵圆形，釉柱间质与釉柱长轴具较大交角。釉柱间质
较厚（引自 Mao et al., 2017）

晓鼠未定种 *Heomys* sp.

（图 128）

在安徽潜山黄铺张家屋（野外地点编号 71010）望虎墩组上部发现一件幼年个体头骨的前半部，头骨挤扁，保存有 DI2 及残破的 4 个颊齿（IVPP V 4323），李传夔（1977）在描述时将 4 个颊齿暂定为 DP2–M1 或 DP1–DP4，如被认定为 DP1–DP4，则 V 4323 号头骨牙齿替换后，至少也应具有 P2。这件标本虽不完整，但其重要意义在于：①它是一件截至目前已记述的发现层位最低、时代最早的 Mixodontia；②它具有至少 2 个或 3 个前臼齿。在 Mixodontia 中，除了 2001 年 McKenna 和 Meng 记述的 *Sinomylus* 外，其他属种仅有 2 个。

图 128　晓鼠未定种 *Heomys* sp.
残破头骨前段，具 DP2–M1 或 DP1–DP4（IVPP V 4323）：腭面视

汉江鼠属 Genus *Hanomys* Huang, Li, Dawson et Liu, 2004

模式种　麦氏汉江鼠 *Hanomys malcolmi* Huang, Li, Dawson et Liu, 2004

鉴别特征　在 eurymylids 中为中等大小，颧弓前根背腹向宽展，形成由上颌骨及颧骨组成的颧骨下突，但远不及 *Rhombomylus* 那样强烈，门齿孔小。下颌骨体较厚，垂直支为高大的方形，缺少像在 *Rhombomylus* 下颌上特有的于关节突 - 角突之间向前深凹的切迹，关节突横宽，角突内翻、估计远不及 *Rhombomylus* 那样极度后伸；齿式 1·0·2·3/1·0·2·3，上颊齿单侧高冠，P3、P4 和 *Sinomylus* 一样具有三个齿根，P4 的后尖缺失，p4 的三角座较跟座横宽。颊齿类似 *Heomys*，但稍显横宽。

中国已知种　仅模式种。

分布与时代　湖北，晚古新世。

评注　Huang 等（2004）在鉴别特征中提到 *Hanomys* 与 *Heomys* 的区别在于后者 P3 双根，P4 具有后尖，次尖不太向舌侧伸展；与 *Eurymylus* 的区别在于后者门齿孔大，上前白齿双根，上颊齿的次尖架不太向舌侧伸展，下颊齿的三角座较跟座更高；与 *Sinomylus* 的区别在于后者具有 P2，上颊齿的次尖架窄小；另外汉江鼠与后三者在颧弓结构上也有所区别。与始新世的 *Matutinia* 和 *Rhombomylus* 区别在于汉江鼠的门齿孔稍大，上前白齿具有三个齿根，上白齿单面高冠较弱，次尖架小、不向后扩展，下白齿不成双脊型。

上述 *Hanomys* 与其他属的区别特征有的还有待进一步验证，如上前白齿的齿根在 *Hanomys*、*Sinomylus*、*Matutinia* 和 *Rhombomylus* 中均为三根，而 *Heomys* 的 P4 也是三根，这就很难以齿根作为 *Hanomys* 属的独有的鉴别特征。再如颧弓结构，*Hanomys* 标本保存了部分颧弓，其形态有点近似 *Matutinia* 和 *Rhombomylus* 颧弓的雏形，但其他古新世各属的颧弓基本都未保存，也难以作为对比特征。在 Eurymylidae 甚至整个基干啮型类中由于发现化石的不完整性，相互比较的确存在困难，有待更多材料的发现来厘清各属间的异同。

麦氏汉江鼠 *Hanomys malcolmi* Huang, Li, Dawson et Liu, 2004

（图 129）

正模　IVPP V 12555，不完整的头骨，具左、右 DI2，P3 齿槽，P4–M3 及同一个体的左下颌骨，具 di2，p3 齿槽，p4–m3。湖北丹江口嚣川镇八庙村，上古新统白营组（?）。

鉴别特征　同属。

中华臼齿兽属 Genus *Sinomylus* McKenna et Meng, 2001

模式种　翟氏中华臼齿兽 *Sinomylus zhaii* McKenna et Meng, 2001

鉴别特征　在 Eurymylidae 中个体为小，仅略大于 *Eomylus*。为宽臼齿兽科中唯一具有 P2 者。头骨高，吻部宽短，门齿孔不大；门齿釉质层结构单层；P2 单根、柱形，其前面有一圆形齿槽，可能为 DP1(?)，P3、P4 三根，显有弱的次尖，P4 缺后尖；M1、M2 原尖偏向颊侧，单侧齿冠较高，前、后小尖大，前小尖分别延伸出前外、后外两小脊（preparaconule crista, postparaconule crista），中附尖小且低。

中国已知种　仅模式种。

分布与时代　安徽，晚古新世。

评注　McKenna 和 Meng（2001）在建立新属种时，在新属鉴别特征中提到 "*Sinomylus*

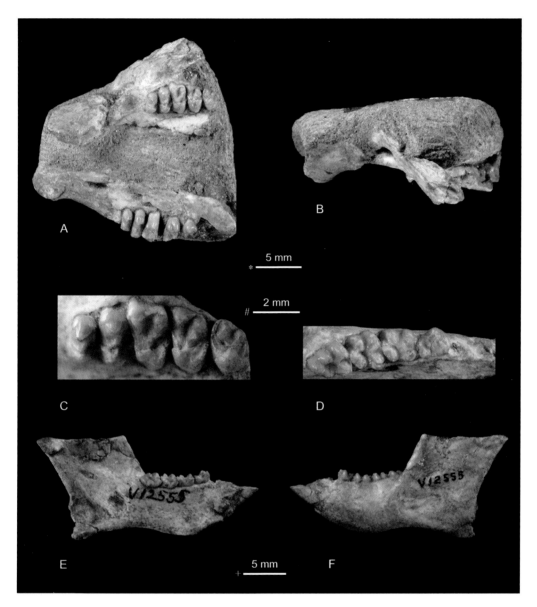

图 129　麦氏汉江鼠 *Hanomys malcolmi*

不完整的头骨，具左、右 DI2，P3 齿槽，P3–M3 及同一个体的左下颌骨（IVPP V 12555，正模）：A. 头
骨前部冠面视，B. 头骨前部左侧视，C. 左 P3–M3 冠面视，D. 左 p3–m3 冠面视，E. 左下颌骨舌侧视，
F. 颊侧视；比例尺：* - A, B，# - C, D，+ - E, F

与 mimotonids 和兔形类构成的 Duplicidentata 的区别在于单门齿；与 eurymylids 和啮
齿类构成的 Simplicidentata 的区别在于具有 P2；进一步与 Eurymylids，除 *Eomylus* 和
Tribosphenomys 的区别在于门齿釉质层为单层；与 *Eomylus* 的区别在于颊齿较窄长；与
Eurymylus 的区别在于个体小，门齿孔小；与 *Heomys* 和 *Rhombomylus* 的区别在于次尖不
很发育；与 *Tribosphenomys* 和 *Alogomys* 的区别在于单侧齿冠高、次尖发育和前、后小尖
不很显凸。"

另，*Sinomylus* 是在 Eurymylidae 中唯一保存有 P2（牙根）的一属，据此，McKenna 和 Meng（2001）推论：*Sinomylus* 可能代表了一类原始的 simplicidentate，它与宽臼齿兽类和啮齿类这一支系（clade）构成姐妹组（另一个支系）。但依据发现在安徽潜山望虎墩组上部的 *Heomys* sp.（IVPP V 4323）头骨上也有可能具有 P2，而发现于新疆的 *Taizimylus tongi* 同样具有 P2，因之由 *Sinomylus* 和 Eurymylidae+Rodentia 支系所构成的姐妹组也值得商榷了。至于在 IVPP V 12431 头骨右侧 P2 前的小洞是否是幼年个体留下的 P1 也有待证实。

翟氏中华臼齿兽 *Sinomylus zhaii* McKenna et Meng, 2001

（图 130，图 131）

正模　IVPP V 12431，一件头骨前部，具 DP2，左 P2 齿根，完好的左 P3–M2，破损的右 P2–M2 及左右部分的 M3。安徽嘉山土金山，上古新统土金山组。

鉴别特征　同属。

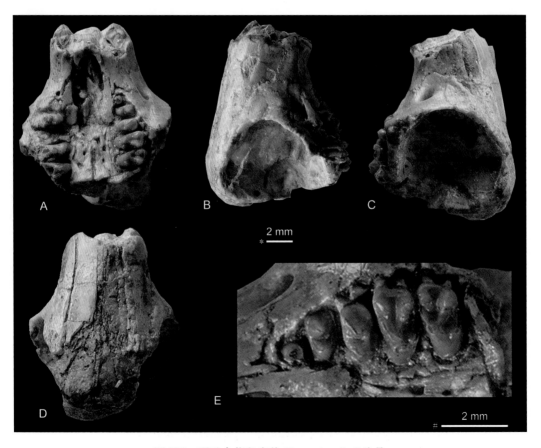

图 130　翟氏中华臼齿兽 *Sinomylus zhaii* 头骨
头骨前部及左 P3–M2（IVPP V 12431，正模）：A. 冠面视，B. 右侧面视，C. 左侧面视，D. 顶视，E. 左 P3–M2 冠面视；比例尺：∗ - A–D，# - E

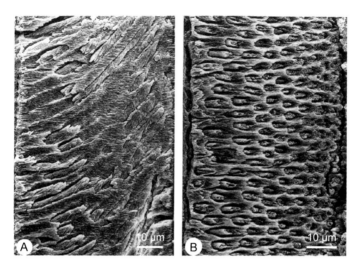

图 131 "*Sinomylus zhaii*" 右上门齿釉质层微观结构

A. 纵切面，B. 横切面

釉质厚度约为 60 μm，釉质层为单层的放射型釉质，釉柱无交错。釉质层内部的釉柱倾斜于齿釉质界面约
20°，靠近外侧则上升至 50°。釉柱横截面为不规则圆形至椭圆形，釉柱间质厚，间质晶体垂直于齿釉质
界面（引自 Martin, 1999, p. 262, fig. 4, 此标本为从 M. C. McKenna 处得到，毛方园译）

台子臼齿兽属 Genus *Taizimylus* Mao, Li, Wang et Li, 2017

Eurymylidae gen. et sp. nov.：童永生，1978，84 页

模式种 童氏台子臼齿兽 *Taizimylus tongi* Mao, Li, Wang et Li, 2017

鉴别特征 个体中等大小，齿式：1•0•3•3，DI2 后伸至上颌骨内，颊齿低冠，P4–
M1 在颊齿中最宽，臼齿的次沟缺失，原尖小于次尖，次尖连接后小尖，前尖与后尖融通，
在 M1 及 M2 上的前附尖位于前尖之前颊侧，门齿釉质层结构单层。

中国已知种 仅模式种。

分布与时代 新疆，晚古新世。

评注 1978 年，童永生记述这件发现在新疆吐鲁番盆地台子村组的头骨前部（IVPP
V 5178）时，曾鉴定为宽臼齿兽科（?）未定的新属新种（?Eurymylidae gen. et sp. nov.）。
依据童永生的描述"头骨挤压变形，缺颅顶部、颧弓，仅存几颗不完整的牙齿。…… 第
一上门齿伸长至上颌骨，釉质层分布于牙齿外侧。I1 之后有一椭圆形 I2 齿根"，其齿式
为 2•0•2(?)•3。童在讨论中指出："IVPP V 5178 号标本从总体看来可与宽臼齿兽比较，
但很不同于宽臼齿兽（*Eurymylus*），如具 I2 ……。和 *Mimolagus* 比较，都具 I2，但后者
具有三个前白齿，个体大得多，因此，不能归入 *Mimolagus*。IVPP V 5179 标本代表这一
类另一新属新种，由于头骨保存太差，暂不定名"（童永生，1978，84 页）。

又：童永生的文章发表于 1978 年出版的《中国科学院古脊椎动物与古人类研究所

甲种专刊》第十三号上，但交稿日期远在 1975 年之前，因之，与 1977 年李传夔发表的 *Heomys* 和 *Mimotona* 等新材料不可能加以比较。

Mao 等在 2017 年的文中给出的区别鉴别特征是：不同于双门齿类 *Mimotona*、*Mina*、*Gomphos*、*Amar*、*Anatolimys*（只有下颌骨）、*Mimolagus* 和兔形类为仅有一对门齿；不同于所有 eurymylids 和 mimotonids 的是台子臼齿兽的次尖位于原尖的远后外方并与后小尖相接，M1、M2 前附尖位于前尖之外侧；进一步与 *Rhombomylus*、*Matutinia*、*Mimotona* 和 *Heomys* 的不同在于其颊齿齿冠低、原尖小、无次沟。

童氏台子臼齿兽 *Taizimylus tongi* Mao, Li, Wang et Li, 2017

（图 132—图 136）

正模　IVPP V 5178，残破头骨的前半部，具有破的左 M1–2。新疆吐鲁番盆地连木沁，古新统上部台子村组。

鉴别特征　同属。

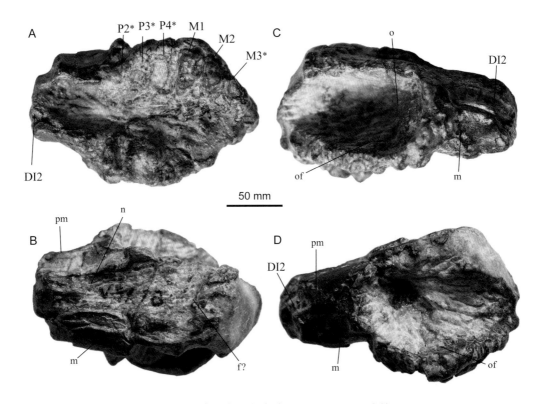

图 132　童氏台子臼齿兽 *Taizimylus tongi* 头骨

残破头骨的前半部，具有破的左 M1–2 (IVPP V 5178，正模)：A. 腹面视，B. 背面视，C. 右侧视，D. 左侧视；* 仅有齿根，推测为 P2、P3、P4、M3（引自 Mao et al., 2017）

f. 额骨（frontal），m. 上颌骨（maxilla），n. 鼻骨（nasal），o. 眼眶（orbit），of. 眶底（orbital floor），pm. 前颌骨（premaxilla）

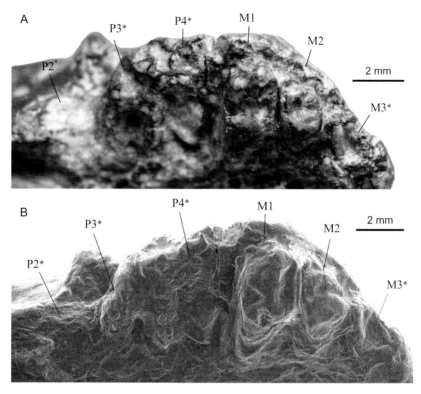

图 133　童氏台子臼齿兽 *Taizimylus tongi* 上齿列

左上齿列（IVPP V 5178，正模）冠面视：A. 显微照相，B. 扫描照相（大部颊齿已破坏，唯 M1–2 尚保存）；
* 含义同图 132（引自 Mao et al., 2017）

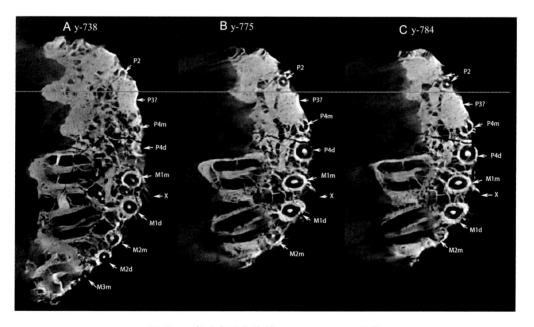

图 134　童氏台子臼齿兽 *Taizimylus tongi* 齿根

左上颊齿（IVPP V 5178，正模）的齿根扫描图像：A–C 显示从根部到接近齿冠部不同深度的（y-738、y-775、
y-784）齿根状况：颊侧齿根呈圈状。中间小点为髓腔，黑色圆圈为齿质。充填区可视为 P3 所在。m、d
分别指示近中侧、远中侧（引自 Mao et al., 2017）

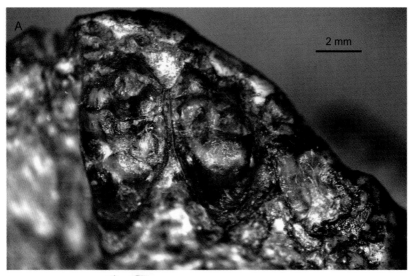

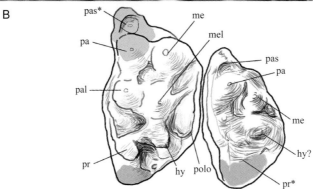

图 135 童氏台子臼齿兽 *Taizimylus tongi* 上臼齿

左颊齿（IVPP V 5178，正模）：A. M1–2 颊齿图像，B. M1–2 扫描及素描图（引自 Mao et al., 2017）

hy. 次尖（hypocone），me. 后尖（metacone），mel. 后小尖（metaconule），pa. 前尖（paracone），pal. 前小尖（paraconule），pas. 前附尖（parastyle），polo. 后脊（posteroloph），pr. 原尖（protocone），＊ 残破

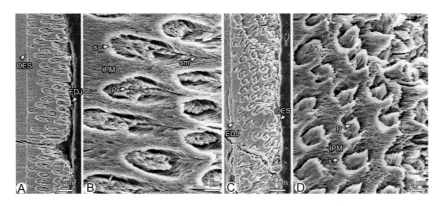

图 136 童氏台子臼齿兽 *Taizimylus tongi* 门齿（IVPP V 5178，正模）釉质层微观结构

A. 釉质层横切面，B. 横切面近顶端，显示釉柱及釉柱间质，C. 釉质层纵切面，D. 纵切面近顶端

釉质厚度约为 30 μm，釉质层为单层放射型釉质，釉柱无交错。釉柱倾斜于齿釉质界面约 45°。釉柱横截面为不规则圆形至椭圆形，具中缝结构，釉柱间质厚，间质晶体垂直于齿釉质界面

EDJ. 齿质 - 釉质层界面，IPM. 釉柱间质，OES. 釉质外表面，P. 釉柱，s. 鞘，sm. 中缝（引自 Mao et al., 2017）

始臼齿兽属 Genus *Eomylus* Dashzeveg et Russell, 1988

模式种 *Eomylus zhigdenensis* Dashzeveg et Russell, 1988

鉴别特征 个体在 Eurymylidae 中为最小，上臼齿横宽，单侧高冠，次尖架呈低于原尖的窄三角形，后小尖大，无前附尖及中附尖，下臼齿的下次小尖极大；下跟座具有前内 - 后外向的对角线型的磨蚀面。

中国已知种 *Eomylus bayanulanensis* 和 *E. borealis* 两种。

分布与时代 中国、蒙古，晚古新世。

评注 Meng 等（2005b）在修订 *Eomylus* 鉴别特征时提到该属与 *Rhombomylus*、*Matutinia*、*Mimotona*、*Heomys*、*Eurymylus*、*Gomphos* 和 *Amar* 的区别在于上臼齿横宽，次尖架窄；与 *Sinomylus* 的区别在于次尖架稍大，前尖和后尖贴近颊侧齿缘及原尖更靠舌侧。

巴彦乌兰始臼齿兽 *Eomylus bayanulanensis* Meng, Wyss, Hu, Wang, Bowen et Koch, 2005

（图 137—图 139）

正模 IVPP V 14126.1，右 M2。

归入标本 IVPP V 14126.2，一左上颌骨具 M1-3；IVPP V 14127.1，一右下颌骨具

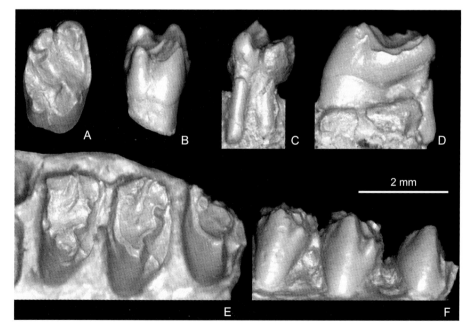

图 137 巴彦乌兰始臼齿兽 *Eomylus bayanulanensis* 上颊齿

A–D. 右 M2 (IVPP V 14126.1，正模)；A. 冠面视，B. 舌侧视，C. 颊侧视，D. 前面视；E, F. 左 M1-3 (IVPP V 14126.2)；E. 冠面视，F. 舌侧视（引自 Meng et al., 2005b）

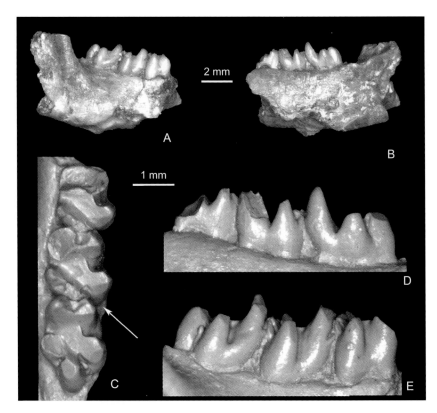

图 138 巴彦乌兰始臼齿兽 *Eomylus bayanulanensis* 下颊齿

右下颌骨，具 m1–3（IVPP V 14127.1）：A. 颊侧视，B. 舌侧视，C. 齿列冠面视（箭头指示牙齿磨蚀方向），
D. 齿列舌侧视，E. 齿列颊侧视（引自 Meng et al., 2005b）

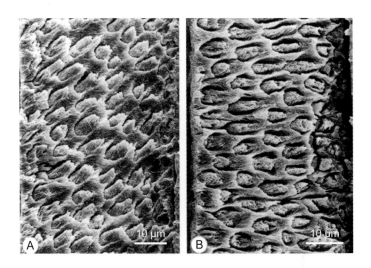

图 139 cf. *Eomylus* sp. 左下门齿（MA 125）釉质微观结构

A. 纵切面，B. 横切面

釉质厚度为 35–45 μm，釉质层为单层放射型釉质，具非常薄的无釉质表层，釉柱无交错，在纵切面上稍微
弯曲。釉质层内部的釉柱倾斜于齿釉质界面约 35°，靠近外侧则上升至 45°。釉柱横截面为椭圆形或不规则
圆形，釉柱间质厚，间质晶体与釉柱长轴不平行，与釉柱长轴的夹角大约为 45°，且垂直于齿釉质界面（Martin,
1999, p. 262, fig. 5，标本采自蒙古 Nemegt Basin Tsagan Kushu, Zhigden，晚古新世，毛方园译）

m1–3；IVPP V 14127.2，一左下颌骨具 m2–3；IVPP V 14127.3，一右下颌骨具 m2–3 与一左下颌骨前段具门齿；IVPP V 14127.4，一左 m3。

鉴别特征 巴彦乌兰种区别于属型种 *Eomylus zhigdenensis* 在于上颊齿不及后者宽扁，单侧高冠较低；上颊齿的后小尖更凸大，M2 的前尖和后尖之间被一颊侧小沟所分开；下颊齿也不像属型种那样横向宽扁，下跟座上对角线磨蚀面更强深；下颌骨体相对较低。与 *E. borealis* 的区别在于巴彦乌兰种的个体小，下臼齿相对显窄长，下次小尖相对较窄小，并在下臼齿上有不完整的前齿带。

产地与层位 内蒙古二连盆地巴彦乌兰，上古新统巴彦乌兰组。

北方始臼齿兽 *Eomylus borealis* (Chow et Qi, 1978)

(图 140)

Mimotona borealis：周明镇、齐陶，1978，79 页

Eomylus borealis：Dashzeveg et Russell, 1988, p. 138

Eomylus borealis：Meng et al., 2005b, p. 8

正模 IVPP V 5531，右下颌骨，具有 di2、p3 齿根、p4–m2。内蒙古四子王旗脑木根，上古新统脑木根组。

鉴别特征 个体大（m2 L/W：2.3 mm/2.5 mm），下颌骨前部肿厚；臼齿轮廓近方形，不像巴彦乌兰种偏窄长，下跟座上下次尖与下次小尖之间形成一深的豁口，但前内 - 后外磨蚀面不很明显，下次小尖大，横宽。

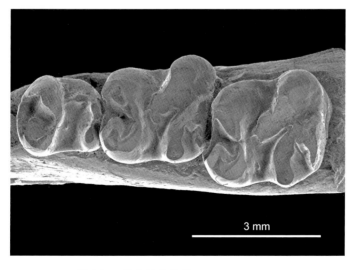

图 140　北方始臼齿兽 *Eomylus borealis*

右下颌骨具 p4–m2（IVPP V 5531，正模）：冠面视

评注　1978 年，周明镇、齐陶在记述 IVPP V 5531 右下颌时，定为 *Mimotona borealis*。之后，Dashzeveg 和 Russell（1988）将其归入 *Eomylus* 属，但此种个体较属内其他两种，甚至比古新世的其他 Glires 属种都大。据 Dashzeveg 和 Russell（1988）、Meng 等（2005b）分别对 *E. zhigdenensis* 和 *E. bayanulanensis* 正模 M2 的测量，其 L/W 分别为 1.5 mm/3.3 mm 和 1.53 mm/2.51 mm，在基干啮型类中为个体小者，而 *E. borealis* 的 m2 为 2.3 mm/2.5 mm，且骨体显宽厚及下次小尖横宽等特征显然有别于 *Eomylus* 的其他两种。在无上颊齿等新材料发现前，北方种的分类位置尚有待确定。

古臼齿兽属 Genus *Palaeomylus* Meng, Wyss, Hu, Wang, Bowen et Koch, 2005

模式种　李氏古臼齿兽 *Palaeomylus lii* Meng, Wyss, Hu, Wang, Bowen et Koch, 2005

鉴别特征　在 Eurymylidae 中个体属中等大小。上臼齿前尖与后尖之间具有一弱的、但清楚的中棱（centrocrista），上臼齿的后小尖与后尖等大，前小尖小，两者分别紧靠后尖和前尖，而远离原尖，后小尖的前侧有一特有的磨出齿质的磨蚀面，三角凹呈开阔的长方形，无中附尖。下颌骨骨体低细，具三个大的颏孔，m3 的下次脊连接下次尖和下内尖，使下次小尖构成孤立第三叶。

中国已知种　仅模式种。

分布与时代　内蒙古，晚古新世。

评注　Meng 等（2005b）将 *Palaeomylus* 进一步与 *Sinomylus* 做了比较，指出 *Palaeomylus* 的个体较大，颊齿舌侧齿冠较低，原尖的尖顶更靠舌侧并与次尖架融合，齿脊微弱，但小尖更清晰，中附尖缺失，p4 结构简单。与 *Eurymylus*、*Rhombomylus* 和 *Matutinia* 比较，*Palaeomylus* 则个体小，颊齿齿尖显著而次尖架小。

李氏古臼齿兽 *Palaeomylus lii* Meng, Wyss, Hu, Wang, Bowen et Koch, 2005
（图 141—图 143）

正模　IVPP V 14128，一件右上颌骨，具 P4–M1。内蒙古二连盆地巴彦乌兰，上古新统脑木根组上部。

归入标本　IVPP V 14129.1–6，6 件具有不完整齿列的左右下颌骨；IVPP V 14130.1–3，3 件不完整的下颌骨；IVPP V 14131–14132，两件左右下颌骨及若干颅后骨骼。产地与层位和正模标本相同。

鉴别特征　同属。

产地与层位　内蒙古二连盆地巴彦乌兰，上古新统脑木根组上部。

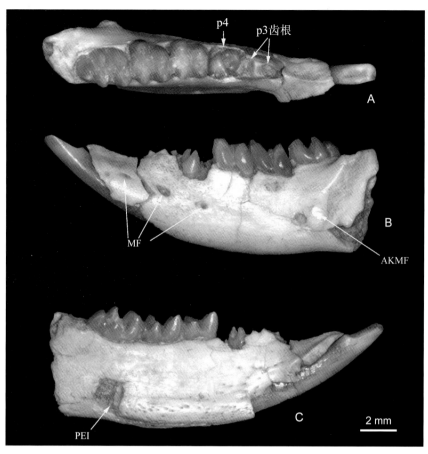

图 141　李氏古臼齿兽 *Palaeomylus lii* 下颌骨

左下颌骨具 di2、p4–m3（IVPP V 14132）：A. 冠面视，B. 颊侧视，C. 舌侧视（引自 Meng et al., 2005b）
AKMF. 咬肌窝之前端点（anterior knot of masseteric fossa），MF. 颏孔（mental foramina），PEI. 门齿后端
（posterior end of incisor）

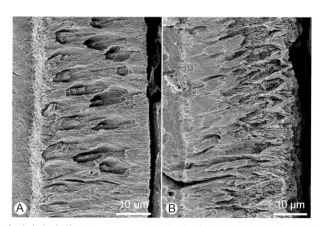

图 142　李氏古臼齿兽 *Palaeomylus lii* 下门齿（IVPP V 14130.2）釉质微观结构

A. 横切面，B. 纵切面

釉质厚度约为 30 μm，釉质层为单层放射型釉质，具薄的无釉柱表层。釉柱无交错，釉柱向尖具 15° 倾斜。
釉柱横截面为不规则圆形至椭圆形，釉柱间质极厚，间质晶体与釉柱长轴具较大角度，间质晶体近似垂直
于齿釉质界面（Meng 个人通信，引自 Mao et al., 2017）

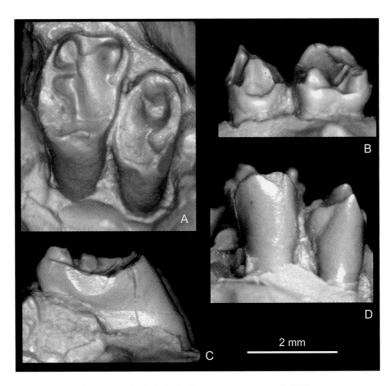

图 143　李氏古臼齿兽 *Palaeomylus lii* 上颊齿

右上颌骨具 P4–M1（IVPP V 14128，正模）：A. 冠面视，B. 颊侧视，C. 后侧视，D. 舌侧视

（引自 Meng et al., 2005b）

晨光兽属 Genus *Matutinia* Li, Chiu, Yan et Xie, 1979

Rhombomylus：Dashzeveg et Russell, 1988, p. 150

Rhombomylus：McKenna et Bell, 1997, p. 114

Matutinia：Ting et al., 2002, p. 1

Matutinia：Meng et al., 2003, p. 16

模式种　闪烁晨光兽 *Matutinia nitidulus* Li, Chiu, Yan et Xie, 1979

鉴别特征　个体在 Eurymylidae 中仅小于 *Rhombomylus*（头骨长可达 5 cm）。在个体大小、头骨、牙齿等特征上远不同于其他的 eurymylids，而十分接近于 *Rhombomylus*，但比后者又较为原始的一类宽臼齿兽类。*Matutinia* 具有 *Rhombomylus* 头骨、牙齿上的所有独特的特征，如岩骨鳞部在颅顶上的开窗、外鼓骨参与构成关节窝的内壁、骨质的长外耳道构成关节窝的后阻挡，乳突部膨大、内多隔壁，结构复杂的颧弓，门齿釉质层双层，颊齿高冠、次沟发育并具有硕大的次尖架等。但所有这些特征发育的都不及 *Rhombomylus* 者极致。而在 *Matutinia* 的头骨上具有 *Rhombomylus* 所缺失的颈动脉孔（carotid foramen），这是作为 *Matutinia* 的主要属征。

中国已知种　仅模式种。

分布与时代　湖南，早始新世。

评注　Dashzeveg 和 Russell（1988, p. 149）认为 *Matutinia* 是 *Rhombomylus* 的晚出异名，并认为前者的 M3 显著小于后者的，因此他们保留了前者的种名，定为 *Rhombomylus nitidulus*。Ting 等（2002）和 Meng 等（2003）经过对两属的深入研究与对比，确定两者之间不仅有明显的进化程度的差异，而且最重要的是 *Rhombomylus* 在头骨上缺少 *Matutinia* 所具有的颈动脉孔，因之，他们都支持 *Matutinia* 为一有效属种。

闪烁晨光兽 *Matutinia nitidulus* Li, Chiu, Yan et Xie, 1979

（图 144—图 151）

正模　IVPP V 5354，头骨前部，保存有完整齿列。

图 144　闪烁晨光兽 *Matutinia nitidulus* 头骨

头骨前部，保存有完整的左右颊齿列（P3–M3）（IVPP V 5354，正模）：冠面视

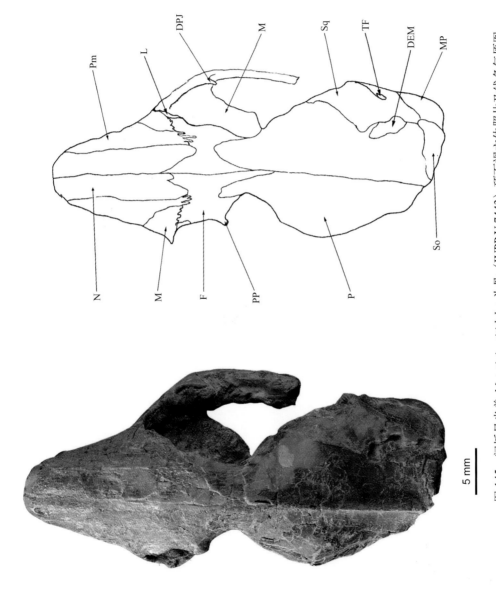

5 mm

图 145 闪烁晨光兽 *Matutinia nitidulus* 头骨（IVPP V 7443）顶面视立体照片及线条复原图

DEM. 岩乳骨之背窗（dorsal exposure of mastoid），DPJ. 颧骨背突（dorsal process of jugal），F. 额骨（frontal），L. 泪骨（lacrimal），M. 上颌骨（maxilla），MP. 岩骨乳部（mastoid of petrosal），N. 鼻骨（nasal），P. 顶骨（parietal），Pm. 前颌骨（premaxilla），PP. 眶后突（postorbital process），So. 上枕骨（supraoccipital），Sq. 鳞骨（squamosal），TF. 颞孔（temporal foramen）（引自 Ting et al., 2002）

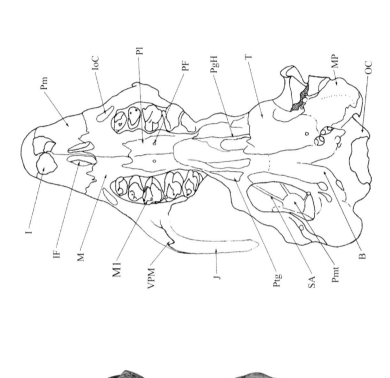

5 mm

图 146 闪烁晨光兽 *Matutinia nitidulus* 头骨（IVPP V 7443）腹面视立体照片及线条复原图
（颅基部依据 IVPP V 7444 复原）

B. 基枕骨（basioccipital），I. 门齿（incisor），IF. 门齿孔（incisive foramen），IoC. 眶下孔（infraorbital canal），J. 颧骨（jugal），M. 上颌骨（maxilla），MP. 岩骨乳部（mastoid of petrosal），OC. 枕髁（occipital condyle），PF. 腭孔（palatine foramen），PgH. 翼钩（pterygoid hamulus），Pl. 腭骨（palatine），Pm. 前颌骨（premaxilla），Pmt. 岬（promontorium），Ptg. 翼骨（pterygoid），SA. 镫骨动脉（stapedis artery），T. 鼓泡（tympanic bulla），VPM. 上颌骨腹突（ventral pocess of maxilla）　（引自 Ting et al., 2002）

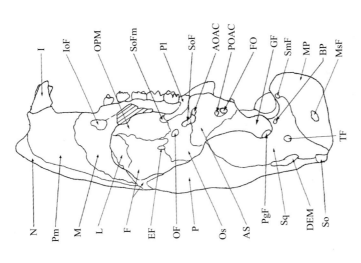

5 mm

图 147 闪烁晨光兽 *Matutinia nitidulus* 头骨（IVPP V 7443）侧视立体照片及线条图（颧弓摘除）

AOAC. 翼蝶管之前开口（anterior opening of alisphenoid canal），AS. 翼蝶骨（alisphenoid），BP. 盲孔（blind pit），DEM. 岩乳骨背突（dorsal exposure of mastoid），EF. 筛骨孔（ethmoidal foramen），F. 额骨（frontal），FO. 卵圆孔（foramen ovale），GF. 关节窝（glenoid fossa），I. 门齿（incisor），IoF. 眶下孔（infraorbital foramen），L. 泪骨（lacrimal），M. 上颌骨（maxilla），MP. 岩骨乳部（mastoid of petrosal），MsF. 乳部孔（mastoid foramen），N. 鼻骨（nasal），OF. 视神经孔（optical foramen），OPM. 上颌骨眶突（orbital process of maxilla），Os. 眶蝶骨（orbitosphenoid），P. 顶骨（parietal），PgF. 关节窝后孔（postglenoid foramen），Pl. 腭骨（palatine），Pm. 前颌骨（premaxilla），POAC. 翼蝶管之前开口（posterior opening of alisphenoid canal），SmF. 茎乳孔（stylomastoid foramen），So. 上枕骨（supraoccipital），SoFm. 蝶眶裂（sphenorbital fissure），SoF. 蝶眶孔（sphenorbital foramen），Sq. 鳞骨（squamosal），TF. 颞孔（temporal foramen）（引自 Ting et al., 2002）

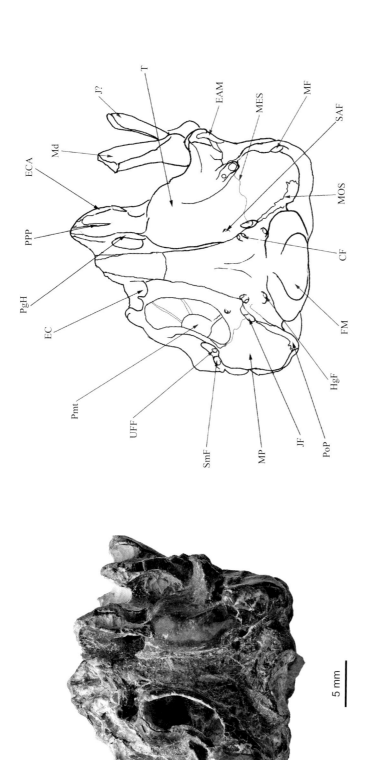

5 mm

图 148 闪烁晨光兽 *Matutinia nitidulus* 颅基部 (IVPP V 7444) 腹面视立体照片及线条复原图

CF. 颈动脉孔 (carotid foramen)，EAM. 外耳道 (external auditory meatus)，EC. 咽鼓管 (eustachian canal)，ECA. 蝶骨外翼脊 (ectopterygoid crest of alisphenoid)，FM. 枕骨大孔 (foramen magnum)，HgF. 舌下神经孔 (hypoglossal foramen)，J. 颧骨 (jugal)，JF. 颈静脉孔 (jugular foramen)，Md. 下颌骨 (mandible)，MES. 乳部 - 外鼓骨骨缝 (mastoid-ectotympanic suture)，MF. 乳突孔 (mastoid foramen)，MOS. 乳部 - 枕骨骨缝 (mastoid-occipital suture)，MP. 岩骨乳部 (mastoid of petrosal)，PgH. 翼钩 (pterygoid hamulus)，Pmt. 岬 (promontorium)，PoP. 副枕突 (paroccipital process)，PPP. 腭骨垂直部 (pars perpendicularis of palatine)，SAF. 镫骨动脉孔 (foramen for stapedial artery)，SmF. 茎乳孔 (stylomastoid foramen)，T. 鼓泡 (tympanic bulla)，UFF. 功能未知的小孔 (foramen of unknown function)   (引自 Ting et al., 2002)

归入标本　IVPP V 7443，较完整的头骨带左下颌骨；IVPP V 7444，残破头骨带右下颌及部分颅后骨骼；IVPP V 7445，头骨（右后部破损）；IVPP V 7446，头骨与下颌骨；IVPP V 7447，部分头骨；IVPP V 7448，部分头骨；IVPP V 7449，幼年个体的部分头骨；IVPP V 7450，头骨。

　　鉴别特征　同属。

　　产地与层位　湖南衡东岭茶，下始新统岭茶组。

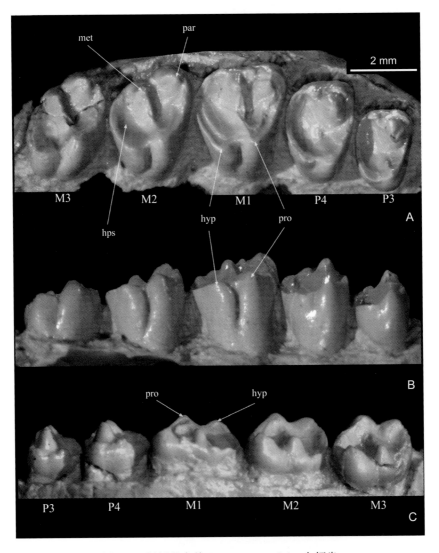

图 149　闪烁晨光兽 *Matutinia nitidulus* 上颊齿

右上颊齿列（P3–M3）（IVPP V 7443）：A. 冠面视，B. 舌侧视，C. 颊侧视

hps. 次尖架（hypocone shelf），hyp. 次尖（hypocone），met. 后尖（metacone），par. 前尖（paracone），
pro. 原尖（protocone）（引自 Ting et al., 2002）

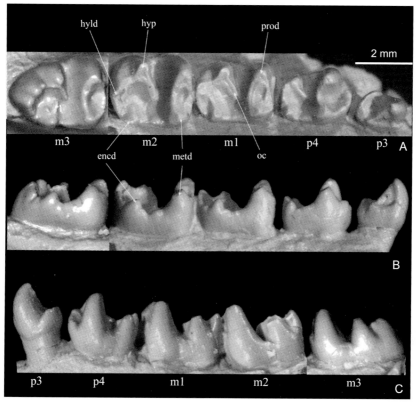

图 150　闪烁晨光兽 *Matutinia nitidulus* 下颊齿

左下颊齿列（p3–m3，m3 为右侧牙齿翻转合成）（IVPP V 7443）：A. 冠面视，B. 舌侧视，C. 颊侧视
encd. 下内尖（entoconid），hyld. 下次小尖（hypoconulid），hyp. 下次尖（hypoconid），metd. 下后尖（metaconid），
oc. 斜脊（cristid obliqua），prod. 下原尖（protoconid）（引自 Ting et al., 2002）

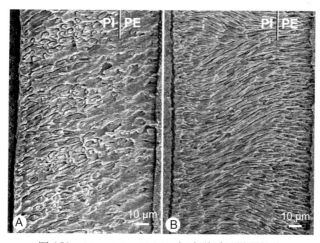

图 151　*Matutinia nitidulus* 门齿釉质层微观结构

A. 下门齿纵切面（IVPP V 7444，MA 172），B. 上门齿横切面（IVPP V 7449，MA 173）
釉质厚度上门齿为 115–125 μm，下门齿为 115–125 μm，上下门齿釉质层均为双层，大部分具薄的无釉柱表
层。外层为放射型釉质层，占整个釉质厚度的 25%–30%。内层具施氏明暗带，施氏明暗带宽度上门齿为 4–5
个釉柱宽，向尖倾斜 15°–25°，下门齿为 3–4 个釉柱宽，向尖倾斜 25°–30°。上下门齿中，釉柱间质晶体与釉
柱长轴呈锐角交错。釉柱横截面在内层呈卵圆形，外层长圆形（引自 Martin, 2004, p. 417–418, fig. 3, 毛方园译）
PI. 内层，PE. 外层

菱臼齿兽属 Genus *Rhombomylus* Zhai, 1978

Rhombomylidae：Li et al., 1987, p. 106

模式种　吐鲁番菱臼齿兽 *Rhombomylus turpanensis* Zhai, 1978

鉴别特征　在 Eurymylidae 科中个体最大者（头长可达 84 mm）。头骨窄扁，眶下孔远高出齿列，门齿孔不大，前颌骨 - 额骨间的骨缝呈梳篦型褶曲线、伸达上颌骨 - 额骨骨缝和鼻骨 - 额骨骨缝之后，具眶后突，岩骨鳞部在颅顶上的开窗大，外鼓骨参与构成关节窝的内壁，外耳道与鳞骨相接，阻挡住关节窝的后伸，乳突部膨大、其内多隔壁，颈动脉孔缺失，由上颌骨、颧骨、鳞骨构成的复杂多角板状的颧弓发育到极致。下颌垂直支极高，冠状突最高且侧扁，关节突远高出齿列、横向，角突呈楔形极向后伸、内翻，构成关节突 - 角突之间巨大的半圆形切迹。齿式：1•0•2•3/1•0•2•3，门齿釉质层双层，颊齿高冠，前小尖、后小尖退化，分别连成前、后脊，使整个颊齿构成以脊型齿为主，次尖架大并延伸至颊侧，与原尖间的次沟伸展到齿根部。

中国已知种　仅模式种。

分布与时代　中国（新疆、湖北、安徽）及蒙古，早始新世。

评注　*Rhombomylus* 是 1978 年翟仁杰根据 1964 年发现在新疆吐鲁番盆地十三间房组的一件头骨前部及下颌而建立的一个新属。1974 年在安徽来安也有该属残破的上下颌骨发现。1975 年中国科学院古脊椎动物与古人类研究所徐余瑄、邱占祥等在豫西 12 地质队的配合下，于湖北丹江口市习家店大尖首先发现了一批包括头骨在内的 *Rhombomylus* 化石。此后至 1998 年，研究所先后派出 9 个考察团组在大尖等地点采集到大量完整的以头骨为主的 *Rhombomylus* 化石。研究工作自李传夔、阎德发（1979[①]）开始，之后李传夔、丁素因（Li et Ting, 1985, 1993）对 *Rhombomylus* 化石做了概略的研讨，确定其分类位置、形态特征等。但系统深入的研究工作是 2003 年孟津、胡耀明和李传夔发表的 "The osteology of *Rhombomylus* (Mammalia, Glires): Implications for phylogeny and evolution of Glires"。该文对 *Rhombomylus* 属进行了分类修订、详细的骨骼形态记述、形态特征的广泛分析、系统发育分析、啮型类分异时间的讨论和对咀嚼及运动机能形态的分析等。他们收集了 50 个化石的、现生的与 Glires 有关的属级分类单元，分析了它们的 227 个牙齿、头骨和颅后骨骼的特征，运用 MacClade 和 PAUP 方法构建出 5 个支序图，从而得出如下的主要结论：① Glires 支系在真兽类中是清楚、稳定的；② 由 *Anagale*、*Anagalopsis*、*Pseudictops* 组成 Glires 的姐妹群；③ 由 Duplicidentata、Simplicidentata、Eurymylidae、Lagomorpha 和 Rodentia 组成的 Glires 支系是清楚、稳定的；④ Duplicidentata 和 Lagomorpha 组成的支系是稳固的，而

---

① 李传夔，阎德发 . 1979. Eurymylids 的系统位置和啮齿类的起源 . 中国古生物学会第 12 届年会报告 . 155–156

Simplicidentata 支系则支持性显弱；⑤分析结果确定 *Eurymylus*、*Heomys*、*Rhombomylus* 和 *Matutinia* 是构成 Eurymylidae 的核心成员，而 *Sinomylus* 则不稳定；⑥ Glires 与其他真兽类的分异时间不应在 K/T 界线之前；⑦对 *Rhombomylus* 的咀嚼机能做了深入的研究，并提出 Glires 咀嚼功能在进化中的 9 点结论；⑧ *Rhombomylus* 的运动为或跑或跳的不均衡方式。

在该文中他们也分析了 *Rhombomylus* 与 *Matutinia* 特征的异同，指出其相同点如颊齿前后加长，次尖架宽大，颧弓结构特别，乳突部开窗于颅顶，前颌骨与额骨间的骨缝呈梳篦形褶曲，外鼓骨构成关节窝的内侧壁，外耳道与鳞骨相接并堵塞了关节窝的后延。而区别在于 *Rhombomylus* 的颊齿齿冠较高，原尖和前尖较高大，次沟深达齿根，颊齿冠面更显脊型，缺失颈动脉孔。基于以上差别，确认 *Rhombomylus* 和 *Matutinia* 均为有效属。

吐鲁番菱臼齿兽 *Rhombomylus turpanensis* Zhai, 1978
（图 152—图 162）

Rhombomylus laianensis：翟人杰等，1976，101 页

Rhombomylus turpanensis：翟人杰，1978，111 页

Rhombomylus sp.：丁素因、李传夔，1984，92 页

Rhombomylus sp.：Li et Ting, 1984, p. 38

Rhombomylus cf. *turpanensis*：Dashzeveg et Russell, 1988

选模　IVPP V 4362，左上颌骨，具 P4–M3。

鉴别特征　同属。

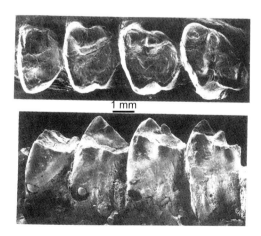

图 152　吐鲁番菱臼齿兽 *Rhombomylus turpanensis* 上颊齿
左上颌骨具 P4–M3（IVPP V 4362，选模）：冠面视（上），舌侧视（下）（引自 Dashzeveg et Russell, 1988，模型照片）

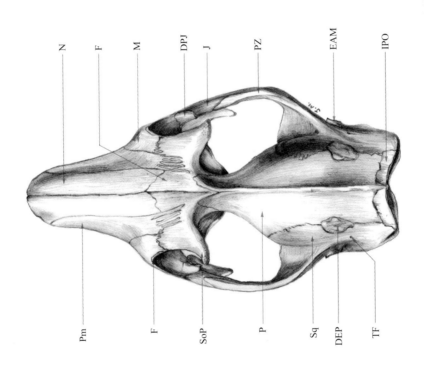

图 153　吐鲁番菱臼齿兽 *Rhombomylus turpanensis* 成年头骨 (IVPP V 5278) 复原素描顶面视图

DEP. 岩乳骨之背窗 (dorsal exposure of petromastoid)，DPJ. 颧骨背突 (dorsal process of jugal)，EAM. 外耳道 (external acoustic meatus)，F. 额骨 (frontal)，IPO. 枕骨之间顶突 (interparietal process of occipital)，J. 颧骨 (jugal)，M. 上颌骨 (maxilla)，N. 鼻骨 (nasal)，P. 顶骨 (parietal)，Pm. 前颌骨 (premaxilla)，PZ. 鳞骨颧突 (zygomatic process of squamosal)，SoP. 眶上突 (supraorbital process)，Sq. 鳞骨 (squamosal)，TF. 颞孔 (temporal foramen)　（引自 Meng et al., 2003）

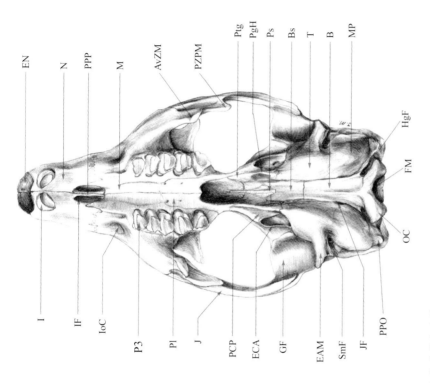

图 154 吐鲁番裂臼齿兽 *Rhombomylus turpanensis* 成年头骨（IVPP V 5278）复原素描腹面视图

AvZM. 上颌骨前腹颧突 (anteroventral zygomatic process of maxilla)，B. 基枕骨 (basioccipital)，Bs. 基蝶骨 (basisphenoid)，EAM. 外耳道 (external acoustic meatus)，ECA. 翼蝶骨之外翼脊 (ectopterygoid crest of alisphenoid)，EN. 外鼻孔 (external nares)，FM. 枕骨大孔 (foramen magnum)，GF. 关节窝 (glenoid fossa)，HgF. 舌下神经孔 (hypoglossal foramen)，I. 门齿 (incisor)，IF. 门齿孔 (incisive foramen)，IoC. 眶下孔（道）(infraorbital canal)，J. 颧骨 (jugal)，JF. 颈静脉孔 (jugular foramen)，M. 上颌骨 (maxilla)，MP. 岩骨乳部 (mastoid of petrosal)，N. 鼻骨 (nasal)，OC. 枕髁 (occipital condyle)，PCP. 枕骨副髁突 (paracondylar process of occipital)，PPO. 枕骨副髁突 (paracondylar process of occipital)，PPP. 前颌骨腭突 (palatine process of premaxilla)，Ps. 前蝶骨 (presphenoid)，Ptg. 翼骨 (pterygoid)，PZPM. 上颌骨后背颧突 (posteroventral zygomatic process of maxilla)，SmF. 茎乳孔 (stylomastoid foramen)，T. 鼓泡 (tympanic bulla) （引自 Meng et al., 2003）

产地与层位　新疆吐鲁番盆地，下始新统十三间房组；湖北丹江口习家店王家院大尖，下始新统玉皇顶组；安徽来安王家港南，下始新统张山集组。

评注　翟人杰发表于《中国科学院古脊椎动物与古人类研究所集刊》第十三号上的 *Rhombomylus turpanensis* 出版时间为 1978 年，但稿件早在 1975 年前已交付出版，由于出版的延误，因之在 1976 年，翟人杰、毕治国和于振江在记述安徽来安的 *Rhombomylus laianensis* 时就先出现了 *Rhombomylus* 的属名。2003 年，Meng 等认为来安种即吐鲁番种的晚出异名，应予废止。

另外，Dashzeveg 和 Russell（1988）鉴于翟人杰（1978）在命名 *Rhombomylus turpanensis* 时并未指定正模，而保存有部分头骨的较完整的标本（IVPP V 4361）又没有确切的记述和图版，因之，选定了有图版的一件左上颌骨（IVPP V 4362）做为选型。Meng 等（2003）也认同 IVPP V 4362 为选型。至于 Dashzeveg 和 Russell（1988）在其论文第 22 插图中展示出一件具有 P4–M3 的左上颌骨（Pss 20-164），鉴定为 *Rhombomylus* cf. *turpanensis*，化石采自蒙古查干呼苏纳伦布拉克地点 I 的下始新统崩班层。由于化石材料太少，缺少记述，而编志者又未见该标本，只能附记于此。

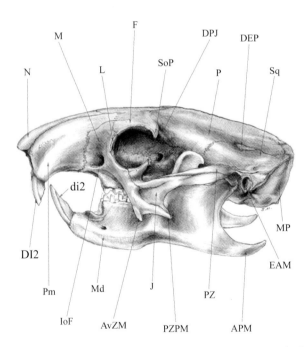

图 155　吐鲁番菱臼齿兽 *Rhombomylus turpanensis* 成年头骨（IVPP V 5278）复原素描左侧视图
APM. 下颌骨角突（angular process of mandible），AvZM. 上颌骨前腹颧突（anteroventral zygomatic process of maxilla），DEP. 岩乳骨之背窗（dorsal exposure of petromastoid），DPJ. 颧骨背突（dorsal process of jugal），EAM. 外耳道（external acoustic meatus），F. 额骨（frontal），IoF. 眶下孔（infraorbital foramen），J. 颧骨（jugal），L. 泪骨（lacrimal），M. 上颌骨（maxilla），Md. 下颌骨（mandible），MP. 岩骨乳部（mastoid of petrosal），N. 鼻骨（nasal），P. 顶骨（parietal），Pm. 前颌骨（premaxilla），PZ. 鳞骨颧突（zygomatic process of squamosal），PZPM. 上颌骨后背颧突（posteroventral zygomatic process of maxilla），SoP. 眶上突（supraorbital process），Sq. 鳞骨（squamosal）（引自 Meng et al., 2003）

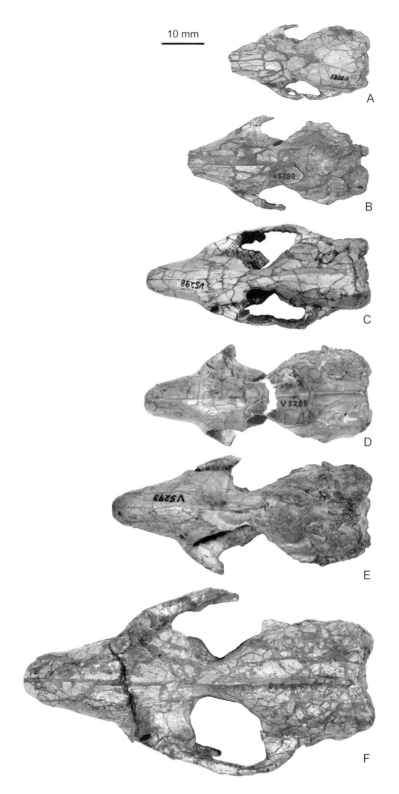

图 156 吐鲁番菱臼齿兽 *Rhombomylus turpanensis* 不同年龄的头骨

A. IVPP V 7585，B. IVPP V 5280，C. IVPP V 5288，D. IVPP V 5289，E. IVPP V 5293，F. IVPP V 5278（引自 Meng et al., 2003）

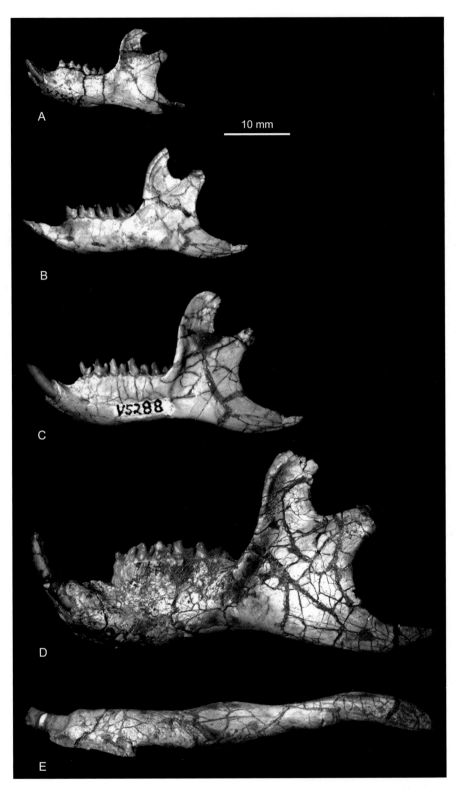

图 157　吐鲁番菱臼齿兽 *Rhombomylus turpanensis* 不同年龄的左下颌骨

A. IVPP V 7585，B. IVPP V 5280，C. IVPP V 5288，D. IVPP V 5278，E. IVPP V 5278；A–D. 左下颌骨颊侧
视，E. 左下颌骨腹面视（引自 Meng et al., 2003）

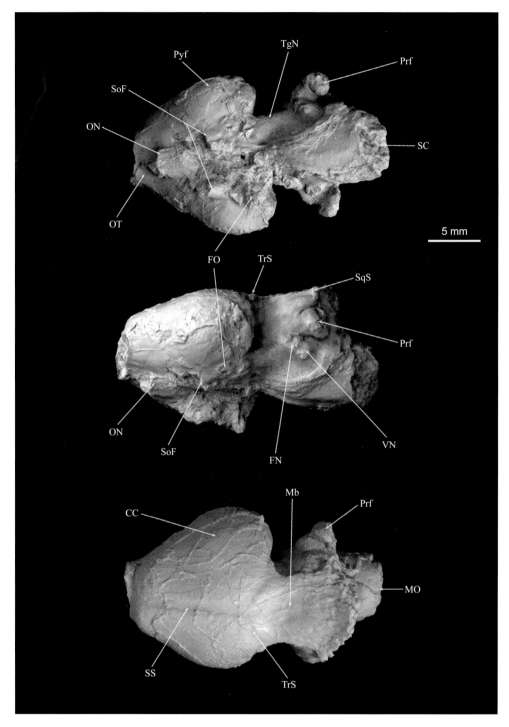

图 158 吐鲁番菱臼齿兽 *Rhombomylus turpanensis* 头骨之脑颅内模

IVPP V 7487：上 腹面视，中 侧面视，下背面视

CC. 小脑皮质 (cerebral cortex), FN. 面神经 (facial nerve), FO. 卵圆孔 (foramen ovale), Mb. 中脑 (midbrain), MO. 延髓 (medulla oblongata), ON. 视神经 (optic nerve), OT. 嗅节结 (olfactory tuberculum), Prf. 旁绒球 (paraflocculus), Pyf. 梨状叶 (pyriformis), SC. 脊髓 (spinal cord), SoF. 蝶眶裂 (sphenorbital fissure), SqS. 鳞窦 (squamosal sinus), SS. 矢状窦 (sagittal sinus), TgN. 三叉神经 (trigeminal nerve), TrS. 横窦 (transverse sinus), VN. 前庭蜗神经 (vestibulocochlear nerve) (引自 Meng et al., 2003)

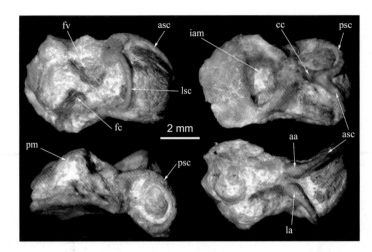

图 159　吐鲁番菱臼齿兽 *Rhombomylus turpanensis* 内耳结构

IVPP V 7494 头骨剥离后

aa. 前壶腹（anterior ampulla），asc. 前半规管（anterior semicircular canal），cc. 总脚（crus commune），fc. 窝窗（fenestra cochleae），fv. 前庭窗（fenestra vestubuli），iam. 内耳道（internal acoustic meatus），la. 侧壶腹（lateral ampulla），lsc. 侧半规管（lateral semicircular canal），pm. 岬（promontorium），psc. 后半规管（posterior semicircular canal）（引自 Meng et al., 2003）

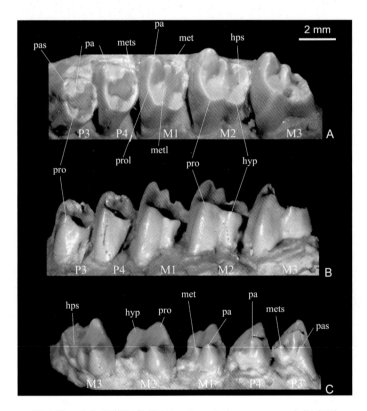

图 160　吐鲁番菱臼齿兽 *Rhombomylus turpanensis* 上颊齿列

左上颊齿列（P3–M3）（IVPP V 7528）：A. 冠面视，B. 舌侧视，C. 颊侧视

hps. 次尖架（hypocone shelf），hyp. 次尖（hypocone），met. 后尖（metacone），metl. 后脊（metaloph），mets. 后尖架（metastyle），pa. 前尖（paracone），pas. 前小尖（parastyle），pro. 原尖（protocone），prol. 原脊（protoloph）（引自 Meng et al., 2003）

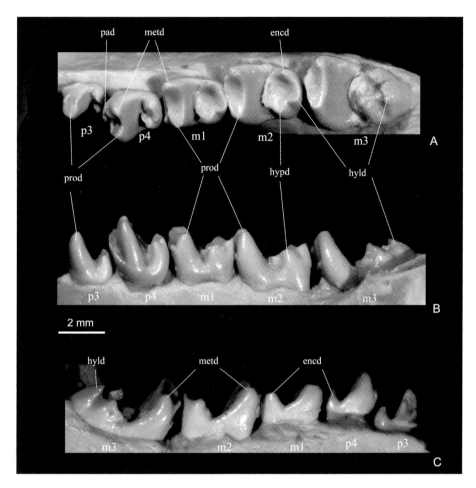

图 161　吐鲁番菱臼齿兽 *Rhombomylus turpanensis* 下颊齿列

左下颊齿列（p3–m3）（IVPP V 7591）：A. 冠面视，B. 颊侧视，C. 舌侧视
encd. 下内尖（entoconid），hyld. 下次小尖（hypoconulid），hypd. 下次尖（hypoconid），metd. 下后尖（metaconid），
pad. 下前尖（paraconid），prod. 下原尖（protoconid）（引自 Meng et al., 2003）

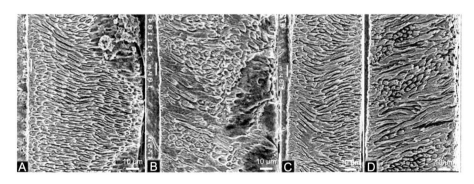

图 162　吐鲁番菱臼齿兽 *Rhombomylus turpanensis* 门齿釉质层微观结构

A, B. 左下门齿（IVPP V 7489），C, D. 左上门齿（IVPP V 7492）：A, C. 横切面，B, D. 纵切面
釉质厚度上门齿为 70 µm，下门齿为 100 µm，上下门齿均为双层，具薄的无釉柱表层，外层为极薄的放
射型釉质层，内层为施氏明暗带，施氏明暗带厚度有一定变化，向尖倾斜 20°–30°，明暗带间没有明显的
过渡区域，釉柱横截面内层为不规则圆形，外层为卵圆形，釉柱间质晶体平行于釉柱长轴，釉柱间质中等
厚度（引自 Meng et al., 2003，毛方园译）

参 考 文 献

蔡保全 (Cai B Q). 1989. 河北阳原 - 蔚县晚上新世兔形类化石. 古脊椎动物学报, 27(3): 170–181

曹忠祥 (Cao Z X), 杜恒俭 (Du H J), 赵其强 (Zhao Q Q), 程捷 (Cheng J). 1990. 甘肃广河地区中中新世哺乳动物化石的发现及其地层学意义. 现代地质, 4(2): 16–28

程捷 (Cheng J), 田明中 (Tian M Z), 曹伯勋 (Cao B X), 李龙吟 (Li L Y). 1996. 周口店新发现的第四纪哺乳动物群及环境变迁研究. 武汉 : 中国地质大学出版社. 1–114

丁素因 (Ding S Y), 李传夔 (Li C K). 1984. 菱臼齿兽 (狌目 , 哺乳纲) 耳区的骨骼结构. 古脊椎动物与古人类, 22(2): 92–102

冯祚建 (Feng Z J), 蔡桂全 (Cai G Q), 郑昌琳 (Zheng C L). 1986. 西藏哺乳类. 北京 : 科学出版社. 1–423

胡耀明 (Hu Y M). 1993. 安徽潜山古新世狌兽科新材料及系统发育. 古脊椎动物学报, 31(3): 153–182

黄学诗 (Huang X S). 1986. 内蒙古阿左旗乌兰塔塔尔中渐新世的兔科化石. 古脊椎动物学报, 24(4): 274–284

黄学诗 (Huang X S). 1987. 内蒙古阿左旗乌兰塔塔尔中渐新世的鼠兔科化石及有关问题的讨论. 古脊椎动物学报, 25(4): 260–282

黄学诗 (Huang X S). 2003. 安徽嘉山晚古新世哺乳动物群. 古脊椎动物学报, 41(1): 42–54

计宏祥 (Ji H X), 徐钦奇 (Xu Q Q), 黄万波 (Huang W B). 1980. 西藏吉隆沃马公社三趾马动物群. 西藏古生物 (第一分册). 北京 : 科学出版社. 18–32

贾兰坡 (Jia L P), 赵资奎 (Zhao Z K), 李炎贤 (Li Y X). 1959. 周口店附近新发现的哺乳动物化石地点. 古脊椎动物与古人类, 1 (1): 47–51

金昌柱 (Jin C Z). 2004. 安徽淮南新生代晚期老洞动物群的兔形类. 古脊椎动物学报, 42 (3): 230–245

金昌柱 (Jin C Z), 徐繁 (Xu F). 2009. 兔形目. 见 : 金昌柱 (Jin C Z), 刘金毅 (Liu J Y) 主编. 安徽繁昌人字洞. 北京 : 科学出版社. 162–165

金昌柱 (Jin C Z), 张颖奇 (Zhang Y Q). 2005. *Promimomys* (Arvicolidae) 在东亚的首次发现. 科学通报, 50(4): 327–332

李传夔 (Li C K). 1965. 华北始新世兔类化石. 古脊椎动物学报, 9(1): 23–36

李传夔 (Li C K). 1977. 安徽潜山古新世 Eurymyloids 化石. 古脊椎动物学报, 15(2): 103–118

李传夔 (Li C K). 1978. 蓝田中新世兔形目化石. 地层古生物论文集, 第七辑. 北京 : 地质出版社. 143–148

李传夔 (Li C K), 邱铸鼎 (Qiu Z D). 1980. 青海西宁盆地早中新世哺乳动物化石. 古脊椎动物学报, 18(3): 198–214

李传夔 (Li C K), 邱占祥 (Qiu Z X), 阎德发 (Yan D F), 谢树华 (Xue S H). 1979. 湖南衡阳盆地早始新世哺乳动物化石. 古脊椎动物学报, 17(1): 71–80

刘丽萍 (Liu L P), 郑绍华 (Zheng S H). 1997. 丹江库区晚新生代三种兔形类化石. 古脊椎动物学报, 35(2): 130–144

罗泽珣 (Luo Z X). 1988. 中国野兔. 北京 : 中国林业出版社. 1–186

毛方园 (Mao F Y), 李传夔 (Li C K), 孟津 (Meng J), 李茜 (Li Q), 白滨 (Bai B), 王元青 (Wang Y Q), 赵凌霞 (Zhao L X), 王伴月 (Wang B Y). 2017. 牙齿釉质显微结构术语简介和规范汉语译名的建议. 古脊椎动物学报, 55(4): 347–366

孟津 (Meng J), 胡耀明 (Hu Y M). 2004. 内蒙古依和苏布晚始新世兔形类. 古脊椎动物学报, 42(4): 261–275

孟津 (Meng J), 叶捷 (Ye J), 吴文裕 (Wu W Y), 岳乐平 (Yue L P), 倪喜军 (Ni X J). 2006. 准噶尔盆地北缘谢家阶底界——

推荐界线层型及其生物 - 年代地层和环境演变意义 . 古脊椎动物学报 , 44(3): 205–236

潘清华 (Pan Q H), 王应祥 (Wang Y X), 岩崑 (Yan K). 2007. 中国哺乳动物彩色图鉴 . 北京 : 中国林业出版社 . 1–420

齐陶 (Qi T). 1988. 托氏戈壁兔上颊齿之发现 . 古脊椎动物学报 , 26(3): 221–226

齐陶 (Qi T), 宗冠福 (Zong G F), 王元青 (Wang Y Q). 1991. 江苏发现卢氏兔和细齿兽的意义 . 古脊椎动物学报 , 29(1): 59–63

邱占祥 (Qiu Z X), 邓涛 (Deng T), 王伴月 (Wang B Y). 2004. 甘肃东乡龙担早更新世哺乳动物群 . 中国古生物志 , 新丙种第 27 号 . 北京 : 科学出版社 . 1–198

邱铸鼎 (Qiu Z D). 1985. 记河北蔚县泥河湾层短耳兔属一新种 . 古脊椎动物学报 , 23(4): 276–286

邱铸鼎 (Qiu Z D). 1996. 内蒙古通古尔中新世小哺乳动物群 . 北京 : 科学出版社 . 1–216

邱铸鼎 (Qiu Z D), 韩德芬 (Han D F). 1986. 禄丰古猿地点的兔形目化石 . 人类学学报 , 5(1): 41–53

邱铸鼎 (Qiu Z D), 李传夔 (Li C K), 王士阶 (Wang S J). 1981. 青海西宁盆地中新世哺乳动物 . 古脊椎动物学报 , 19(2): 156–173

邱铸鼎 (Qiu Z D), 李传夔 (Li C K), 胡绍锦 (Hu S J). 1984. 云南呈贡三家村晚更新世小哺乳动物群 . 古脊椎动物学报 , 22(4): 281–293

童永生 (Tong Y S). 1978. 吐鲁番盆地晚古新世台子村动物群 . 中国科学院古脊椎动物与古人类研究所集刊 , 13: 107–115

童永生 (Tong Y S). 1989. 中华鼠兔一新种 (兔形目 , 鼠兔科). 古脊椎动物学报 , 27(2): 103–116

童永生 (Tong Y S). 1997. 河南李官桥和山西垣曲盆地始新世中期小哺乳动物 . 中国古生物志 , 新丙种第 26 号 . 北京 : 科学出版社 . 1–257

童永生 (Tong Y S), 雷奕振 (Lei Y Z). 1987. 河南淅川始新世核桃园组兔类化石 . 古脊椎动物学报 , 25(3): 208–221

王伴月 (Wang B Y). 1987a. 内蒙古中渐新世山河狸科化石的发现 . 古脊椎动物学报 , 25(1): 32–45

王伴月 (Wang B Y). 1987b. 内蒙古中渐新世仓鼠化石的发现 . 古脊椎动物学报 , 25(3): 32–45

王伴月 (Wang B Y). 1997. 我国陆相渐新世哺乳动物群的划分及排序 . 地层学杂志 , 21(3): 183–191

王伴月 (Wang B Y). 2007. 内蒙古晚始新世兔形类 . 古脊椎动物学报 , 45(1): 43–58

王伴月 (Wang B Y), 邱占祥 (Qiu Z X). 2000. 甘肃兰州盆地咸水河组下红泥岩中的小哺乳动物化石 . 古脊椎动物学报 , 38(4): 255–273

王伴月 (Wang B Y), 邱占祥 (Qiu Z X). 2004. 甘肃党河下游地区早渐新世哺乳动物化石的发现 . 古脊椎动物学报 , 42(2): 130–143

王伴月 (Wang B Y), 常江 (Chang J), 孟宪家 (Meng X J), 陈金荣 (Chen J R). 1981. 内蒙千里山地区中、上渐新统的发现及其意义 . 古脊椎动物与古人类 , 19(1): 26–34

王薇 (Wang W), 张云翔 (Zhang Y X), 李永项 (Li Y X), 弓虎军 (Gong H J). 2010. 河北秦皇岛柳江盆地中更新世野兔一新种 . 古脊椎动物学报 , 48(1): 63–70

吴文裕 (Wu W Y). 1995. 江苏泗洪下草湾中中新世脊椎动物群——9. 鼠兔科 (哺乳纲 , 兔形目). 古脊椎动物学报 , 33(1): 47–60

吴文裕 (Wu W Y), 叶捷 (Ye J), 朱宝成 (Zhu B C). 1991. 记宁夏同心中中新世 *Alloptox* (兔形目 , 鼠兔科). 古脊椎动物学报 , 29(3): 204–229

吴文裕 (Wu W Y), 叶捷 (Ye J), 孟津 (Meng J), 毕顺东 (Bi S D), 刘丽萍 (Liu L P), 张翼 (Zhang Y). 1998. 新疆准噶尔盆地北缘中中新世兔形类新材料 . 古脊椎动物学报 , 36(4): 319–329

伍少远 (Wu S Y). 2003. *Alloptox gobiensis* (兔形目 , 鼠兔科) 头骨形态及系统位置 . 古脊椎动物学报 , 41(2): 115–130

武力超 (Wu L C), 岳乐平 (Yue L P), 王建其 (Wang J Q), Heller F, 邓涛 (Deng T). 2006. 新近系谢家阶层型剖面古地磁年代学研究 . 地层学杂志 , 30(1): 50–53

相雨 (Xiang Y). 2004. 中国兔属动物的分子系统学研究 . 中国科学院研究生院硕士学位论文 . 1–86

叶捷 (Ye J), 吴文裕 (Wu W Y), 孟津 (Meng J), 毕顺东 (Bi S D), 伍少远 (Wu S Y). 2000. 新疆乌伦古河流域第三纪哺乳动物地层研究的新成果 . 古脊椎动物学报 , 38(3): 192–202

翟人杰 (Zhai R J). 1977. 论长辛店组的地质时代 . 古脊椎动物学报 , 15(3): 173–176

翟人杰 (Zhai R J). 1978. 十三间房组哺乳动物群及古动物地理学意义 . 中国科学院古脊椎动物与古人类研究所集刊 , 13: 107–115

翟人杰 (Zhai R J), 毕治国 (Bi Z G), 于振江 (Yu Z J). 1976. 安徽来安始新统一剖面及哺乳动物化石 . 古脊椎动物学报 , 14(2): 100–103

张玉萍 (Zhang Y P), 黄万波 (Huang W B), 汤英俊 (Tang Y J), 计宏祥 (Ji H X), 尤玉柱 (You Y Z), 童永生 (Tong Y S), 丁素因 (Ding S Y), 黄学诗 (Huang X S), 郑家坚 (Zheng J J). 1978. 陕西蓝田地区新生界 . 北京 : 科学出版社 . 1–54

张兆群 (Zhang Z Q). 2001. 山东宁阳早更新世哺乳动物化石 . 古脊椎动物学报 , 39(2): 139–150

张兆群 (Zhang Z Q). 2010a. 中国更新世兔属化石两新种 . 古脊椎动物学报 , 48(2): 145–160

张兆群 (Zhang Z Q). 2010b. 中国更新世兔属化石的厘定 . 古脊椎动物学报 , 48(3): 262–274

郑绍华 (Zheng S H). 1976. 甘肃合水一中更新世小哺乳动物群 . 古脊椎动物与古人类 , 14(2): 112–119

郑绍华 (Zheng S H). 1981. 泥河湾地层中小哺乳动物的发现 . 古脊椎动物学报 , 19(4): 348–358

郑绍华 (Zheng S H), 韩德芬 (Han D F). 1993. 七、哺乳动物化石 . 见 : 张森水 (Zhang S S) 主编 . 金牛山 (1978 年发掘) 旧石器遗址综合研究 . 中国科学院古脊椎动物与古人类研究所集刊 , 19: 43–127

郑绍华 (Zheng S H), 李毅 (Li Y). 1982. 甘肃天祝松山第一地点上新世兔形类和啮齿类动物 . 古脊椎动物学报 , 20(1): 35–44

郑绍华 (Zheng S H), 张兆群 (Zhang Z Q). 2001. 甘肃灵台晚中新世生物地层划分及其意义 . 古脊椎动物学报 , 39(3): 215–228

郑绍华 (Zheng S H), 张兆群 (Zhang Z Q), 董明星 (Dong M X). 1998. 山东平邑第四纪裂隙中哺乳动物群及其生态学意义 . 古脊椎动物学报 , 36(1): 32–46

中国科学院西北高原生物研究所 . 1989. 青海经济动物志 . 西宁 : 青海人民出版社 . 1–735

周明镇 (Zhou M Z), 李传夔 (Li C K). 1965. 陕西蓝田陈家窝中更新世哺乳类化石补记 . 古脊椎动物学报 , 9(4): 377–393

周明镇 (Zhou M Z), 齐陶 (Qi T). 1978. 内蒙古四子王旗晚古新世哺乳动物化石 . 古脊椎动物学报 , 16(2): 77–85

周明镇 (Zhou M Z), 张玉萍 (Zhang Y P), 王伴月 (Wang B Y), 丁素因 (Ding S Y). 1977. 广东南雄古新世哺乳动物群 . 中国古生态志 , 新丙种第 20 号 . 北京 : 科学出版社 . 1–100

周晓元 (Zhou X Y). 1988. 山西忻州中新世鼠兔科化石 . 古脊椎动物学报 , 26(2): 139–148

Allen G M. 1938. The mammals of China and Mongolia. Nat Hist Central Asia, 11, part 1: 1–620

Alston E R. 1876. On the classification of the Order Glires. Proc Zool Soc London, 88–97

Archibald J D, Averianov A O, Ekdale E G. 2001. Late Cretaceous relatives of rabbits, rodents, and other extant eutherian mammals. Nature, 414: 62–65

Asher R J, Meng J, Wible J R, McKenna M C, Rougier G W, Dashzeveg D, Novacek M J. 2005. Stem Lagomorpha and the antiquity of Glires. Nature, 307: 1091–1094

Averianov A O. 1994. Early Eocene mimotonids of Kyrgyzstan and the problem of Mixodontia. Acta Palaeont Pol, 39(4): 393–411

Averianov A O. 1995. Osteology and adaptations of the Early Pliocene rabbit *Trischizolagus dumitrescuae* (Lagomorpha, Leporidae). J Vert Paleont, 15(2): 375–386

Averianov A O. 1996a. On the systematic position of rabbit "*Caprolagus*" *brachypus* Young. 1927 (Lagomorpha, Leporidae) from the Villafranchian of China. Proc Zool Inst Russian Acad Sci, 270: 148–157

Averianov A O. 1996b. Early Eocene Rodentia of Kyrgyzstan. Bull Mus Natl Hist Nat Paris 4e série, 18, Section C: 629–662

Averianov A O. 1998a. Homology of the cusps in the molars of the Lagomorpha (Mammalia) and certain general problems of homology in the morphological structures. Paleont J, 32(1): 73–77

Averianov A O. 1998b. Taxonomic notes on some recently described Eocene Glires (Mammalia). Zoosystematica Russica, 7: 205–208

Averianov A O. 1999. Phylogeny and classification of Leporidae (Mammalia, Lagomorpha). Vestnik Zoologii, 33(1-2): 41–48

Averianov A O, Godinot M. 1998. A report on the Eocene Andarak mammal fauna of Kyrgyzstan. Bull Carnegie Mus Nat Hist, 34: 210–219

Averianov A O, Lopatin A V. 2005. Eocene lagomorphs (Mammalia) of Asia: 1. *Aktashmys* (Strenulagidae fam. nov.). Paleont J, 39(3): 308–317

Averianov A O, Abramov A V, Tikhonov A N. 2000. A new species of *Nesolagus* (Lagomorpha, Leporidae) from Vietnam with osteological description. Contrib Zool Instit St Petersburg, 3: 1–23

Barry J C, Morgan M E, Flynn L J, Pilbeam D, Behrensmeyer A K, Raza S M, Khan I A, Badgley C, Hicks J, Kelley J. 2002. Faunal and environmental change in the Late Miocene Siwaliks of northern Pakistan. Paleobiol Mem, 3: 1–71

Bendukidze O G, De Bruijn H, Van Den Hoek Ostende L W. 2009. A revision of Late Oligocene associations of small mammals from the Aral Formation (Kazakhstan) in the National Museum of Georgia, Tbilissi. Palaeodiversity, 2: 343–377

Bleefeld A R, Bock W J. 2002. Unique anatomy of lagomorphs calcaneus. Acta Palaeont Polonica, 47: 181–183

Bleefeld A R, McKenna M C. 1985. Skeletal integrity of *Mimolagus rodens* (Lagomorpha, Mammalia). Am Mus Novit, 2806: 1–5

Blumenbach J F. 1779–1780. Handbuch der Naturgeschichte. Götingen: Johann Christian Dieterich 559 in 2 vols. (*non vidi*)

Bohlin B. 1937. Oberoligozäne Säugetiere aus dem Shargaltein-Tal (western Kansu). Palaeontol Sinica, New Ser C, 3: 1–66

Bohlin B. 1942a. The fossil mammals from the Tertiary deposit of Taben-Buluk, part 1, Insectivora and Lagomorpha. Palaeontol Sinica, Ser C, 8: 1–113

Bohlin B. 1942b. A revision of the fossil Lagomorpha in the Palaeontological Museum, Upsala. Bull Geol Inst, Upsala, 30(6): 117–154

Bohlin B. 1951. Some mammalian remains from Shih-ehr-ma-ch'eng, Hui-hui-pu area, western Kansu. Rep Sino-Swed Exped N W Prov China, 35, Vert Palaeont, 5: 1–47

Bonaparte C L J L. 1837. A New Systematic arrangement of vertebrated animals. Trans Linnean Soc London, 18: 247–304 (*non vidi*)

Boule M, Teilhard de Chardin P. 1928. Le Palaeolithique de la Chine. Arch Inst Palaeont Humaine. Mem 4: 1–138

Bowdich T E. 1821. An Analysis of the Natural Classifications of Mammalia for the Use of Students and Travelers. Paris, J

Smith, 115 (*non vidi*)

Brandt J F. 1855. Untersuchungen über die craniologischen Entwicklungsstufen und die davon herzuleitenden Verwandtschaften und Classificationen der Nager der Jetzwelt, mit besonderer Beziehung auf die Gattung *Castor*. Mem Acad Imp Sci St.-Pétersbourg, Ser 6, 9: 1–375 (*non vidi*)

Burke J J. 1934. *Mytonolagus*, a new leporine genus from the Uinta-Eocene series in Utah. Ann Carnegie Mus, 23: 399–420

Burke J J. 1941. New fossil Leporidae from Mongolia. Am Mus Novit, 1117: 1–23

Colbert E H. 1958,1969,1980. Evolution of the Vertebrates. 1st, 2nd, 3rd edits. New York: John Willy & Sons, Inc. 479, 535, 510 pp

Cope E D. 1898. Syllabus of lectures on the Vertebrata. Philadelphia: Univ Penn. 1–135 (*non vidi*)

Craigie E H. 1948. Bensley's practical anatomy of the rabbit. Blakiston comp Philadelphia. 1–391

Crompton A W. 1971. The origin of the tribosphenic molar. Linn Soc Zool J, 50: 65–87

Cuvier G L C F D. 1798. Tableau Élémentaire de l'Histoire Naturelle des Animaux. Paris: J B Bail lière. 1–710 (*non vidi*)

Cuvier G L C F D. 1817. Le régne animal. Tome 1. Paris: Déterville. 1–540

Dashzeveg D, Russell D E. 1988. Paleocene and Eocene Mixodontia (Mammalia, Glires) from Mongolia and Chhina. Palaeontology, 31(1): 129–164

Dashzeveg D, Russell D E, Flynn L J. 1987. New Glires (Mammalia) from the Early Eocene of the Peoples Republic of Mongolia. Part 1, Discription and systematica. Proc K Ned Akad Wet, Ser B, 90(2): 133–142

Dashzeveg D, Hartenberger J-L, Martin L, Legedre S. 1998. A peculiar minute Glires (Mammalia) from the Early Eocene of Mongolia. Bull Carniege Mus Nat Hist, 34: 194–209

Dawson M R. 1958. Later Tertiary Leporidae of North America. Univ Kansas Paleont. Contrib Vert, 6: 1–75

Dawson M R. 1961. On two ochotonids (Mammalia, Lagomorpha) from the later Tertiary of Inner Mongolia. Am Mus Novit, 2061: 1–15

Dawson M R. 1965. *Oreolagus* and other Lagomorpha (Mammalia) from the Miocene of Colorado, Wyoming, and Oregon. University of Colorado Studies in Earth Sciences, 1: 1–36

Dawson M R. 2008. Lagomorpha. In: Janis C M, Gunnell G F, Uhen M D eds. Evolution of Tertiary Mammals of North America, Vol 2. Cambridge: Cambridge University Press. 293–310

Dawson M R, Beard K C. 1996. New late Paleocene rodents (Mammalia) from Big Multi quarry, Washakie Basin, Wyoming. Palaeovertebrata, 25: 301–321

Daxner G V, Fejfar O. 1967. über Gattungen *Alilepus* Dice, 1931 und *Pliopentalagus* Gureev, 1964 (Lagomorphs, Mammalia). Ann Nat Mus Wien, 71: 37–55

Daxner-Höck G, Badamgarav D, Erbajeva M. 2010. Oligocene stratigraphy based on a sediment-basalt association in central Mongolia (Taatsiin Gol and Taatsiin Tsagaan Nuur area, valley of lakes): review of a Mongolian-Austrian project. Vert PalAsiatica, 48(4): 348–366

De Blainville H M D. 1816. Prodrome d'une nouvelle distribution systèmatique du règne animal. Bull Sci Soc Philom, Paris, 3(3): 105–124 (*non vidi*)

De Bruijn H, Dawson M R, Mein P. 1970. Upper Pliocene Rodentia, Lagomorpha and Insectivora (Mammalia) from the isle of Rhodes (Greece), I, II, III. Proc Kon Nederl Akad Wet, Ser B, 73(5): 535–584

De Muizon. 1977. Révision des Lagomorphes des couches à *Baluchitherium* (Oligocène supérieur) de San-Tao-Ho (Ordos,

Chine). Bull Mus Nat D'Hist Natur, 3(488): 265–294

Dechaseaux C. 1958. Lagomorpha (Duplicidentata). In: Piveteau J ed. Traité de Paléontologie. Tome 6. L'origine des Mammiferes et les Aspects Fondamentaux de luer Évolution, vol. 2. Paris: Masson et Cie. 648–658

Dice L R. 1929. The phylogeny of the Leporidae, with description of a new genus. J Mammal, 10(4): 340–344

Éhik J. 1926. The right interpretation of the cheek-teeth tubercles of *Titanomys*. Ann Hist Nat Mus Nat Hung, 23: 178–186

Erbajeva M A. 1986. The late Cenozoic faunistic complexes of Transbaikalia with special reference to the micromammalia. Quart Palaeont, 6: 25–28

Erbajeva M A. 1988. Cenozoic Pikas. Moscow Academia Nauka. 1–222 (in Russian)

Erbajeva M A. 1994. Phylogeny and evolution of Ochotonidae with emphasis on Asian Ochotonids. Monog Nat Sci Mus, 8: 1–14

Erbajeva M A, Daxner-Höck G. 2014. The most prominent Lagomorpha from the Oligocene and Early Miocene of Mongolia. Ann Naturhist Mus, Wien, Ser A, 116: 215–245

Erbajeva M A, Sen S. 1998. Systematic of some Oligocene Lagomorpha (Mammalia) from China. Neues Jahrb Geol Paläont, Abh, 2: 95–105

Erbajeva M A, Zheng S H. 2005. New data on Late Miocene–Pleistocene ochotonids (Ochotonidae, Lagomorpha) from North China. Acta Zool Cracoviensia, 48A(1-2): 93–117

Erbajeva M A, Flynn L J, Li C K, Marcus L. 2006. New Late Cenozoic ochotonids from China. Beitr Paläont, 30: 133–141

Erbajeva M A, Mead J I, Alexeeva N V, Angelone C, Swift S L. 2011. Taxonomic diversity of Late Cenozoic Asian and North American ochotonids (an overview). Palaeont Electron, 14(3), 42A: 1–9

Erbajeva M A, Baatarjav B, Daxner-Höck G, Flynn L J. 2017. Occurrences of *Sinolagomys* (Lagomorpha) from the Valley of Lakes (Mongolia). Palaeobio Palaeoenv, 97: 11–24

Fabre P-H, L Hautier, Douzery E J P. 2015. A synopsis of rodent molecular phylogenetics, systematic and biogeography. In: Cox P G, Hautier L eds. Evolution of the Rodents: Advances in Phylogeny, Functional Morphology and Development. Cambridge: Cambridge Univ Press. 19–78

Flower W H. 1883. On the arrangement of the orders and families of existing Mammalia. Proc Zool Soc London, 178–186

Flynn L J, Bernor R L. 1987. Late Tertiary mammals from the Mongolian People's Republic. Am Mus Novit, 2872: 1–16

Flynn L J, Winkler A J, Erbaeva M, Alexeeva N, Anders U, Angelone C, Ermák S C, Fladerer F A, Kraatz B, Ruedas L A, Ruf I, Tomida Y, Veitschegger K, Zhang Z Q. 2013. The Leporid Datum: a late Miocene biotic marker. Mammal Review, 44(3–4): 164–176

Fostowicz-Frelik Ł, Li Q. 2014. A new genus of stem lagomorph (Mammalia: Glires) from the Middle Eocene of the Erlian Basin, Nei Mongol, China. Acta Zoologica Cracoviensia 57: 29–42

Fostowicz-Frelik Ł, Frelik G J, Gasparik M. 2010. Morphological phylogeny of pikas (Lagomorpha: *Ochotona*), with a description of a new species from the Pliocene/Pleistocene transition of Hungary. Proc Acad Nat Sci Philadelphia, 159: 97–118

Fostowicz-Frelik Ł, Li C K, Meng J, Wang Y Q. 2012. New *Gobiolagus* (Lagomorpha, Mammalia) material from the Middle Eocene of Erden Obo (Nei Mongol), China. Vert. PalAsiat, 50(3): 219–236

Fostowicz-Frelik Ł, Li C K, Li Q, Meng J, Wang Y Q. 2015a. *Strenulaguas* (Mammalia: Lagomorpha) from the Middle Eocene Irdin Manha Formation of the Erlian Basin, Nei Mongol, China. Acta Geol Sinica, 89(1): 12–26

Fostowicz-Frelik Ł, Li C K, Mao F Y, Meng J, Wang Y Q. 2015b. A large mimotonid from the Middle Eocene of China sheds light on evolution of lagomorphs and their kin. Sci Rep, 5: 9394, doi: 10.1038/srep09394

Ge D Y, Zhang Z Q, Xia L, Zhang Q, Ma Y, Yang Q S. 2012. Did the expansion of C4 plants drive extinction and massive range contraction of micromammals? Inferences from food preference and historical biogeography of pikas. Palaeogeography, Palaeoclimatology, Palaeoecology, 326–328: 160–171

Gidley J W. 1912. The lagomorphs, an independent order. Science n.s. 36(922): 285–286

Gill T. 1872. Arrangement of the families of mammals with analytical table. Smithsonian Misc Coll, 11(1): 1–98 (*non vidi*)

Grassé P-P. 1955. Traité de Zoologie. Tome XVII(2), Mammifères. Paris: Masson et Cie. 1173–2300

Gregory W K. 1910. The orders of mammals. Bull Amer Mus Nat Hist, 27: 1–524

Graur D, Hide W A, Li W H. 1991. Is the guinea-pig a rodent? Nature, 351: 649–652

Gureev A A. 1953. Lagomorphs (Lagomorpha). Family of hares—Leporidae (an systematic overview). Unpublished thesis of the dissertation on the candidate of sciences in Biology. 15 (in Russian, partly translated by Erbajeva M A)

Gureev A A. 1960. Lagomorphs from the Oligocene of Mongolia and China. Tr Paleont Inst, 77: 5–34 (in Russian)

Gureev A A. 1964. Zaitzeobraznye (Lagomorpha). Fauna USSR, Mammalia, 3. Acad Sci SSSR, Zool Inst 87: 1–276 (in Russian)

Heissig V K, Schmidt-Kittler N. 1976. Neue Lagomorphen-Funde aus dem Mittel Oligozän. Mitt Bayer Staatssamml. Paläont Hist Geol, 16: 83–93

Hibbard C W. 1963. The origin of the P$_3$ pattern of *Sylvilagus*, *Caprolagus*, *Oryctolagus*, and *Lepus*. J Mammal, 44: 1–15

Hoffmann R S, Smith A T. 2005. Order Lagomorpha. In: Mammal Species of the World—A Taxonomy and Geographic Reference, 3rd edition. In: Wilson D E, Reeder D M eds. Baltimore: The Johns Hopkins University Press. 185–211

Huang X S, Li C K, Dawson M R, Liu L P. 2004. *Hanomys malcolmi*, a new Simplicidentata mammal from the Paleocene of Central China: Its relationships and stratigraphic implications. Bull Carnegie Mus Nat Hist, 39: 81–89

Huchon D, Madsen O, Sibbald J J B, Ament K, Stanhope M J, de Catzeflis F O, Jong W W, Douzery E J P. 2002. Rodent phylogeny and a timescale for the evolution of Glires: Evidence from an extensive taxon sampling using three nuclear genes. Mol Biol Evol, 19(7): 1053–1065

Huxley T H. 1872. A Manual of the Anatomy of Vertebrated Animals. New York: D Appleton and Co. 431 (*non vidi*)

Illiger C D. 1811. Prodromus Systematis Mammalium et Avium Additis Terminis Zoographicis Utriudque Classis. Berolinii. 80 (*non vidi*)

Insom E, Magroni M L, Simonetta A M. 1991. Etudes sur la morphologie évolutive des Ochotonidés (Mammalia, Lagomorpha). 2. La morphologie dentaire d'Ochotona rufescens et d'Ochotona raylei. Mammalia, 55(4): 609–618

Janvier R, Montenat C. 1970. Le plus ancient léporidé d'Europe occidentale, *Hispanolagus crusafonti* nov. gen., nov. s., du Miocène supérieur de Murcia (Espagne). Bull Mus Nat Hist, 42: 780–788

Jin C Z, Tomida Y, Wang Y, Zhang Y Q. 2010. First discovery of fossil *Nesolagus* (Leporidae, Lagomorpha) from Southeast Asia. Sci China, Earth Sci, 53: 1134–1140

Kaakinen A, Abdul Aziz H, Passey B H, Zhang Z Q, Liu L P, Salminen J, Wang L H, Krijgsman W, Fortelius M. 2015. Age and stratigraphic context of *Pliopithecus* and associated fauna from Miocene sedimentary strata at Damiao, Inner Mongolia, China. J Asian Earth Sci, 100: 78–90

Koenigswald v W. 1995. Lagomorpha versus Rodentia: the number of layers in incisor enamels. N Jb Geol Paleont Mh, 10:

605–613

Koenigswald v W. 1996. Die Zahl der Schmelzschichten in den Inzisiven bei den Lagomorpha und ihre systematische Bedeutung. Bonner zoologische Beiträge, 46: 33–57

Korvenkontio V A. 1934. Mikroskopische Untersuchungen an Nagerincisi en unter Hinweis auf die Schmelzstruktur der Backenzä. Ann Zool Soc Zool-Bot Fennicae Vanamo, Helsinki, 2: 1–274

Kraatz B P, Badamgarav D, Bibi E. 2009. *Gomphos ellae*, a new mimotonid from the Middle Eocene of Mongolia and its implications for the origin of Lagomorpha. J Vert Paleont., 29: 576–583

Kraatz B P, Meng J, Weksler J M, Li C K. 2010. Evolutionary patterns in the dentition of Duplicidentata (Mammalia) and a novel trend in the molarization of premolars. PLoS ONE, 5(9): e12838: 1–15

Kumar S, Hedges S B. 1998. A molecular timescale for vertebrate evolution. Nature, 392: 917–920

Li C K, Ting S Y. 1985. Possible phylogenetic relationship of Asiatic eurymylids. In: Luckett W P, Hartenberger J-L eds. Evolutionary Relationships among Rodents: A Multidisciplinary Analysis. New York: Plenum Press. 35–58

Li C K, Ting S Y. 1993. New cranial and postcranial evidence for the affinities of the eurymylids (Rodentia) and mimotonids (Lagomorpha). In: Szalay F S, Novacek M J, McKenna M C eds. Mammal Phylogeny: Placentals. New York: Springer. 151–158

Li C K, Wilson R W, Dawson M R, Krishtalka L. 1987. The origin of rodents and lagomorphs. In: Genoways H H ed. Current Mammalogy 1. New York: Plenum Press. 97–108

Li C K, Meng J, Wang Y Q. 2007. *Dawsonolagus antiques*, a primitive lagomorph from the Eocene Arshanto Formation, Neimongol, China. Bull Carnegie Mus Nat Hist, 39: 97–110

Li C K, Wang Y Q, Zhang Z Q, Mao F Y, Meng J. 2016. A new mimotonidan mammal *Mina hui* (Mammalia, Glires) from the Middle Paleocene of Qianshan, Anhui, China. Vert PalAsiat, 54(2): 121–136

Li Q, Wang Y Q, Fostowicz-Frelik Ł. 2016. Small mammal fauna from Wulanhuxiu (Nei Mongol, China) implies the Irdinmanhan-Sharamurunian (Eocene) faunal turnover. Acta Palaeontol Pol, 61(4): 759–776

Lilljeborg W. 1866. Systematisk öfversigt af de gnagande däggdjuren, Glires. Upsala, Kongl Akad Boktryckeriet. 59 (*non vidi*)

Linnaeus C. 1735–1766. Systema Naturae per Regnatria Naturæ, secundum Classes, Ordines, Genera, Species, cum Characteribus, Differentiis, Synonymis, Locis. 1st–12th editions. Dditio Decima Holmi (*non vidi*)

Lopatin A V. 2004. The development of the small mammal fauna of Asia in the Early Paleogene. In: Ecosystem Reconstructures and Evolution of the Biosphere. Paleont Inst Ross Akad Nauk Moscow, 6: 87–96 (in Russian)

Lopatin A V, Averianov A O. 2006. Eocene Lagomorpha (Mammalia) of Asia: 2. *Strenulagus* and *Gobiolagus*. Paleont J, 40(2): 198–206

Lopatin A V, Averianov A O. 2008. The Earliest Lagomorph (Lagomorpha, Mammalia) from basal Eocene of Mongolia. Doklady Akademii Nauk, 419(5): 709–711

López-Martínez N L. 1974. Evolution de la lignée *Piezodus-Prolagus* (Lagomorpha, Ochotonidae) dans le Cénozoique d' Europe and Sud-Occidentales. Thèse Univ Sci Tech Languedoc Acad. Montpellier. 165

López-Martínez N L. 1985. Reconstruction of ancestral cranioskeletal features in the Order Lagomorpha. In: Luckett W P, Hartenberger J-L eds. Evolutionary Relationships among Rodents—A Multidisciplinary Analysis. New York: Plenum Press. 151–190

López-Martínez N L. 2008. The Lagomorph fossil record and the origin of the European rabbit. In: Alves P C, Ferrand N,

Hackländer K eds. Lagomorph Biology: Evolution, Ecology, and Conservation. Springer-Verlag Berlin Heidelberg. 27–46

López-Martínez N, Thaler L. 1975. Sur le plus ancient lagomorphe européen et la «Grande Coupure» oligocène de Stehlin. Palaeovertebrata, 6: 243–251

Luckett W P, Hartenberger J-L. 1985. Evolutionary relationships among rodents: comments and conclusions. In: Luckett W P, Hartenberger J-L eds. Evolutionary Relationships among Rodent: A Multidisciplinary Analysis. New York: Plenum Press. 685–712

Luckett W P, Hartenberger J-L. 1993. Monophyly or polyphyly of the order Rodentia: Possible conflict between morphological and molecular interpretations. J Mammal Evol, 1: 127–147

Lyon M W. 1904. Classification of the hares and their allies. Smithson Inst Miscel Collect, 45: 321–447

Major F C I. 1898. On fossil and recent Lagomorpha. Trans Linn Soc London Zool, 7: 433–520

Mao F Y, Li C K, Wang Y Q, Li Q, Meng J. 2016. The incisor enamel microstructure of *Mina hui* (Mammalia, Glire) and its implication for the taxonomy of basal Glires. Vert PalAsiat, 54(2): 137–155

Mao F Y, Li Q, Wang Y Q, Li C K. 2017. *Taizimylus tongi*, a new eurymylid (Mammalia, Glires) from the Upper Paleocene of Xinjiang, China. Palaeoworld, 26(3): 519–530

Martin T. 1999. Phylogenetic implications of Glires (Eurymylidae, Mimotonidae, Rodentia, Lagomorpha) incisor enamel microstructure. Zoosyst Evol, 75(2): 257–273

Martin T. 2004. Evolution of incisor enamel microstructure of Lagomorpha. J Vert Paleont, 24(2): 411–426

Matthew W D, Granger W. 1923. Nine new rodents from the Oligocene of Mongolia. Am Mus Novit, 102: 1–10

Matthew W D, Granger W. 1925. Fauna and correlation of the Gashato Formation of Mongolia. Am Mus Novit, 189: 1–12

Matthew W D, Granger W, Simpson G G. 1929. Additions to the fauna of Gashato Formation of Mongolia. Am Mus Novit, 376: 1–12

Matthee C A. 2009. Pikas, hares, rabbits (Lagomorpha). In: Hedges S B, Kumar S eds. The Time-tree of Life. Oxford: Oxford Univ Press. 487–489

Matthee C A, Van Vuuren B J, Bell D, Robinson T J. 2004. A Molecular supermatrix of the rabbits and hares (Leporidae) allows for the identification of five intercontinental exchanges during the Miocene. Syst Biol, 53: 433–447

McKenna M C. 1963. New evidence against tupaioid affinities of the mammalian Family Anagalidae. Amer Mus Novitat, 2158: 1–16

McKenna M C. 1975. Toward a phylogenetic classification of the Mammalia. In: Luckett W P, Szalay F S eds. Phylogeny of the Primates. New York: Plenum Press. 21–46

McKenna M C. 1982. Lagomorph interrelationships. Geobios Mém Spéc, 6: 213–223

McKenna M C, Bell S K. 1997. Classification of Mammals above the Species Level. New York: Columbia Univ Press. 1–631

McKenna M C, Meng J. 2001. A primitive relative of rodents from the Chinese Paleocene. J Vert Paleont, 21(3): 565–572

Meng J, Hu Y M. 2004. Lagomorphs from the Yihesubu Late Eocene of Nei Mongol (Inner Mongolia). Vert PalAsiat, 42(4): 261–275

Meng J, Wyss A R. 1994. Enamel microstructure of *Tribosphenomys* (Mammalia, Glires): Character analysis and systematic implications. J Mmnmal Evol, 2(3): 186–203

Meng J, Wyss A R. 2001. The morphology of *Tribosphenomys* (Rodentiaformes, Mammalia): Phylogenetic implications for basal Glires. J Mammal Evol, 8(1): 1–71

Meng J, Wyss A R. 2005. Glires (Lagomorpha, Rodentia). In: Rose K D, Archibald J D eds. The Rise of Placental Mammals. Baltimore: The Johns Hopkins University Press. 145–158

Meng J, Wyss A R, Dawson M R, Zhai R J. 1994. Primitive fossil rodent from Inner Mongolia and its implications for mammalian phylogeny. Nature, 370: 134–136

Meng J, Hu Y M, Li C K. 2003. The osteology of *Rhombomylus* (Mammalia, Glires): Implications for phylogeny and evolution of Glires. Bull Am Mus Nat Hist, 275: 1–247

Meng J, Bowen G J, Ye J, Koch P L, Ting S Y, Li Q, Jin X. 2004. *Gomphos elkema* (Glires, Mammalia) from the Erlian Basin: Evidence for the Early Tertiary Bumbanian Land Mammal Age in Nei-Mongol, China. Am Mus Novit, 3425: 1–24

Meng J, Hu Y M, Li C K. 2005a. *Gobiolagus* (Lagomorpha, Mammalia) from Eocene Ula Usu, Inner Mongolia, and comments on Eocene lagomorphs of Asia. Palaeont Electront, 8(1): 1–23

Meng J, Wyss A R, Hu Y M, Wang Y Q, Bowen G J, Koch P L. 2005b. Glires (Mammalia) from the Late Paleocene Bayan Ulan Locality of Inner Mongolia. Am Mus Novit, 3473: 1–11

Meng J, Ni X J, Li C K, Beard C, Gebo D L, Wang Y Q, Wang H J. 2007. New material of Alagomyidae (Mammalia, Glires) from the Late Paleocene Subeng locality, Inner Mongolia. Am Mus Novit, 3597: 1–15

Meng J, Kraatz B P, Wang Y Q, Ni X J, Gebo D L, Beard K C. 2009. A new species of *Gomphos* (Glires, Mammalia) from the Eocene of the Erlian Basin, Nei Mongol, China. Am Mus Novitat, 3670: 1–11

Meng J, Ye J, Wu W Y, Ni X J, Bi S D. 2013. A single-point definition of the Xiejian Age as an example for refining Chinese Land Mammal Ages. In: Wang X M, Flynn L J, Fortelius M eds. Fossil Mammals of Asia-Neogene Biostratigraphy and Chronology. New York: Columbia University Press. 124–141

Murphy W J, Eizirik E, O'Brien S J, Madsen O, Scally M, Douady C J, Teeling E, Ryder O A, Stanhope M J, de Jong W W, Springer M S. 2001. Resolution of the early Placental mammal radiation using Bayesian phylogenetics. Science, 294: 2348–2351

Novacek M J. 1985. Cranial evidence for rodent affinities. In: Luckett W P, Hartenberger J-L eds. Evolutionary Relationships among Rodents: A Multidisciplinary Analysis. New York: Plenum Press. 59–82

Nowak R M. 1999. Walker's Mammals of the World. 6th edition, Vols. I–II. New York: The John Hopkins University Press. 1–1307

Olson E C. 1971. Vertebrate Paleozoology. New York: Wiley-Interscience. 1–839

Osborn H F. 1907. Evolution of Mammalian Molar Teeth. New York: Macmillian Comp. 1–250

Owen R. 1868. On the Anatomy of Vertebrates. London: Longmans, Green and Co. 1–915 (*non vidi*)

Pei W C. 1940. The Upper Cave fauna of Choukoutien. Palaeontol Sinica, New Ser C, 10: 1–101

Piveteau J. 1958. Traité de Paléontologie. Tome 6. L'origine des Mammifères et les Aspects Fondamentaux de luer Évolution, vol 2. Paris: Masson et Cie. 1–962

Qiu Z D. 1987. The Neogene mammalian faunas of Ertemte and Harr Obo in Inner Mongolia (Nei Mongol), China. 6. Hares and pikas—Lagomorpha: Leporidae and Ochotonidae). Senckenbergiana Lethaea, 67(5/6): 375–399

Qiu Z D, Li Q. 2008. Late Miocene micromammals from the Qaidam Basin in the Qinghai-Xizang Plateau. Vert PalAsiat, 46(4): 284–306

Qiu Z D, Storch G. 2000. The early Pliocene micromammalian fauna of Bilike, Inner Mongolia, China (Mammalia:

Lipotyphla, Chiroptera, Rodentia, Lagomorpha). Senckenbergiana Lethaea, 80(1): 173–229

Qiu Z D, Wang X M, Li Q. 2006. Faunal succession and biochronology of the Miocene through Pliocene in Nei Mongol (Inner Mongolia). Vert PalAsiat, 44(2): 164–181

Qiu Z X, Qiu Z D, Deng T, Li C K, Zhang Z Q, Wang B Y, Wang X M. 2013. Neogene Land Mammals Stages/Ages of China- towards the goal to establish an Asian Land Mammal Stage/Age Scheme. In: Wang X M, Flynn L J, Fortelius M eds. Fossil Mammals of Asia-Neogene Biostratigraphy and Chronology. New York: Columbia University Press. 29–90

Quintana J, Köhler M, Moyà-Solà S. 2011. *Nuralagus rex*, gen. et sp. nov., an endemic insular giant rabbit from the Neogene of Minorca (Balearic Islands, Spain). J Vert Paleont, 31(2): 231–240

Radulesco C, Samson P. 1967. Contributions à la connaissance du complèxe faunique de Malusteni-Beresti (Pléistocène inférieure), Roumanie. I. Ord. Lagomorpha, Fam. Leporidae. N Jahr Geol Paläont, 9: 544–563

Romer A S. 1945. Vertebrate Paleontology. Chicago: University of Chicago Press. 1–468

Romer A S. 1968. Notes and Comments on Vertebrate Paleontology. Chicago: University of Chicago Press. 1–304

Rose K D. 2006. The Beginning of the Age of Mammals. Baltimore: The Johns Hopkins University Press. 1–428

Rose K D, DeLeon V B, Missiaen P, Rana R S, Sahni A, Singh L, Smith T. 2008. Early Eocene lagomorphs (Mammalia) from western India and the early diversification of Lagomorpha. Proc Roy Soc B, 275: 1203–1208

Rose K D, Rana R S, Sahni A, Kumar K, Singh L, Smith T. 2009. First tillodont from India: Additional evidence for an early Eocene faunal connection between Europe and India? Acta Palaeot Polonica, 54(2): 351–355

Russell B D, Harris A. 1986. A new leporine (Lagomorpha, Leporidae) from Wisconsinan deposits of the Chihuahuan desert. J Mammal, 67(4): 632–639

Russell L S. 1959. The dentition of rabbits and the origin of the lagomorphs. Bull Nat Mus Canada, 166: 41–45

Schlosser M. 1924. Tertiary vertebrates from Mongolia. Palaeontol Sinica, Ser C, 1(1): 1–119

Schreuder A. 1936. *Hypolagus* from Telegen Clay: with a note on recent *Nesolagus*. Arch Nederland Zool, 2: 225–239

Sen S. 1983. Rongeurs et Lagomorphes du gisement pliocène de Pul-e Charkhi, basin de Kabul, Afghanistan. Bull Mus natn Hist nat, 5e, C, 1: 33–74

Sen S. 1998. Pliocene vertebrate locality of Çalta, Ankara, Turkey. 4. Rodentia and Lagomorpha. Geodiversitas, 20(3): 359–378

Sen S. 2003. Lagomorpha. In: Fortelius M, Kappelman J, Sen S, Bernor R eds. Geology and Paleontology of the Miocene Sinap Formation, Turkey. New York: Columbia University Press. 163–177

Shevyreva N S. 1994. First find of an eurymylid (Eurymylidae, Mixodontia, Mammalia) in Kirghizia. Dokl Akad Nauk SSSR, 338: 571–573 (in Russian)

Shevyreva N S. 1995. The oldest lagomorphs (Lagomorpha, Mammalia) of Eastern Hemisphere. Dokl Akad Nauk SSSR, 345: 377–379 (in Russian)

Shevyreva N S, Chkhikvadze V M, Zhegallo V I. 1975. New data on the vertebrate fauna of the Gashato Formation, Mongolian People's Republic. Bull Georgian Acad Sci, 77: 225–228 (in Russian)

Simpson G G. 1945. The principles of classification and a classification of mammals. Bull Amer Mus Nat Hist, 85: 1–350

Simpson G G. 1961. Principles of Animal Taxonomy. New York: Columbia University Press. 1–247

Sowerby A. 1933. The rodents and lagomorphs of China. China J, 19: 189–207

Sych L. 1971. Mixodontia: A new order of the mammals from the Paleocene of Mongolia. Acta Palaeontol Pol, 25: 147–158

Sych L. 1975. Lagomorpha from the Oligocene of Mongolia. Palaeontol Polonica, 33: 183–200

Szalay F S. 1985. Rodent and lagomorph morphotype adaptations, origins, and relationships: some postcranial attributes analyzed. In: Luckett W P, Hartenberger J-L eds. Evolutionary Relationships among Rodent: A Multidisciplinary Analysis. New York: Plenum Press. 83–132

Szalay F S, McKenna M C. 1971. Beginnings of the age of mammals in Asia: The Late Paleocene Gashato fauna, Mongolia. Bull Amer Mus Nat Hist, 144: 269–318

Tedford R H, Flynn L J, Qiu Z X, Opdyke N D, Downs W R. 1991. Yushe Basin, China: Paleomagnetically calibrated mammalian biostratigraphic standard for the Late Neogene of eastern Asia. Journal of Vertebrate Paleontology, 11: 519–526

Teilhard de Chardin P. 1926. Description de Mammifères Tertiares de Chine et de Mongolie. Ann Paléontol, 15: 1–52

Teilhard de Chardin P. 1940. The Fossils from Locality 18 near Peking. Palaeontol Sinica, New Ser C, 9: 1–100

Teilhard de Chardin P. 1942. New Rodents of the Pliocene and Lower Pleistocene of North China. Inst Géo-Biol, Pékin, 9: 101

Teilhard de Chardin P, Licent E. 1924a. On the geology of the northern, western and southern borders of the Ordos, China. Bull Geol Soc China, 3: 37–44

Teilhard de Chardin P, Licent E. 1924b. Observations geologiques sur la bordure occidentale et meridionale de l'Ordos. Bull Soc Geol France, 24: 29–91

Teilhard de Chardin P, Licent F. 1924c. Observations complementaires sur la Geologie de l'Ordos. Bull Soc Geol France, 24: 462–464

Teilhard de Chardin P, Pei W C. 1941. The fossil mammals of the locality 13 of Choukoutien. Palaeontol Sinica, New Ser C, 11: 1–106

Teilhard de Chardin P, Young C C. 1931. Fossil mammals from northern China. Palaeontol Sinica, Ser C, 9(1): 1–67

Ting S Y, Meng J, McKenna M C, Li C K. 2002. The osteology of *Matutinia* (Simplicidentata, Mammalia) and its relationship to *Rhombomylus*. Am Mus Novit, 3371: 1–33

Tobien H. 1974. The structure of the lagomorphous molar and the origin of the Lagomorpha. Trans First Int Theriol Congr, Moscow, 2: 238

Tomida Y, Jin C Z. 2002. Morphological evolution of the genus *Pliopentalagus* based on the fossil material from Anhui Province, China: A preliminary study. Nat Sci Mus Monogr, 22: 97–107

Tomida Y, Jin C Z. 2005. Reconsideration of the generic assignment of "*Pliopentalagus nihewanensis*" from the Late Pliocene of Hebei, China. Vert PalAsiat, 43(4): 297–303

Tomida Y, Jin C Z. 2007. *Aztlanolagus* (Lagomorpha, Mammalian) revised: origin, migration, evolution, and taxonomy. J Vert Palent, 24(3 sup): 121A

Tomida Y, Jin C Z. 2009. Two new species of *Pliopentalagus* (Leporidae, Lagomorpha) from the Pliocene of Anhui Province, China, with a revision of *P. huainanensis*. Vert PalAsiat, 47(1): 53–71 (in English with Chinese summary)

Tullberg T. 1899. Uber das System der Nagethiere: Eine Phylogenetische Studie. Upsala, Akad. Buchdruckerei. 1–514

Ünay E, Sen S. 1976. Une nouvelle èspece d'*Alloptox* (Lagomorpha, Mammalia) dans le Tortonien de L'Anatolie. Bull Miner Res Exp Inst Turkey, 85: 145–149

Van Valen L. 1964. A possible origin for rabbits. Evolution, 18: 484–491

Van Valen L. 2002. How did rodents and lagomorphs (Mammalia) originate? Evo Theory, 12: 101–128

Vianey-Liaud M, Lebrun R. 2013. New data about the oldest European lagomorpha: Description of the new genus *Ephemerolagus nievae* gen. nov. et sp. nov. Spanish J Palaeont, 28(1): 3–16

Wagner J A. 1855. Die Affen, Zahnlücker, Beutelthiere, Hufthiere. Leipzig: Insektenfresser und Handflügler. 1–810 (*non vidi*)

Walker M V. 1931. Notes on North American fossil lagomorphs. The Aerend, 2(4): 227–240

Wang Y Q, Meng J, Ni X J, Li C K. 2007. Major events of Paleogene mammal radiation in China. Geol J, 42: 415–430

Wang Y Q, Meng J, Beard C K, Li Q, Ni X J, Gebo D L, Bai B, Jin X, Li P. 2010. Early Paleogene stratigraphic sequences, mammalian evolution and its response to environmental changes in Erlian Basin, Inner Mongolia, China. Sci China Earth Sci, 53(12): 1918–1926

Wang Y Q, Li C K, Li Q, Li D S. 2016. A synopsis of Paleocene stratigraphy and vertebrate paleontology in the Qianshan Basin, Anhui, China. Vert PalAsiat, 54(2): 89–120

Waterhouse G R. 1839. Observations on the Rodentia with a view to point out the groups, as indicated by the structure of the crania, in this order of mammals. Mag Nat Hist n.s., 3: 90–96, 184–188, 274–279, 503–600

Waterhouse G R. 1848. A Natural History of the Mammalia, Vol. 2. London: London Hippolyte Baillière. 500 (*non vidi*)

Weber M. 1904. Die Säugetiere. Einführing in die Anatomie und Systematik der recenten und fossilen Mammalia. Jena: Gustav Fischer. 1–866

White J A. 1987. The Archaeolaginae (Mammalia, Lagomorpha) of North America excluding *Archaeolagus* and *Panolax*. J Vert Paleont, 7(4): 425–450

White J A. 1991. North American Leporidae (Mammalia: Lagomorpha) from Late Miocene (Clarendonian) to latest Pliocene (Blancan). J Vert Paleont, 11(1): 67–89

Wible J R. 2007. On the cranial osteology of the Lagomorpha. Bull Carnegie Mus Nat Hist, 39: 213–234

Wible J R, Rougier G W, Novacek M J, Asher R J. 2007. Cretaceous eutherians and Laurasian origin for placental mammals near the K/T boundary. Nature, 447: 1006

Wilson D E, Reader D M. 2005. Mammal Species of the World—A Taxonomy and Geographic Reference, 3rd edition. Baltimore: The Johns Hopkins University Press. 1–743

Wilson R W. 1989. Rodent origin. In: Black C C, Dawson M R eds. Papers on Fossil Rodents in Honor of Albert Elmer Wood. Nat Hist Mus Los Angeles Count Sci, 33: 3–6

Wood A E. 1940. The mammalian fauna of the White River Oligocene. Part III: Lagomorpha. Trans Amer Phil Soc, 28: 271–362

Wood A E. 1942. Notes on the Paleocene lagomorpha, *Eurymylus*. Am Mus Novit, 1162: 1–12

Wood A E. 1957. What, if anything, is a rabbit? Evolution, 11: 417–427

Wu C H, Wu J P, Bunch T D, Li Q W, Wang Y X, Zhang Y P. 2005. Molecular phylogenetics and biogeography of *Lepus* in Eastern Asia based on mitochondrial DNA sequences. Molecular Phylogenetics and Evolution, 37: 45–61

Wu W Y, Flynn L J. 2017. The Lagomorphs (Ochotonidae, Leporidae) of Yushe Basin. In: Flynn L J, Wu W Y eds. Late Cenozoic Yushe Basin, Shanxi Province, China: Geology and Fossil Mammals, Volume II: Small Mammal Fossils of Yushe Basin. Springer. 1–227

Wyss A R, Meng J. 1996. Application of phylogenetic taxonomy to poorly resolved crown clades: A stem modified node-based definition of Rodentia. Systematic Biology, 45: 559–568

Young C C. 1927. Fossile Nagethiere aus Nord-China. Palaeont Sin, Ser C, 5(3): 1–82

Young C C. 1930. On the fossil mammalian remains from Chi ku shan near Chou Kou Tien. Palaeont Sin, Ser C, 7(1): 1–19

Young C C. 1932. On a new ochotonid from north Suiyuan. Bull Geo Soc China, 11: 255–258

Young C C. 1934. On the Insectivora, Chiroptera, Rodentia, and Primates other than *Sinanthropus* from Locality 1 at Choukoutien. Palaeont Sin, Ser C, 8(3): 1–160

Young C C. 1935. Miscellaneous mammalian fossils from Shansi and Honan. Palaeont Sin, C, 9(2): 1–43

Young C C, Bien M N. 1936. Some new observation on the Cenozoic geology near Peiping. Bull Geol Soc China, 16: 221–245

Zdansky O. 1923. Fundorte der *Hipparion*-Fauna um Pao-Te-Hsien in NW Shansi. Bull Geol Soc China, 5: 69–82

Zhang Z Q, Wang J. 2016. On the geological age of mammalian fossils from Shanmacheng, Gansu Province. Vert PalAsiat, 54(4): 351–357

Zhang Z Q, Dawson M R, Huang X S. 2001. A new species of *Gobiolagus* (Lagomorpha, Mammalia) from the Middle Eocene of Shanxi Province, China. Ann Carnegie Mus, 70(4): 257–261

Zhang Z Q, Kaakinen A, Wang L H, Liu L P, Liu Y, Fortelius M. 2012. Middle Miocene ochotonids (Ochotonidae, Lagomorpha) from Damiao pliopithecid locality, Nei Mongol. Vert PalAsiat, 50(3): 281–292

Zhang Z Q, Li C K, Wang J, Wang Y Q, Meng J. 2016. Presence of the calcaneal canal in basal Glires. Vert PalAsiat, 54(3): 235–242

Zhegallo V I, Shevyreva N S. 1976. Revision of the geological structure and new data on the fauna of the Gashato locality (Paleocene,). In: Kramarenko N N, Luvsandanzan B, Voronin Y I eds. Paleontology and Biostratigraphy of Mongolia. Trans Joint Soviet-Mongol Paleont Exped, 3: 269–279

Zhou M Z, Qiu Z X, Li C K. 1975. Some suggestions for unifying translation of nomenclature of the primitive eutherian molar-teeth. Vert PalAsiat, 13(4): 257–266

Zittel K A. 1925. Text-book of Palaeontology. Vol. III Mammalia. London: Macmillan and Co., Limited. 1–316

汉-拉学名索引

拉-汉学名索引

国际标准古地磁柱（Ma / 极性带）：25—C6C, C7, C8, C9, C10；30—C11, C12, C13；35—C16, C17；40—C18, C19, C20；45—C21；50—C22, C23；55—C24；60—C25, C26, C27；65—C28, C29

世	期	哺乳动物期	内蒙古 二连盆地	内蒙古 杭锦旗	内蒙古 阿拉善左旗	宁夏	甘肃 陇西	甘肃 兰州	甘肃 临夏	新疆 准噶尔	新疆 吐鲁番	陕西	吉林	北京
渐新世 晚	夏特期	塔奔布鲁克期		伊克布拉格组			狍牛泉组	咸水河组下段	椒子沟组	索索泉组 / 铁尔斯哈巴合组				
渐新世 早	吕珀尔期	乌兰塔塔尔期	上脑岗代组	乌兰布拉格组	乌兰塔塔尔组	清水营组	狍牛泉组	白杨河组		克孜勒托尕依组	桃树园子群			
始新世 晚	普利亚本期	乌兰戈楚期	下脑岗代组 / 乌兰戈楚组		查干布拉格组 / 呼尔井组			野狐城组						
始新世 中	巴顿期	沙拉木伦期	沙拉木伦组									白鹿原组	桦甸组	长辛店组
始新世 中	卢泰特期	伊尔丁曼哈期	土克木组 乌兰希热组		伊尔丁曼哈组					依希白拉组	连坎组	红河组		
始新世 中	卢泰特期	阿山头期	阿山头组											
始新世 早	伊普里斯期	岭茶期	脑木根组								十三间房组			
古新世 晚	坦尼特期	格沙头期									大步组 台子村组			
古新世 中	塞兰特期	浓山期												
古新世 早	丹麦期	上湖期										樊沟组	鹊岭组	

化石层位对比表（台湾资料暂缺）

山西	河南			湖北		山东	安徽	江苏	江西	湖南	广东	广西	贵州	云南	
	豫西	桐柏	淅川	丹江口	宜昌、房县	东	安徽	江苏	江西	湖南	广东	广西	州	滇东	丽江
												公康组 邑宁组	石脑组	蔡家冲组	小屯组
河堤组	锄沟峪组	五里墩组 李土沟组				黄庄组					油柑窝组	那读组 洞均组		路美邑组 象山组	格木寺组
		毛家坡组						上黄裂隙堆积							
	卢氏组	济源群	核桃园组 大仓房组		牌楼口组	官庄组									
			玉皇顶组	洋溪组	油坪组	五图组	张山集组		新余组	岭茶组					
	潭头组						双塔寺组	土金山组	坪湖里组	栗木坪组	古城村组				
	大章组						痘姆组		池江组		浓山组				
	高峪沟组						望虎墩组		狮子口组	枣市组	上湖组 垆心组				

附图一 中国古近纪哺乳动物化石地点分布图（台湾资料暂缺）

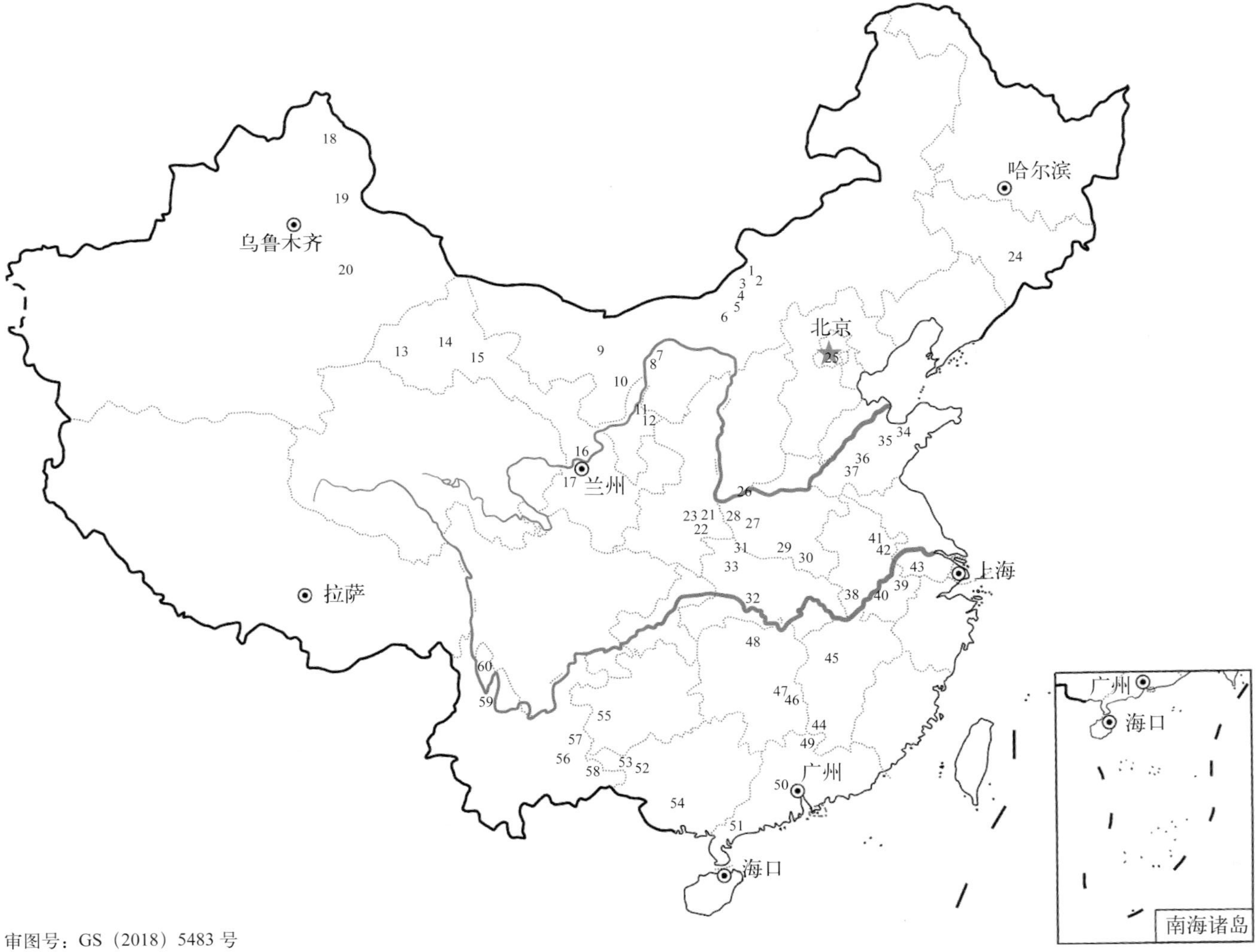

审图号：GS（2018）5483 号

附图一之中国古近纪哺乳动物化石地点说明

内蒙古

1. 二连呼尔井：呼尔井组，晚始新世。

2. 二连伊尔丁曼哈：阿山头组，早始新世—中始新世早期；伊尔丁曼哈组，中始新世。

3. 二连呼和勃尔和地区：脑木根组，晚古新世—早始新世早期；阿山头组，早始新世晚期—中始新世早期；伊尔丁曼哈组，中始新世。

4. 苏尼特右旗-四子王旗脑木根平台：脑木根组，晚古新世—早始新世早期；阿山头组，早始新世晚期—中始新世早期；伊尔丁曼哈组，中始新世；沙拉木伦组，中始新世晚期；额尔登敖包组，晚始新世；上脑岗代组，早渐新世。

5. 四子王旗额尔登敖包地区：脑木根组，晚古新世—早始新世早期；伊尔丁曼哈组，中始新世；沙拉木伦组，中始新世晚期；额尔登敖包组，晚始新世；下脑岗代组，晚始新世—早渐新世；上脑岗代组，早渐新世。

6. 四子王旗沙拉木伦河流域：乌兰希热组，中始新世；土克木组，中始新世；沙拉木伦组，中始新世晚期；乌兰戈楚组，晚始新世；巴润绍组，晚始新世。

7. 杭锦旗巴拉贡：乌兰布拉格组，早渐新世；伊克布拉格组，晚渐新世。

8. 鄂托克旗蒙西镇伊克布拉格：乌兰布拉格组，早渐新世；伊克布拉格组，晚渐新世。

9. 阿拉善左旗豪斯布尔都盆地：查干布拉格组，晚始新世。

10. 阿拉善左旗乌兰塔塔尔：乌兰塔塔尔组，早渐新世。

宁夏

11. 灵武：清水营组，早渐新世。

12. 盐池大水坑：层位不详，始新世。

甘肃

13. 党河地区：狍牛泉组，渐新世。

14. 玉门地区：白杨河组，晚始新世—渐新世。

15. 酒西盆地骟马城：火烧沟组，中始新世晚期—晚始新世。

16. 兰州盆地：野狐城组，晚始新世；咸水河组下段，渐新世。

17. 临夏盆地：椒子沟组，晚渐新世。

新疆

18. 准噶尔盆地：额尔齐斯河组，晚始新世早期；克孜勒托尕依组，晚始新世—早渐新世；铁尔斯哈巴合组，晚渐新世；索索泉组，晚渐新世—早中新世。

19. 准噶尔盆地古尔班通古特沙漠南戈壁：未命名岩组，晚古新世—早始新世。

20. 吐鲁番盆地：台子村组／大步组，晚古新世；十三间房组，早始新世早期；连坎组，中始新世；桃树园子群，晚始新世—渐新世。

陕西

21. 洛南石门镇：樊沟组，早古新世。

22. 山阳盆地：鹃岭组，早古新世。

23. 蓝田地区：红河组，中始新世；白鹿原组，中始新世晚期。

吉林

24. 桦甸盆地：桦甸组，中始新世晚期。

北京

25. 丰台区和房山区：长辛店组，中始新世晚期。

山西 + 河南

26. 垣曲盆地：河堤组，中始新世—晚始新世早期。

河南

27. 潭头盆地：高峪沟组，早古新世；大章组，中古新世；潭头组，晚古新世。

28. 卢氏盆地：卢氏组，早—中始新世；锄沟峪组，中始新世晚期。

29. 桐柏吴城盆地：李士沟组／五里墩组，中始新世晚期。

30. 信阳平昌关盆地：李庄组，中始新世。

河南 + 湖北

31. 李官桥盆地：玉皇顶组，早始新世早期；大仓房组／核桃园组，早—中始新世。

湖北

32. 宜昌：洋溪组，早始新世早期；牌楼口组，早始新世晚期—中始新世早期。

33. 房县：油坪组，早始新世早期。

山东

34. 昌乐五图：五图组，早始新世早期。

35. 临朐牛山：牛山组，早始新世早期。

36. 新泰：官庄组，早始新世晚期—中始新世。

37. 泗水：黄庄组，中始新世晚期。

安徽

38. 潜山盆地：望虎墩组，早古新世；痘姆组，中古新世。

39. 宣城：双塔寺组，晚古新世。

40. 池州：双塔寺组，晚古新世。

41. 明光：土金山组，晚古新世。

42. 来安：张山集组，早始新世早期。

江苏

43. 溧阳：上黄裂隙堆积，中始新世。

江西

44. 池江盆地：狮子口组，早古新世；池江组，中古新世；坪湖里组，晚古新世。

45. 袁水盆地：新余组，早始新世早期。

湖南

46. 茶陵盆地：枣市组，早古新世。

47. 衡阳盆地：栗木坪组，晚古新世；岭茶组，早始新世早期。

48. 常桃盆地：剪家溪组，早始新世早期。

广东

49. 南雄盆地：上湖组，早古新世；浓山组，中古新世；古城村组，晚古新世。

50. 三水盆地：㘵心组，早古新世；华涌组，早始新世。

51. 茂名盆地：油柑窝组，中始新世晚期。

广西

52. 百色盆地：洞均组／那读组，中始新世晚期；公康组，晚始新世。

53. 永乐盆地：那读组，中始新世晚期；公康组，晚始新世。

54. 南宁盆地：邕宁组，晚始新世。

贵州

55. 盘县石脑盆地：石脑组，晚始新世。

云南

56. 路南盆地：路美邑组，中始新世；小屯组，晚始新世；岔科组，中始新世。

57. 曲靖盆地：蔡家冲组，晚始新世—早渐新世。

58. 广南盆地：砚山组，晚始新世晚期。

59. 丽江盆地：象山组，中始新世晚期。

60. 理塘格木寺盆地：格木寺组，中始新世晚期。

附表二　中国新近纪含哺乳动物

国际标准古地磁柱	纪	世		期	哺乳动物期	内蒙古		宁夏	甘肃				青海		
						阿拉善左旗	中部地区		党河地区	兰州盆地	临夏盆地	灵台	柴达木	贵德	西宁
C2	新近纪	上新世	晚	皮亚琴察期	泥河湾期							午城黄土			
C2A					麻则沟期						积石组		狮子沟组		上滩组
C3			早	赞克勒期	高庄期		高特格层	雷家河组			何王家组	雷家河组			
C3A		中新世	晚	墨西拿期	保德期		比例克层						上油砂山组		下东山组
C3B							二登图组								
C4				托尔托纳期	灞河期		宝格达乌拉组	干河沟组			柳树组	干河沟组			查让组
C4A						阿木乌苏层	沙拉层								
C5												彰恩堡组			咸水河组
C5A			中	塞拉瓦莱期	通古尔期		通古尔组	彰恩堡组			虎家梁组				
C5AA / C5AB / C5AC / C5AD				兰盖期							东乡组	红柳沟组	下油砂山组		车头沟组
C5B								红柳沟组	铁匠沟组						
C5C				山旺期						咸水河组					
C5D			早	波尔多期		乌尔图组	敖尔班组								
C5E											上庄组				
C6					谢家期										谢家组
C6A				阿基坦期											
C6AA / C6B / C6C															

• 208 •

化石层位对比表（台湾资料暂缺）

新疆	西藏	陕西			山西		河北	河南	湖北	山东	江苏	四川	云南
准噶尔盆地		蓝田	渭南	临潼	静乐　保德	榆社							
	羌塘组	午城黄土				海眼组	泥河湾组						元谋组
	札达组	九老坡组	游河组	杨家湾组	静乐组	麻则沟组	稻地组				宿迁组	盐源组　汪布顶组	沙沟组
						高庄组							
	沃马组				保德组	马会组		潞王坟组　大营组		黄岗组		石灰坝组	昭通组
顶山盐池组	布隆组	灞河组							掇刀石组	巴漏河组		小河组	
		寇家村组											
							汉诺坝组	东沙坡组	沙坪组	尧山组	六合组	小龙潭组	
哈拉玛盖组		冷水沟组											
							九龙口组			山旺组	下草湾组 洞玄观组		
索索泉组	丁青组												

附图二 中国新近纪哺乳动物化石地点分布图（台湾资料暂缺）

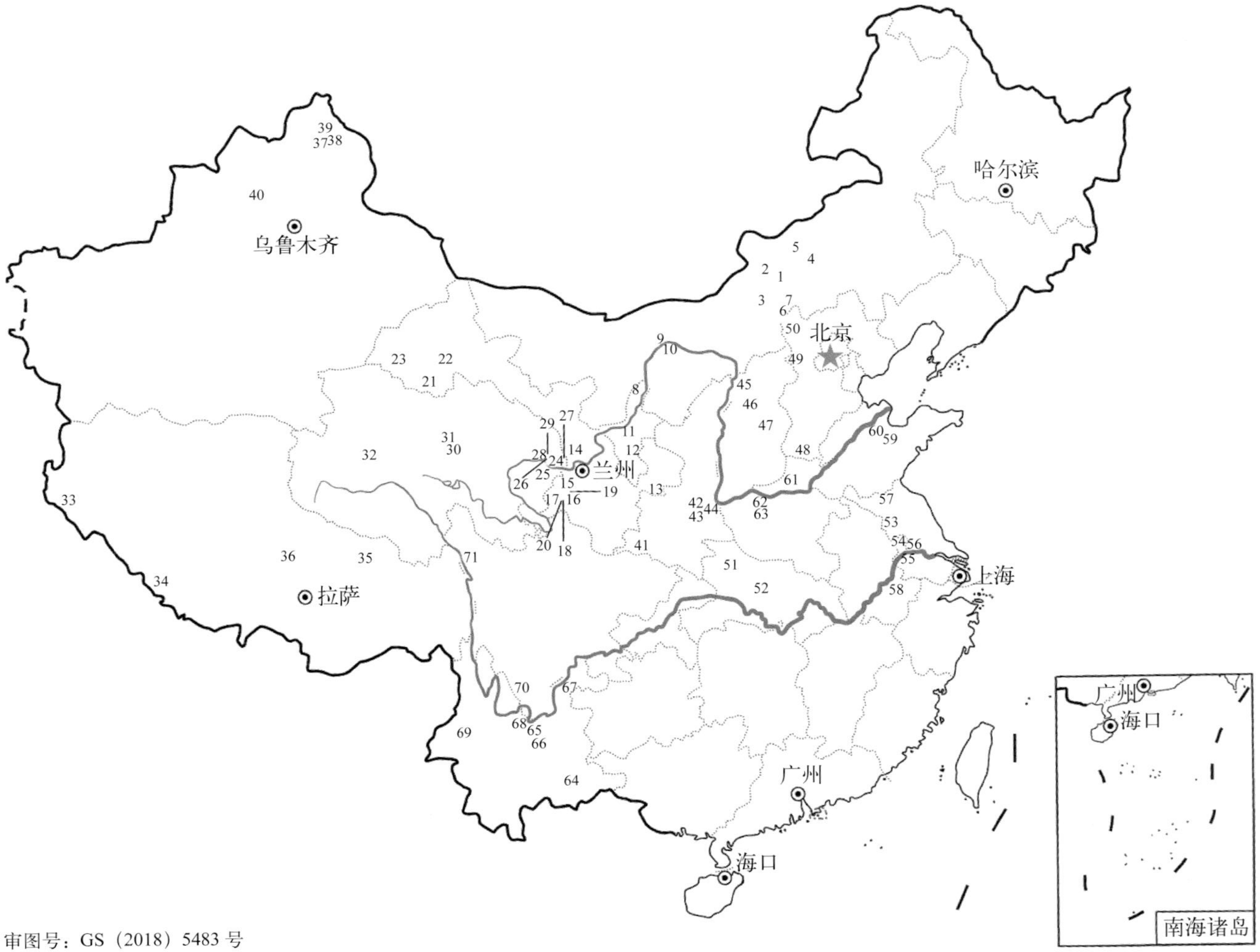

审图号：GS（2018）5483号

附图二之中国新近纪哺乳动物化石地点说明

内蒙古

1. 苏尼特左旗敖尔班、嘎顺音阿得格：**敖尔班组**，早中新世。

2. 苏尼特左旗通古尔、苏尼特右旗 346 地点：**通古尔组**，中中新世。

3. 苏尼特右旗阿木乌苏：**阿木乌苏层**，晚中新世早期；苏尼特右旗沙拉：**沙拉层**，晚中新世早期。

4. 阿巴嘎旗灰腾河：**灰腾河层**，晚中新世；高特格：**高特格层**，上新世。

5. 阿巴嘎旗宝格达乌拉：**宝格达乌拉组**，晚中新世中期。

6. 化德二登图：**二登图组**，晚中新世晚期。

7. 化德比例克：**比例克层**，早上新世。

8. 阿拉善左旗乌尔图：**乌尔图组**，早中新世晚期。

9. 临河：**乌兰图克组**，晚中新世。

10. 临河：**五原组**，中中新世。

宁夏

11. 中宁牛首山、固原寺口子等：**干河沟组**，晚中新世早期。

12. 中宁红柳沟、同心地区等：**彰恩堡组／红柳沟组**，中中新世。

甘肃

13. 灵台雷家河：**雷家河组**，晚中新世—上新世。

14. 兰州盆地（永登）：**咸水河组**，渐新世—中中新世。

15. 临夏盆地（东乡）龙担：**午城黄土**，早更新世。

16. 临夏盆地（广河）十里墩：**何王家组**，早上新世。

17. 临夏盆地（东乡）郭泥沟、和政大深沟、杨家山：**柳树组**，晚中新世。

18. 临夏盆地（广河）虎家梁、和政老沟：**虎家梁组**，中中新世晚期。

19. 临夏盆地（广河）石那奴：**东乡组**，中中新世早期。

20. 临夏盆地（广河）大浪沟：**上庄组**，早中新世。

21. 阿克塞大哈尔腾河：**红崖组**，晚中新世。

22. 玉门（老君庙）石油沟：**疏勒河组**，晚中新世。

23. 党河地区（肃北）铁匠沟：**铁匠沟组**，早中新世—晚中新世。

青海

24. 化隆上滩：**上滩组**，上新世。

25. 贵德贺尔加：**下东山组**，晚中新世晚期。

26. 化隆查让沟：**查让组**，晚中新世早期。

27. 民和李二堡：**咸水河组**，中中新世。

28. 湟中车头沟：**车头沟组**，早中新世—中中新世。

29. 湟中谢家：**谢家组**，早中新世。

30. 柴达木盆地（德令哈）深沟：**上油砂山组**，晚中新世。

31. 德令哈欧龙布鲁克：**欧龙布鲁克层**，中中新世；托素：**托素层**，晚中新世。

32. 格尔木昆仑山垭口：**羌塘组**，晚上新世。

西藏

33. 札达：**札达组**，上新世。

34. 吉隆沃马：**沃马组**，晚中新世晚期。

35. 比如布隆：**布隆组**，晚中新世早期。

36. 班戈伦坡拉：**丁青组**，渐新世—早中新世晚期。

新疆

37. 福海顶山盐池：**顶山盐池组**，中中新世—晚中新世。

38. 福海哈拉玛盖：**哈拉玛盖组**，早中中新世—中中新世。

39. 福海索索泉：**索索泉组**，渐新世—早中新世。

40. 乌苏县独山子：**独山子组**，晚中新世? 。

陕西／山西

41. 勉县：**杨家湾组**，上新世。

42. 临潼：**冷水沟组**，早中新世—中中新世早期。

43. 蓝田地区：**寇家村组**，中中新世晚期；**灞河组**，晚中新世早期；**九老坡组**，晚中新世中晚期—上新世。

44. 渭南游河：**游河组**，上新世晚期。

45. 保德冀家沟、戴家沟：**保德组**，晚中新世晚期。

46. 静乐贺丰：**静乐组**，上新世晚期。

47. 榆社盆地：**马会组**，晚中新世；**高庄组**，早上新世；**麻则沟组**，晚上新世；**海眼组**，更新世早期。

河北

48. 磁县九龙口：**九龙口组**，早中新世晚期—中中新世早期。

49. 阳原泥河湾盆地：**稻地组**，上新世晚期；**泥河湾组**，更新世。

50. 张北汉诺坝：**汉诺坝组**，中中新世。

湖北

51. 房县二郎岗：**沙坪组**，中中新世。

52. 荆门掇刀石：**掇刀石组**，晚中新世。

江苏

53. 泗洪松林庄、双沟、下草湾、郑集：**下草湾组**，早中新世。

54. 六合黄岗：**黄岗组**，晚中新世晚期。

55. 南京方山：**洞玄观组**（＝**浦镇组**），早中新世。

56. 六合灵岩山：六合组，中中新世。

57. 新沂西五花顶：宿迁组，上新世。

安徽

58. 繁昌癞痢山：裂隙堆积，晚新生代。

山东

59. 临朐解家河（山旺）：山旺组，早中新世；尧山组，中中新世。

60. 章丘枣园：巴漏河组，晚中新世。

河南

61. 新乡潞王坟：潞王坟组，晚中新世。

62. 洛阳东沙坡：东沙坡组，中中新世。

63. 汝阳马坡：大营组，晚中新世。

云南

64. 开远小龙潭：小龙潭组，中中新世—晚中新世。

65. 元谋盆地：小河组，晚中新世；沙沟组，上新世；元谋组，更新世。

66. 禄丰石灰坝：石灰坝组，晚中新世。

67. 昭通沙坝、后海子：昭通组，晚中新世。

68. 永仁坛罐窑：坛罐窑组，上新世。

69. 保山羊邑：羊邑组，上新世。

四川

70. 盐源柴沟头：盐源组，上新世晚期。

71. 德格汪布顶：汪布顶组，上新世晚期。

附件

《中国古脊椎动物志》总目录 (2016 年 10 月修订)

（共三卷二十三册，计划 2015－2020 年出版）

第一卷　鱼类　主编：张弥曼，副主编：朱敏

第一册（总第一册）　**无颌类**　朱敏等 编著　（2015 年出版）

第二册（总第二册）　**盾皮鱼类**　朱敏、赵文金等 编著

第三册（总第三册）　**辐鳍鱼类**　张弥曼、金帆等 编著

第四册（总第四册）　**软骨鱼类 棘鱼类 肉鳍鱼类**

　　　　　张弥曼、朱敏等 编著

第二卷　两栖类 爬行类 鸟类　主编：李锦玲，副主编：周忠和

第一册（总第五册）　**两栖类**　王原等 编著　（2015 年出版）

第二册（总第六册）　**副爬行类 大鼻龙类 龟鳖类**　李锦玲、佟海燕 编著

　　　　　（2017 年出版）

第三册（总第七册）　**鱼龙类 海龙类 鳞龙型类**　高克勤、李淳、尚庆华 编著

第四册（总第八册）　**基干主龙型类 鳄型类 翼龙类**

　　　　　吴肖春、李锦玲、汪筱林等 编著　（2017 年出版）

第五册（总第九册）　**鸟臀类恐龙**　董枝明、尤海鲁、彭光照 编著　（2015 年出版）

第六册（总第十册）　**蜥臀类恐龙**　徐星、尤海鲁、莫进尤 编著

第七册（总第十一册）　**恐龙蛋类**　赵资奎、王强、张蜀康 编著　（2015 年出版）

第八册（总第十二册）　**中生代爬行类和鸟类足迹**　李建军 编著　（2015 年出版）

第九册（总第十三册）　**鸟类**　周忠和等 编著

第三卷 基干下孔类 哺乳类　　主编：邱占祥，副主编：李传夔

PALAEOVERTEBRATA SINICA (modified in October, 2016)
(3 volumes 23 fascicles, planned to be published in 2015−2020)

Volume I Fishes

Editor-in-Chief: **Zhang Miman**, Associate Editor-in-Chief: **Zhu Min**

Volume II Amphibians, Reptilians, and Avians

Editor-in-Chief: **Li Jinling**, Associate Editor-in-Chief: **Zhou Zhonghe**

Volume III Basal Synapsids and Mammals

Editor-in-Chief: **Qiu Zhanxiang**, Associate Editor-in-Chief: **Li Chuankui**

Fascicle 1 (Serial no. 14)   Basal Synapsids   **Li Jinling and Liu Jun**   (2015)

Fascicle 2 (Serial no. 15)   Primitive Mammals   **Meng Jin, Wang Yuanqing, and Li Chuankui**   (2015)

Fascicle 3 (Serial no. 16)   Eulipotyphlans, Proteutheres, Chiropterans, Euarchontans, and Anagalids   **Li Chuankui, Qiu Zhuding et al.**   (2015)

Fascicle 4 (Serial no. 17)   Glires I: Duplicidentata, Simplicidentata-Mixodontia   **Li Chuankui and Zhang Zhaoqun**   (2019)

Fascicle 5 (1) (Serial no. 18-1)   Glires II: Rodentia I   **Li Chuankui, Qiu Zhuding et al.**   (2019)

Fascicle 5 (2) (Serial no. 18-2)   Glires II: Rodentia II   **Qiu Zhuding, Li Chuankui, Zheng Shaohua et al.**

Fascicle 6 (Serial no. 19)   Archaic Ungulates   **Wang Yuanqing et al.**

Fascicle 7 (Serial no. 20)   Creodonts and Carnivora   **Qiu Zhanxiang, Wang Xiaoming, and Liu Jinyi**

Fascicle 8 (Serial no. 21)   Perissodactyla   **Deng Tao, Qiu Zhanxiang et al.**

Fascicle 9 (Serial no. 22)   Artiodactyla and Cetaceans   **Zhang Zhaoqun et al.**

Fascicle 10 (Serial no. 23)   Hyracoidea, Proboscidea etc.   **Chen Guanfang et al.**

(Q-4366.01)

www.sciencep.com

ISBN 978-7-03-060717-1

定 价：198.00元